全国高等职业教育“十三五”规划教材

矿井通风

主　编　何荣军　骆大勇　杜运夯
副主编　毛加宁　喻晓峰　桑鹏程
　　　　李星亮

中国矿业大学出版社
·徐州·

内容提要

全书共分为十章，系统介绍了矿井空气、井巷风量测算、矿井通风压力、矿井通风阻力、矿井通风动力、采煤工作面通风、掘进工作面通风、矿井风量分配与调节、矿井通风设计与能力核定、矿井空气调节等内容。

本书是煤炭高等职业技术院校及高等专科院校矿井通风与安全专业、煤矿开采技术专业和其他采矿工程类相关专业的通用教材，也可作为继续教育学院(成人教育学院)、中等职业学校相关专业的教学用书，同时也可供煤矿科研、设计、管理及工程技术人员参考使用。

图书在版编目(CIP)数据

矿井通风 / 何荣军，骆大勇，杜运夯主编. 一 徐州：中国矿业大学出版社，2019.9

ISBN 978-7-5646-0882-8

Ⅰ. ①矿… Ⅱ. ①何… ②骆… ③杜… Ⅲ. ①矿山通风一高等职业教育一教材 Ⅳ. ①TD72

中国版本图书馆 CIP 数据核字(2019)第193179号

书　　名 矿井通风
主　　编 何荣军　骆大勇　杜运夯
责任编辑 何晓明
出版发行 中国矿业大学出版社有限责任公司
(江苏省徐州市解放南路　邮编 221008)
营销热线 (0516)83884103　83885105
出版服务 (0516)83995789　83884920
网　　址 http://www.cumtp.com　**E-mail**:cumtpvip@cumtp.com
印　　刷 江苏淮阴新华印务有限公司
开　　本 787 mm×1092 mm　1/16　**印张** 14.5　**字数** 362 千字
版次印次 2019 年 9 月第 1 版　2019 年 9 月第 1 次印刷
定　　价 30.00 元
(图书出现印装质量问题，本社负责调换)

前　言

本书在编写过程中，结合培养煤炭相关专业复合式创新型高素质技术技能型人才要求，力求突出高等职业教育的特点，基本理论以够用为度，内容上凸显新理论、新技术、新方法、新设备，保证科学性、系统性和实用性，将矿井通风实用技术与基本理论教学有机融合，重点加强实践知识和能力的培养与训练，旨在提高学生分析问题和解决实际问题的能力。

本书设计采用视频、实际案例、情景模拟、任务单和课后拓展作业等多种教学手段，根据矿井通风工作所需知识的深度及广度来组织编写，实现教材的一体化。全书共分十章，第一章、第三章、第四章、第五章由重庆工程职业技术学院何荣军编写，第二章由重庆工程职业技术学院李星亮和桑鹏程编写，第六章由云南能源职业技术学院杜运夯编写，第七章由云南能源职业技术学院毛加宁和重庆工程职业技术学院喻晓峰编写，第八章、第九章、第十章由重庆工程职业技术学院骆大勇编写。

本书在编写过程中，得到了重庆工程职业技术学院、云南能源职业技术学院相关专业教师和相关煤炭企业的大力支持，提出了许多宝贵的意见，在此表示衷心的感谢！

由于编写人员水平有限，加之时间仓促，书中疏漏和不妥之处在所难免，恳请广大读者批评指正。

编　者

2019 年 6 月

目 录

第一章　矿井空气

矿井通风的主要任务:向井下连续输送新鲜空气,供给人员呼吸;稀释并排除井下的有毒有害气体和矿尘;创造良好的井下气候条件。合理的矿井通风技术不仅是预防瓦斯、粉尘、火灾等事故和治理高温热害、创造舒适矿井气候环境的基本措施,也是已知的最有效、费用最低的手段。本章主要要求掌握地面与矿井空气成分及其物理性质,会使用仪器测定矿井有害气体含量,并能测定矿井空气的各种参数,为进一步学习矿井通风理论奠定基础。

第一节　矿井空气及检测

一、地面空气

地面空气又称为大气,是指地球大气层中的氧气、氮气、二氧化碳、水蒸气及其他一些微量气体所组成的混合气体。大气中除了水蒸气的比例随地区和季节变化较大以外,其余化学组成成分相对稳定,尽管随时间、地点和海拔高度有所变化,但变化不大。一般将不含水蒸气的空气称为干空气,主要组成成分见表 1-1,将干空气和水蒸气组成的混合气体称为湿空气。

表 1-1　　地面干空气组成成分

气体成分	按体积计/%	按质量计/%	备注
氧气(O_2)	20.96	23.23	惰性稀有气体氦、氖、氩、氪、氙等计在氮气中
氮气(N_2)	79.00	76.71	
二氧化碳(CO_2)	0.04	0.06	

二、矿井空气

地面空气进入井下就成了矿井空气。由于受井下各种自然因素和人为生产因素的影响,与地面空气相比,矿井空气将发生一系列变化。主要有:氧气含量减少;二氧化碳浓度升高,混入各种各样的有毒有害气体和矿尘;空气的温度、湿度、压力等物理状态变化等。

在矿井通风中,习惯上把进入采掘工作面等用风地点之前,空气成分或状态变化不大的风流叫作新鲜风流,简称新风,如进风井筒、水平进风大巷、采区进风上山等处;经过用风地点后,空气成分或状态变化较大的风流叫作污风风流,简称污风或乏风,如采掘工作面回风巷、采区回风上山、矿井回风大巷、回风井筒等处。

尽管矿井中的空气成分有了一定的变化,但主要成分仍同地面一样,由氧气、氮气和二氧化碳等组成。

（一）矿井空气的主要成分及其基本性质

1. 氧气(O_2)

氧气是一种无色、无味、无臭的气体，略重于空气，相对密度为1.105。氧气是一种化学活性很强的气体，易和其他物质发生氧化反应，能助燃，是人体维持正常生命的基础。人体需氧量取决于人的体质、精神状态和劳动强度等。人体需氧量与劳动强度的关系见表1-2。

表1-2　人体需氧量与劳动强度的关系

劳动强度	呼吸空气量/(L/min)	氧气消耗量/(L/min)
休息	6～15	0.2～0.4
轻体力劳动	20～25	0.6～1.0
中度体力劳动	30～40	1.2～1.6
重体力劳动	40～60	1.8～2.4
极重体力劳动	40～80	2.5～3.0

空气中的氧气浓度直接影响着人体健康和生命安全，当氧气浓度降低时，人体就会产生不良反应，严重者会缺氧窒息，甚至死亡。人体缺氧症状与空气中氧气浓度的关系见表1-3。

表1-3　人体缺氧症状与空气中氧气浓度的关系

氧浓度(体积)/%	人体主要症状
17	静止状态无影响，工作时会感到喘息、呼吸困难
15	呼吸及心跳急促，耳鸣目眩，感觉和判断能力降低，失去劳动能力
10～12	失去知觉，时间稍长有生命危险
6～9	失去知觉，呼吸停止，如不及时抢救几分钟内可能导致死亡

地面空气进入井下后，氧气浓度降低的主要原因有：人员呼吸，煤岩、坑木和其他有机物的缓慢氧化，爆破工作，井下火灾和瓦斯、煤尘爆炸，煤岩中涌出和生产中产生的其他有害气体等。所以，在井下通风不良的巷道中，应特别注意对氧气浓度的检查，以防发生窒息事故。

《煤矿安全规程》规定：采掘工作面的进风流中，氧气浓度不低于20%。

2. 二氧化碳(CO_2)

二氧化碳是一种无色、略带酸臭味、一般情况下无毒、可溶于水的气体，比空气重，相对密度为1.52，不助燃也不能供人呼吸。

新鲜空气中含有的微量二氧化碳对人是有利的。二氧化碳对人体的呼吸中枢神经有刺激作用，若空气中完全不含二氧化碳，则正常的呼吸功能就不能维持。在为中毒或窒息的人员输氧时，常常要在氧气中加入5%的二氧化碳，以促使患者加强呼吸。但是当空气中的二氧化碳浓度过高时，将使空气中的氧气含量相对降低，轻则使人呼吸加快，呼吸量增加，严重时能造成人员中毒或窒息。空气中二氧化碳浓度对人体的危害程度见表1-4。

表 1-4　　空气中二氧化碳浓度对人体的影响

二氧化碳浓度(体积)/%	人体主要症状
1	呼吸加深,急促
3	呼吸急促,心跳加快,头痛,很快疲劳
5	呼吸困难,头痛,恶心,耳鸣
10	头痛,头昏,呼吸困难,昏迷
10～20	呼吸停顿,失去知觉,时间稍长会死亡
20～25	短时间中毒死亡

二氧化碳比空气重,常常积聚在煤矿井下的巷道底板、水仓、溜煤眼、下山尽头、盲巷、采空区及通风不良处。

矿井中二氧化碳的主要来源有:煤和有机物的氧化,人员呼吸,井下爆破,井下火灾,煤炭自燃,瓦斯、煤尘爆炸等。有时也能从煤岩中大量涌出,甚至与煤或岩石一起突然喷出,给煤矿安全生产造成重大影响。二氧化碳能使人窒息,是造成矿井人员伤亡的重要原因之一。

《煤矿安全规程》规定:采掘工作面的进风流中,二氧化碳浓度不超过0.5%;矿井总回风巷或者一翼回风巷中甲烷或者二氧化碳浓度超过0.75%时,必须立即查明原因,进行处理;采区回风巷、采掘工作面回风巷风流中甲烷浓度超过1.0%或者二氧化碳浓度超过1.5%时,必须停止工作,撤出人员,采取措施,进行处理;采掘工作面风流中二氧化碳浓度达到1.5%时,必须停止工作,撤出人员,查明原因,制定措施,进行处理。

3. 氮气(N_2)

氮气是一种无色、无味、无臭、无毒、不助燃、难溶于水的惰性气体,略轻于空气,相对密度为0.97,不能供人呼吸。

氮气在正常情况下对人体无害,但当空气中的氮气浓度增加时,会相应降低氧气浓度,从而可能导致人员的缺氧性伤害。同时,氮气是惰性气体,可以将其用于井下防灭火和防止瓦斯爆炸。

矿井中的氮气主要来源有:井下爆破,有机物的腐烂,天然生成的氮气从煤岩中涌出等。在井下废弃旧巷或封闭的采空区中,会积存氮气。

(二) 矿井空气中的有害气体及其基本性质

矿井空气中那些不利于人体健康和污染生产环境的气体统称为矿井有害气体。矿井空气中常见的有害气体除了二氧化碳(CO_2)和氮气(N_2)外,还有一氧化碳(CO)、硫化氢(H_2S)、二氧化硫(SO_2)、二氧化氮(NO_2)、氨气(NH_3)、氢气(H_2)、甲烷(CH_4)等。

1. 一氧化碳(CO)

一氧化碳是一种无色、无味、无臭、难溶于水(25 ℃时在水中的溶解度为0.002 6 g/100 g水)的气体,略轻于空气,相对密度为0.97,能与空气均匀地混合。

一氧化碳能燃烧,在空气中体积分数达到13%～75%时,遇火源有爆炸性。

一氧化碳有剧毒。人体血液中的血红素与一氧化碳的亲和力比它与氧气的亲和力大250～300倍,当人体吸入含有一氧化碳的空气时,一氧化碳首先与血红素结合,阻碍了氧气与血红素的正常结合,从而造成血液缺氧而致人"窒息"。一氧化碳与血红素结合后,生成鲜红色的碳氧血红素,故一氧化碳中毒者最显著的特征是中毒者黏膜和皮肤呈樱桃红色。一氧化碳中毒程度与一氧化碳浓度、接触时间及人的体质有关,见表1-5。

表 1-5　　一氧化碳的中毒症状与浓度的关系

CO 浓度(体积)/%	主要症状
0.02	2～3 h 内能引起轻微头痛
0.08	40 min 内出现头痛、眩晕和恶心;2 h 发生体温下降,脉搏微弱,出冷汗,可能出现昏迷
0.32	5～10 min 内出现头痛、眩晕;半小时内可能出现昏迷并有死亡危险
1.28	几分钟内出现昏迷和死亡

矿井中一氧化碳的主要来源有:爆破工作,矿井火灾,煤炭自燃,瓦斯及煤尘爆炸等。据统计,在煤矿发生的瓦斯爆炸、煤尘爆炸及火灾事故中,70%～75%的人员死亡是因一氧化碳中毒所致。

《煤矿安全规程》规定:一氧化碳的最高允许浓度为 0.002 4%。

2. 硫化氢(H_2S)

硫化氢是一种无色、微甜、略带臭鸡蛋味、易溶于水的气体,比空气重,相对密度为 1.19,当浓度达 4.3%～46%时具有爆炸性。

硫化氢有剧毒。它不但能使人体血液缺氧中毒,同时对眼睛及呼吸道的黏膜具有强烈的刺激作用,能引起鼻炎、气管炎和肺水肿。当空气中硫化氢浓度达到 0.000 1%时可嗅到臭味;但当浓度较高时(0.005%～0.01%),因嗅觉神经中毒麻痹,臭味减弱或消失,反而嗅不到。硫化氢的中毒程度与浓度的关系见表 1-6。

表 1-6　　硫化氢的中毒程度与浓度的关系

H_2S 浓度(体积)/%	主要症状
0.002 5～0.003	有强烈臭鸡蛋味
0.005～0.01	1～2 h 内眼及呼吸道有刺激感,臭味“减弱”或“消失”
0.015～0.02	出现恶心、呕吐、头晕、四肢无力,反应迟钝;眼及呼吸道有强烈刺激感
0.035～0.045	0.5～1 h 内严重中毒,可发生肺炎、支气管炎及肺水肿,有死亡危险
0.06～0.07	很快昏迷,短时间内死亡

矿井中硫化氢的主要来源有:坑木等有机物腐烂,含硫矿物的水化,从老空区和旧巷积水中放出。有些矿区的煤层中也有硫化氢涌出。

《煤矿安全规程》规定:硫化氢的最高允许浓度为 0.000 66%。

3. 二氧化硫(SO_2)

二氧化硫是一种无色、有强烈硫黄气味及酸味的气体,当空气中二氧化硫浓度达到 0.000 5%时即可嗅到刺激气味。它易溶于水,比空气重,相对密度为 2.22,是井下有害气体中密度最大的气体,易积聚在井下巷道的底部。

二氧化硫有剧毒。空气中的二氧化硫遇水后生成硫酸,对眼睛有刺激作用,矿工们将其称之为“瞎眼气体”。此外,也能对呼吸道的黏膜产生强烈的刺激作用,引起喉炎和肺水肿。二氧化硫的中毒程度与浓度的关系见表 1-7 。

表 1-7　　二氧化硫的中毒程度与浓度的关系

SO_2 浓度(体积)/%	主要症状
0.000 5	嗅到刺激性气味
0.002	头痛、眼睛红肿、流泪、喉痛
0.05	引起急性支气管炎和肺水肿,短时间内有生命危险

矿井中二氧化硫的主要来源有:含硫矿物的氧化与燃烧,在含硫矿物中爆破,从含硫煤体中涌出。

《煤矿安全规程》规定:二氧化硫的最高允许浓度为 0.000 5%。

4. 二氧化氮(NO_2)

二氧化氮是一种红褐色、有强烈刺激性气味、易溶于水的气体,比空气重,相对密度为 1.59。

二氧化氮是井下毒性最强的有害气体。它遇水后生成硝酸,对眼睛、呼吸道黏膜和肺部组织有强烈的刺激及腐蚀作用,严重时可引起肺水肿。二氧化氮中毒具有潜伏期,容易被人忽视。中毒初期仅是眼睛和喉咙有轻微的刺激症状,常不被注意,有的在严重中毒时尚无明显感觉,还可坚持工作,但经过 6~24 h 后才出现中毒征兆,主要特征是手指尖及皮肤出现黄色斑点,头发发黄,吐黄色痰液,发生肺水肿,引起呕吐甚至死亡。二氧化氮的中毒程度与浓度的关系见表 1-8。

表 1-8　　二氧化氮的中毒程度与浓度的关系

NO_2 浓度(体积)/%	主要症状
0.004	2~4 h 内无明显中毒症状,6 h 后出现中毒症状,咳嗽
0.006	短时间内喉咙感到刺激、咳嗽,胸痛
0.01	强烈刺激呼吸器官,严重咳嗽,呕吐、腹泻,神经麻木
0.025	短时间即可致死

矿井中二氧化氮的主要来源是爆破工作。炸药爆炸时会产生一系列氮氧化物,如一氧化氮(遇空气即转化为二氧化氮)、二氧化氮等,是炮烟的主要成分。

《煤矿安全规程》规定:二氧化氮的最高允许浓度为 0.000 25%。

5. 氨气(NH_3)

氨气是一种无色、有浓烈臭味、易溶于水的气体,比空气轻,相对密度为 0.6。当空气中的氨气浓度达到 30%时遇火有爆炸性。

氨气有剧毒。它对皮肤和呼吸道黏膜有刺激作用,可引起喉头水肿,严重时失去知觉,以致死亡。

矿井中的氨气主要是发生火灾或爆炸事故时产生。

6. 氢气(H_2)

氢气是一种无色、无味、无毒的气体,比空气轻,相对密度为 0.07,是井下最轻的有害气体。空气中氢气浓度达到 4%~74%时具有爆炸危险。

井下氢气的主要来源是蓄电池充电。此外,矿井发生的火灾或爆炸事故中也会产生。

7. 甲烷(CH_4)

甲烷俗称沼气,是煤矿常见的有害气体之一,无色、无味、无臭。它比空气轻,常聚集在巷道上方,当其在空气中含量高时可降低氧含量,引起窒息。它具有爆炸性,爆炸浓度一般为5%～16%,对煤矿安全生产的威胁最大。《矿井灾害防治》教材中详细介绍了它的主要性质、危害和防治措施,本节不再重复。

在煤矿生产中,通常把以甲烷为主的这些有毒有害气体总称为瓦斯。

三、矿井空气成分检测

矿井空气主要成分的检测方法可分为两大类:一是取样分析法,二是快速测定法。近年来,随着煤矿安全装备水平的不断提高及矿井安全监测监控系统的普遍应用,有害气体的检测手段也日趋完善,各大中型矿井已经形成了人工定点、定时检测与自动监测相结合的检测体系。在人工检测方法中,除了取样分析法之外,目前使用最广泛的还是快速测定法。

(一) 取样分析法

利用取样瓶或吸气球等容器提取井下空气试样,送往地面化验室进行分析。分析仪器多用气相色谱仪,分析精度高,定性准确,分析速度快,一次进样可以同时完成多种气体的分析;但所需时间长,操作复杂,技术要求高。一般用于井下火区成分检测或需精确测定空气成分的场合。

目前最常用的是GC-4085系列矿井气体多点参数色谱自动分析仪,如图1-1所示。该仪器由微机自动控制,可实现1～32点不间断循环采样的在线分析,实现无人值守与人工设定双重监测,同时自动打印分析报告,也可通过网络传输数据。具有先进的煤矿专用数据处理工作站,国内首创的四通道24位A/D转换器,一次进样,在4～8 min之内完成常量O_2、N_2、CO、CO_2和微量的CO、CH_4、C_2H_2、C_2H_4、C_2H_6分析;10 min之内完成常量O_2、N_2、CH_4和微量的CO、CO_2、CH_4、C_2H_2、C_2H_4、C_3H_8的分析。对于某些特殊地点,也可使用常规方法将气样用球胆采回实验室,完成常规分析。

图1-1 GC-4085系列气相色谱仪

(二) 快速测定法

利用便携式仪器在井下就地检测,快速测定出主要气体成分,是目前普遍采用的测定方法。目前我国矿用的便携测定仪器有CD4型多参数气体测定器、CZ型多参数测定器(美国英思科)、DP-CD3型便携式多参数气体测定器和检测管。下面以CD4型多参数气体测定器(重庆煤安矿山安全设备制造有限公司)为例介绍快速测定矿井空气成分及检测管测定矿井有害气体的方法。

CD4型多参数气体测定器(以下简称测定器)为矿用本质安全兼隔爆型,采用自然扩散式进气的测定仪器。适用于具有甲烷(CH_4)、一氧化碳(CO)、氧气(O_2)、硫化氢(H_2S)混合气体的煤矿井下及其他工作场所,检测空气中气体浓度的大小。它可根据实际需要通过功能设置选项任意选择组合成“两参数”或“三参数”,也可以设置测定气体浓度报警值,当甲烷(CH_4)、一氧化碳(CO)、硫化氢(H_2S)浓度高于和氧气(O_2)浓度低于设定的报警值时,可发出声光报警信号。

1. 测定器的功能

测定器信号采集原理:测定器对一氧化碳(CO)、氧气(O_2)、硫化氢(H_2S)三种气体测量采用电化学传感器元件进行采样,如图 1-2 所示,甲烷(CH_4)气体测量采用催化燃烧原理。

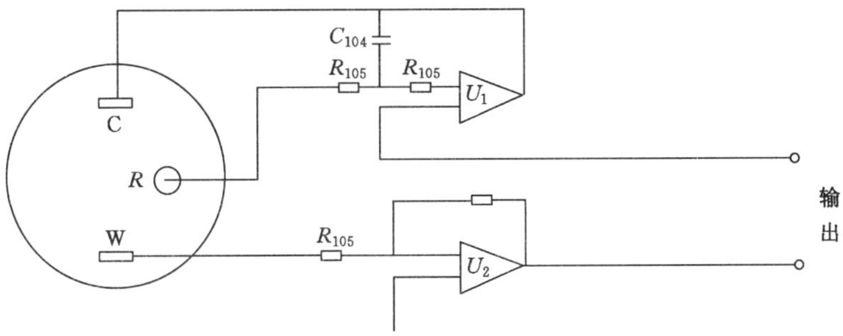

图 1-2 信号采集原理图

测定器的电路工作原理:如图 1-3 所示,由催化元件和电化学传感器对混合气体进行采集,输出经信号放大、A/D 转换,送 CPU 进行分析、计算、零点校正、精度校正和编码后,由液晶显示出所检测的 4 种气体的浓度值,当甲烷、一氧化碳、硫化氢浓度高于和氧气浓度低于设定的报警值时,发出声光报警信号。同时 CPU 接受按键控制信号,实现对测定器的零点、精度、报警点的调整和设置及测定器的开机关机自检等。CPU 在正常检测状态时,同时监测电池电压、实时显示时间、报警状态以及对键盘输入响应并做出相应的处理。充电时采用三段式充电管理,整个充电过程由 CPU 监控,由液晶显示出充电时电池电压值,充满自动停止。

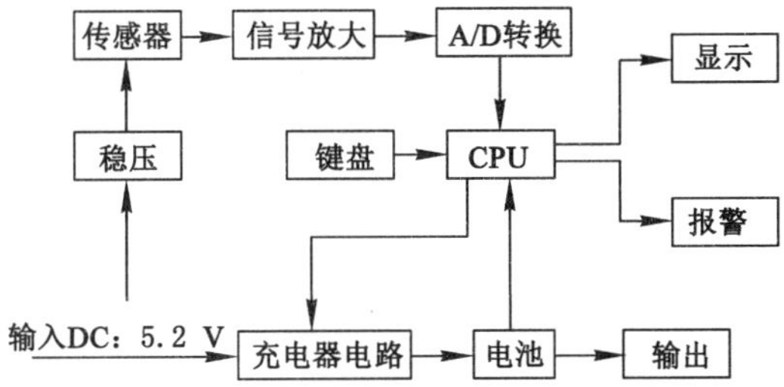

图 1-3 电路工作原理图

2. 操作步骤

测定器共有三个按键,“M”为开关机键,“▲”键和“▼”键为参数设置键,具体操作如下:

(1) 在关机状态下按一下“M”按钮便可开机,屏幕会依次显示产品名称、制造单位、开机自检等。自检完成后液晶屏幕同时显示电池电量状态、时间(月、日、星期几及时间)和甲烷(CH_4)、一氧化碳(CO)、氧气(O_2)、硫化氢(H_2S)的符号及单位。自检完毕测定器进入检测状态,此时液晶屏幕显示测定器所在环境中的甲烷(CH_4)、一氧化碳(CO)、氧气(O_2)、硫化氢(H_2S)的浓度值。当开机后 CH_4、CO、H_2S 的浓度高于或氧气浓度低于设置的报警值,测定器处于报警状态,所以请用户根据需要事先设置好报警值。

(2) 报警点设置:测定器在出厂时,按照工业环境空气质量标准,将 CH_4:1.00%,CO:24 ppm(10^{-6}),O_2:18%,H_2S:10 ppm 设置为出厂报警点参数值。如果用户需要改变报警点,请进入功能设置状态,重新设定报警参数值。

(3) 功能设置:同时按"M"键和"▼"键 3 s,即可进入调试状态,每步操作都有中文提示,操作十分简单。调整状态共有 14 个功能:甲烷零点调整、甲烷精度调整、甲烷报警点调整、氧气零点调整、氧气精度调整、氧气报警点调整、一氧化碳零点调整、一氧化碳精度调整、一氧化碳报警点调整、硫化氢零点调整、硫化氢精度调整、硫化氢报警点调整、时间调整及四参数任意组合两参数和三参数功能。按一次"M"键即可进入下一功能,按"▲"键和"▼"键可对参数进行修改。长按"M"键则退出调整状态。

第二节 矿井气候条件及其测定

矿井气候是指矿井空气的温度、湿度和风速等参数的综合作用状态。这三个参数的不同组合,便构成了不同的矿井气候条件。

一、矿井气候对人体健康的影响

矿井气候条件直接影响着井下作业人员的身体健康和劳动生产效率。人体无论在静止状态还是在运动状态,都要进行新陈代谢。新陈代谢的能量由摄取的食物在体内进行氧化生成热量所提供。

人体散热的方式主要有对流、辐射和汗液蒸发三种基本形式。对流散热主要取决于周围空气的温度和风速;辐射散热主要取决于周围物体的表面温度;除此之外,大部分热量都必须通过蒸发的方式排出体外,否则热量在体内积存会使体温升高,引起中暑、热衰竭、热虚脱、热痉挛等疾病,严重者可导致死亡。

各种气候参数中,空气温度对人体散热起着主要作用。当空气温度低于体温时,人体的主要散热方式是对流和辐射,温差越大,对流散热热量越多;当气温等于体温时,对流散热停止,汗液蒸发成了人体的主要散热形式;当气温高于体温时,人体散热只能通过蒸发的方式进行。

空气湿度影响人体蒸发散热的效果。当气温较高时,人体主要靠蒸发散热来维持人体热平衡。此时,湿度越大,汗液蒸发越困难,人体会感到闷热。

风速影响人体的对流散热和蒸发散热效果。当空气的温度、湿度一定时,增大风速会提高散热效果。

二、矿井气候参数测定

(一) 矿井空气温度及测定

1. 矿井空气的温度

空气的温度是影响矿井气候的重要因素。最适宜的矿井空气温度为 15～20 ℃。《煤矿安全规程》规定:当采掘工作面空气温度超过 26 ℃、机电设备硐室超过 30 ℃时,必须缩短超温地点工作人员的工作时间，并给予高温保健待遇。当采掘工作面的空气温度超过 30 ℃、机电设备硐室超过 34 ℃时，必须停止作业。

矿井空气的温度受地面气温、井下围岩温度、机电设备散热、煤炭等有机物的氧化、人体散热、水分蒸发、空气的压缩或膨胀、通风强度等多种因素的影响，有的起升温作用，有的起降温作用，在不同矿井、不同的通风地点，影响因素和影响大小也不尽相同，但总的来看，升温作用大于降温作用，因此，随着井下通风路线的延长，空气温度逐渐升高。

在进风路线上，矿井空气的温度主要受地面气温和围岩温度的影响。冬季地面气温低于围岩温度，围岩放热使空气升温；夏季则相反，围岩吸热使空气降温，因此有冬暖夏凉之感。当然，根据矿井深浅的不同，影响大小也不相同。

在采区和采掘工作面内，由于受煤炭氧化、人体和设备散热等影响，空气温度往往是矿井中最高的，特别是垂深较深的矿井，由于风流在进风路线上与围岩进行了充分热交换，工作面温度基本上不受地面气温的影响，且常年变化不大。

在回风路线上，因通风强度较大，加上水分蒸发和风流上升膨胀吸热等因素影响，温度有所下降，常年基本稳定。

2. 矿井温度测定

使用普通温度计或湿度计中的干温度计测定空气温度，然后换算成绝对温度，记入表格中。

测温仪器可使用最小分度 0.5 ℃并经校正的温度计。测温时间一般在 8:00～16:00 的时间内进行。测定温度的地点应符合以下要求：

(1) 掘进工作面空气温度的测点，应设在工作面距迎头 2 m 处的回风流中。

(2) 长壁式采煤工作面空气温度的测点，应在工作面内运输道空间中央距回风道口 15 m 处的风流中。采煤工作面串联通风时，应分别测定。

(3) 机电硐室空气温度的测点，应选在硐室回风道口的回风流中。

此外，测定气温时应将温度计放置在一定地点 10 min 后读数，读数时先读小数再读整数。温度测点不应靠近人体、发热或制冷设备，至少距离 0.5 m。

(二) 矿井空气的湿度及测定

1. 矿井空气的湿度

空气的湿度是指空气中所含的水蒸气量。有两种表示方法：

(1) 绝对湿度：指单位体积湿空气中所含水蒸气的质量(g/m³)，用 f 表示。

空气在某一温度下所能容纳的最大水蒸气量称为饱和水蒸气量，用 $F_{饱}$ 表示。温度越高，空气的饱和水蒸气量越大。在标准大气压(101.325 kPa)下，不同温度时的饱和水蒸气量见表 1-9。

表 1-9　在标准大气压下不同温度时的饱和水蒸气量、饱和水蒸气压力

温度/℃	饱和水蒸气量/(g/m³)	饱和水蒸气压力/Pa	温度/℃	饱和水蒸气量/(g/m³)	饱和水蒸气压力/Pa
−20	1.1	128	−10	2.3	288
−15	1.6	193	−5	3.4	422

续表 1-9

温度/℃	饱和水蒸气量/(g/m³)	饱和水蒸气压力/Pa	温度/℃	饱和水蒸气量/(g/m³)	饱和水蒸气压力/Pa
0	4.9	610	16	13.6	1 817
1	5.2	655	17	14.4	1 932
2	5.6	705	18	15.3	2 065
3	6.0	757	19	16.2	2 198
4	6.4	811	20	17.2	2 331
5	6.8	870	21	18.2	2 491
6	7.3	933	22	19.3	2 638
7	7.7	998	23	20.4	2 811
8	8.3	1 068	24	21.6	2 984
9	8.8	1 143	25	22.9	3 171
10	9.4	1 227	26	24.2	3 357
11	9.9	1 311	27	25.6	3 557
12	10.0	1 402	28	27.0	3 784
13	11.3	1 496	29	28.5	4 010
14	12.0	1 597	30	30.1	4 236
15	12.8	1 704	31	31.8	4 490

(2) 相对湿度:指空气中水蒸气的实际含量(f)与同温度下饱和水蒸气量($F_{饱}$)比值的百分数,以 φ 表示。用公式表示如下:

$$\varphi=\frac{f}{F_{饱}}\times 100\% \tag{1-1}$$

式中 φ——相对湿度,%;

f——空气中水蒸气的实际含量(即绝对湿度),g/m^3;

$F_{饱}$——在同一温度下空气的饱和水蒸气量,g/m^3。

通常所说的湿度指的都是相对湿度,它反映的是空气中所含水蒸气量接近饱和的程度。一般认为相对湿度在50%~60%对人体最为适宜。

一般情况下,在矿井进风路线上,空气的湿度随季节变化而变化。冬天冷空气进入井下后温度要升高,空气的饱和水蒸气量加大,沿途吸收水分,因而井巷显得干燥;夏天的热空气入井后温度要降低,饱和水蒸气量逐渐减小,空气中的一部分水分凝结成水珠落下,使井巷显得潮湿,故有冬干夏湿之感。在采掘工作面和回风系统,因空气温度较高且常年变化不大,空气湿度也基本稳定,一般都在90%以上,甚至接近100%。

除了温度的影响以外,矿井空气的湿度还与地面空气的湿度、井下涌水大小及井下生产用水状况等因素有关。

2. 矿井空气湿度的测定

测量矿井空气湿度的仪器主要有风扇湿度计和手摇湿度计,它们的测定原理相同。常用的是风扇湿度计(又称通风干湿表),如图1-4所示,它主要由两支相同的温度计1、2和一个通风器 6 组成，其中一只温度计的水银液球上包有湿纱布，称为湿球温度计，另一只温度计称为干球温度计，两只温度计的外面均罩着内外表面光亮的双层金属保护管 4、5，以防热辐射的影响；通风器 6 内装有风扇和发条，上紧发条，风扇转动，使风管 7 内产生稳定的气流，干、湿球温度计的水银球处在同一风速下。

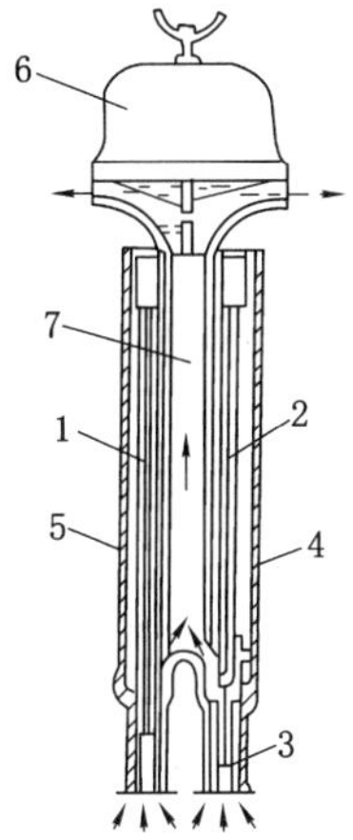

图 1-4　风扇湿度计

1——干球温度计；2——湿球温度计；3——湿棉纱布；4，5——双层金属保护管；6——通风器；7——风管

测定相对湿度时，先用仪器附带的吸水管将湿球温度计的棉纱布浸湿，然后上紧发条，小风扇转动吸风，空气从两个双层金属保护管 4、5 的入口进入，经中间风管 7 由上部排出。由于湿球表面的水分蒸发需要热量，因而湿球温度计的温度值低于干球温度计的温度值，空气的相对湿度越小，蒸发吸热作用越显著，干湿温度差就越大。根据湿球温度计的读数($t_{湿}$，℃)和干、湿球温度计的读数差值(Δt，℃)，由表 1-10 即可查出空气的相对湿度(φ)。

表 1-10　由风扇湿度计读数值查相对湿度

湿球温度计示度/℃	干、湿球温度计示度差/℃														
	0	0.5	1.0	1.5	2.0	2.5	3.0	3.5	4.0	4.5	5.0	5.5	6.0	6.5	7.0
	相对湿度 φ/%														
0	100	91	83	75	67	61	54	48	42	37	31	27	22	18	14
1	100	91	83	76	69	62	56	50	44	39	34	30	25	21	17
2	100	92	84	77	70	64	58	52	47	42	37	33	28	24	21
3	100	92	85	78	72	65	60	54	49	44	39	35	31	27	23
4	100	93	86	79	73	67	61	56	51	46	42	37	33	30	26
5	100	93	86	80	74	68	63	57	53	48	44	40	36	32	29
6	100	93	87	81	75	69	64	59	54	50	46	42	38	34	31
7	100	93	87	81	76	70	65	60	56	52	48	44	40	37	33
8	100	94	88	82	76	71	66	62	57	53	49	46	42	39	35

续表 1-10

湿球温度计示度/℃	干、湿球温度计示度差/℃														
	0	0.5	1.0	1.5	2.0	2.5	3.0	3.5	4.0	4.5	5.0	5.5	6.0	6.5	7.0
	相对湿度 φ/%														
9	100	94	88	82	77	72	68	63	59	55	51	47	44	40	37
10	100	94	88	83	78	73	69	64	60	56	52	49	45	42	39
11	100	94	89	84	79	74	69	65	61	57	54	50	47	44	41
12	100	94	89	84	79	75	70	66	62	59	55	52	48	45	42
13	100	95	90	85	80	76	71	67	63	60	56	53	50	47	44
14	100	95	90	85	81	76	72	68	64	61	57	54	51	48	45
15	100	95	90	85	81	77	73	69	65	62	59	55	52	50	47
16	100	95	90	86	82	78	74	70	66	63	60	57	54	51	48
17	100	95	91	86	82	78	74	71	67	64	61	58	55	52	49
18	100	95	91	87	83	79	75	71	68	65	62	59	56	53	50
19	100	95	91	87	83	79	76	72	69	65	62	59	57	54	51
20	100	96	91	87	83	80	76	73	69	66	63	60	58	55	52
21	100	96	92	88	84	80	77	73	70	67	64	61	58	56	53
22	100	96	92	88	84	81	77	74	71	68	65	62	59	57	54
23	100	96	92	88	84	81	78	74	71	68	65	63	60	58	55
24	100	96	92	88	85	81	78	75	72	69	66	63	61	58	56
25	100	96	92	89	85	82	78	75	72	69	67	64	62	59	57
26	100	96	92	89	85	82	79	76	73	70	67	65	62	60	57
27	100	96	93	89	86	82	79	76	73	71	68	65	63	60	58
28	100	96	93	89	86	83	80	77	74	71	68	66	63	61	59
29	100	96	93	89	86	83	80	77	74	72	69	66	64	62	60
30	100	96	93	90	86	83	80	77	75	72	69	67	65	62	60
31	100	96	93	90	87	84	81	78	75	73	70	68	65	63	61
32	100	97	93	90	87	84	81	78	76	73	71	68	66	63	61

测定时手摇湿度计用手摇，风扇湿度计有带发条转动的小风扇。用前者测量时，用大约 120 r/min 的速度旋转 60 s，使湿球温度计外包的湿纱布水分蒸发，吸收热量，湿球温度计的指示值下降，根据两温度计上分别读出的干温度和湿温度值查表可得到相对湿度值 φ。用后者测量时，首先上紧发条，然后开启风扇，此时小风扇吸风，在湿球周围形成 2～5 m/s 的风速，60 s 后同样读出干温度和湿温度值查表得到相对湿度值 φ。测定的数值可按表 1-11 进行记录。

表 1-11　　空气湿度记录表

仪器类别	测定次数	空气温度/℃		平均干温度/℃	平均湿温度/℃	绝对温度/K	相对湿度/%	饱和蒸气压力/kPa	空气密度/(kg/m³)
		干	湿						
手摇湿度计	1								
	2								
	3								
风扇湿度计	1								
	2								
	3								

【例 1-1】 在井下某处用风扇湿度计测得风流的干球温度为 24.2 ℃，湿球温度为 20.2 ℃。求此处空气的相对湿度。

解 因为 $t_{湿}=20.2$ ℃，$\Delta t=24.2-20.2=4$ (℃)。

所以查表 1-10 得相对湿度为 69%。

（三）井巷中的风速

风速是指风流的流动速度。风速过低，汗水不易蒸发，人体感到闷热，有害气体和矿尘也不能及时排散；风速过高，散热过快，易使人感冒，并造成井下落尘飞扬，对安全生产和人体健康也不利。因此，井下工作地点和通风井巷中都要有一个合理的风速范围。表 1-12 则是《煤矿安全规程》规定的不同井巷中的允许风速标准。

表 1-12　　井巷中的允许风流速度

井巷名称	允许风速/(m/s)	
	最低	最高
无提升设备的风井和风硐		15
专为升降物料的井筒		12
风桥		10
升降人员和物料的井筒		8
主要进、回风巷		8
架线电机车巷道	1.0	8
运输机巷，采区进、回风巷	0.25	6
采煤工作面、掘进中的煤巷和半煤岩巷	0.25	4
掘进中的岩巷	0.15	4
其他通风人行巷道	0.15	

此外，《煤矿安全规程》规定：设有梯子间的井筒或者修理中的井筒，风速不得超过 8 m/s；梯子间四周经封闭后，井筒中的最高允许风速可按表 1-12 规定执行。无瓦斯涌出的架线电机车巷道中的最低风速可低于表 1-12 的规定值，但不得低于 0.5 m/s。综合机械化采煤工作面，在采取煤层注水和采煤机喷雾降尘等措施后，其最大风速可高于表 1-12 的规定值，但不得超过 5 m/s。

矿井风量是矿井通风管理中的重要指标，风速的测定将在第二章重点介绍。

三、矿井气候条件指标测定

人体内由于食物的氧化和分解产生大量的热量，其中约有 1/3 消耗于人体组织内的生理化学过程，并维持一定体温，其余 2/3 的热量要散发到体外。人体散热靠对流、辐射和蒸发三种方式，而这三种方式的散热效果则决定于气候条件。所以空气的温度、湿度和风速是影响人体散热的三个要素，在三要素的某些组合下，人员感到舒适；在另外一些组合下，则感到不适。

由于影响人体热平衡的环境条件很复杂，各个国家对矿井气候条件采用的评价指标也不尽相同。其中，干球温度是我国现行的最简单的评价矿井气候条件指标之一，但它只反映了温度对矿井气候条件的影响，不太全面，其他评价指标也都有一定的局限性。所以，目前尚无一项指标能完全准确地反映出环境条件对人体热平衡的综合影响。现仅介绍几种较为常用的指标。

1. 干球温度

干球温度是我国现行的评价矿井气候条件的指标之一。干球温度是温度计在普通空气中所测出的温度，即我们一般天气预报里常说的气温。

特点：在一定程度上直接反映出矿井气候条件的好坏，比较简单，使用方便。但这个指标没有反映出气候条件对人体热平衡的综合作用。

2. 湿球温度

湿球温度是指同等焓值空气状态下，空气中水蒸气达到饱和时的空气温度。用湿纱布包扎普通温度计的感温部位，纱布下端浸在水中，以维持感温部位空气湿度达到饱和，在纱布周围保持一定的空气流通，便于周围空气接近达到等焓。示数达到稳定后，此时温度计显示的读数近似认为是湿球温度。

特点：湿球温度这个指标可以反映空气温度和相对湿度对人体热平衡的影响，比干球温度要合理些。但这个指标仍没有反映风速对人体热平衡的影响。

3. 卡他度

卡他度是 1916 年由英国希尔等人提出的。卡他度用卡他计测定。

如图 1-5 所示，卡他计是一种酒精温度计。下端是长圆形的储液球，长约 40 mm，直径 16 mm，表面积 22.6 cm^2，内储酒精。上端也有长圆形的空间，以便在测定时容纳上升的酒精，全长约 200 mm。玻璃管上有 35 ℃和 38 ℃两个刻度。测定时，先把储液球浸于热水中加热，当酒精上升到充满小空腔一半时取出，擦干液球后，挂在待测空气中。此

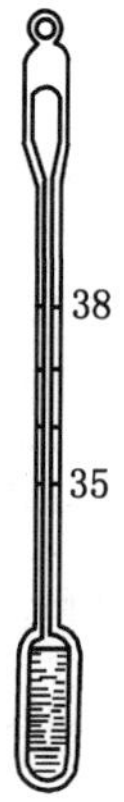

图 1-5　卡他计

时酒精柱开始下降，记下由 38 ℃下降至 35 ℃所需时间 t(s)，即可利用下式求算干卡他度 $K_{干}$[mcal/(cm² · s)]。

$$K_{干}=F/t \tag{1-2}$$

式中，F 为卡他计常数，是储液球从 38 ℃下降至 35 ℃过程中单位表面积的散热量，mcal/cm²。每个卡他计都有其自己的 F 值。

干卡他度近似反映了气温和风速对气候条件的影响，但没有反映空气湿度的影响。为了测出温度、湿度和风速三者的综合作用效果，则使用湿卡他度 $K_{湿}$。测量 $K_{湿}$ 时要先用湿纱布包裹液球，然后按前述方法进行测定计算：

$$K_{湿}=F/t' \tag{1-3}$$

式中，t'为在湿纱布包裹时，卡他计液柱由 38 ℃下降至 35 ℃所需时间，s。

衡量高温矿井的气候条件，湿卡他度比干卡他度更为合适。

按照希尔的资料，适应于不同作业的卡他度见表 1-13。

表 1-13 **不同作业的舒适卡他度值对应表** 单位：mcal/(cm² · s)

作业繁重程度	舒适的干卡他度 $K_{干}$	舒适的湿卡他度 $K_{湿}$
坐着工作(轻劳动)	6	18
中等劳动	8	25
重劳动	10	30

4. 等效温度

等效温度是 1923 年由美国采暖通风工程师协会提出的。这个指标是通过实验，凭受试者对环境的感觉而得出的。这个指标可以反映出温度、湿度和风速对人体热平衡的综合作用。显然，等效温度越高，人体舒适感就越差。但这种方法在矿井的高温高湿条件下，湿度与风速对气候条件的影响反映不足，也没有考虑辐射换热的效果，所以同样存在着局限性。

等效温度采用实验确定时，先把三个受试者置于某一温度、湿度、风速的已知环境中，并记下自己的感受；然后，再将他们换到另一个相对湿度为 100%、风速为 0、温度可调的环境中，通过调节此时的温度，找到与原来的环境相同的感觉，此时的温度值就称为原环境的有效温度。

井下某一地点等效温度的测算方法是：用干湿球温度计(如风扇湿度计)测出空气的干球温度和湿球温度，再用风表测出该地点风流的风速，然后从图 1-6 所示的等效温度计算图上查得相应的等效温度值。

【例 1-2】 测得井下某一工作面风流的干球温度为 17 ℃，湿球温度为 16 ℃，风速为 0.8 m/s，求其等效温度。

解 在图 1-6 的左、右标尺上分别找到 17 ℃和 16 ℃两点 m、n，并连成虚线，此虚线与风速为 0.8 m/s 的风速曲线相交，根据交点位置可在等效温度标尺上查出等效温度为 10 ℃。

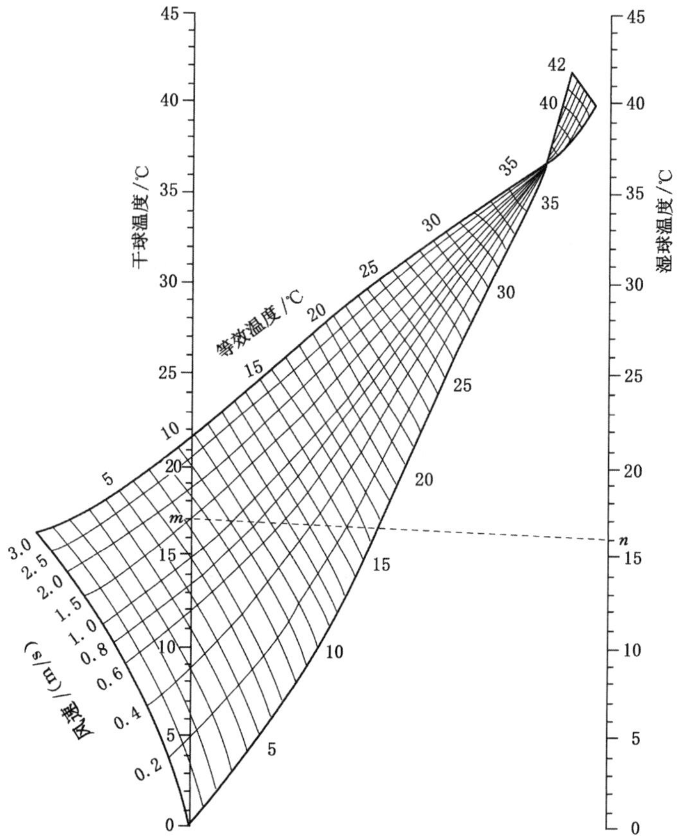

图 1-6　等效温度计算图

习　　题

1. 地面空气的主要成分是什么？矿井空气与地面空气有何区别？

2.《煤矿安全规程》对矿井空气主要成分的浓度标准有哪些具体规定？

3. 造成矿井空气中氧浓度减少的主要原因有哪些？

4. 矿井空气中的主要有害气体有哪些？其性质、来源、危害有哪些？《煤矿安全规程》规定的最高允许浓度为多少？

5. 防止有害气体危害的安全措施有哪些？

6. 什么叫矿井气候条件？评价矿井气候条件的主要指标有哪些？

7. 影响矿井空气温度的因素和矿井空气温度的变化规律是什么？

第二章　井巷风量测算

每个矿井，都必须在总进、回风道，采区和工作面进、回风巷等处定期测风，以便及时掌握进入矿井的总风量和各用风地点的风量是否满足生产的要求。风速既是影响气候条件的主要因素之一，又是测定井下巷道风量的基础。单位时间内通过井巷断面的空气体积叫作风量，它等于井巷的断面积与通过井巷的平均风速的乘积。因此，测算风量时必然测定风速。风速和风量测定是矿井通风测定技术中的重要组成部分，也是矿井通风管理中的基础性工作。同时，风表作为测量井巷风速的仪表，保证其精度符合要求至关重要，而风表校验就是一项必不可少的工作。

第一节　井巷中风速和风量的测算

《煤矿安全规程》规定：矿井必须建立测风制度，每 10 天至少进行 1 次全面测风。对采掘工作面和其他用风地点，应当根据实际需要随时测风，每次测风结果应当记录并写在测风地点的记录牌上。应当根据测风结果采取措施，进行风量调节。

一、井巷断面上的风速分布

空气在井巷中流动时，由于受到内外摩擦力的影响，风速在巷道断面内的分布是不均匀的，如图 2-1 所示，位于巷道轴心部分的风速最大，靠近巷道周壁部分的风速最小，通常所谓巷道的风速都是指平均风速 $v_{均}$。平均风速 $v_{均}$ 与最大风速 $v_{大}$ 的比值叫作巷道的风速分布系数（速度场系数），用 $K_{速}$ 表示，巷壁越光滑，$K_{速}$ 值越大，即断面上风速分布越均匀。根据现场数据收集，砌碹巷道：$K_{速}=0.80\sim0.86$；木棚支护巷道：$K_{速}=0.68\sim0.82$；无支护巷道：$K_{速}=0.74\sim0.81$。

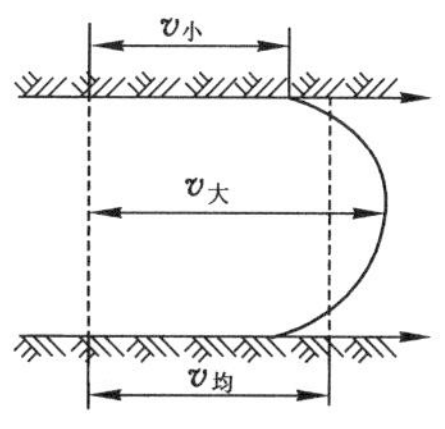

图 2-1　巷道风速分布

需要注意的是，由于受到井巷断面形状、支护形式、直线程度及障碍物的影响，最大风速不一定正好位于井巷的中轴线上，风速分布也不一定具有对称性。

二、测风仪器

测量井巷风速的仪表叫风表，又称风速计。目前，煤矿中常用的风表按结构和原理不同可分为机械式、电子叶轮式、热效式和超声波式等几种。

（一）机械式风表

机械式风表是目前煤矿使用最广泛的风表，采用机械结构，多用于测量平均风速，也可用于定点风速的测定。按其感受风力部件的形状以及测定风速高低的不同，又分为叶轮式和杯式两种。其中，杯式主要用于气象部门，也可用于煤矿井下；叶轮式在煤矿中应用广泛。

机械叶轮式风表由叶轮、蜗杆轴、计数器、回零压杆、离合闸板、护壳等构成，如图 2-2 所示。

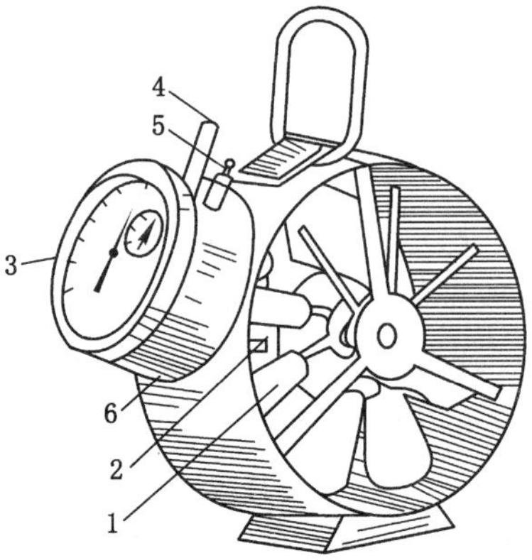

图 2-2　机械叶轮式风表

1——叶轮；2——蜗杆轴；3——计数器；4——离合闸板；5——回零压杆；6——护壳

风表的叶轮由 8 个铝合金叶片组成，叶片与转轴的垂直平面成一定的角度，当风流吹动叶轮时，通过传动机构将运动传给计数器 3，指示出叶轮的转速。离合闸板 4 的作用是使计数器与叶轮轴联结或分开，用来开关计数器。回零压杆 5 的作用是能够使风表的表针回零。

风表按风速的测量范围不同分为高速风表（0.8～25 m/s）、中速风表（0.5～10 m/s）和微（低）速风表（0.3～5 m/s）三种。三种风表的结构大致相同，只是叶片的厚度不同，起动风速有差异。

由于风表结构和使用中机件磨损、腐蚀等影响，通常风表的计数器所指示的风速并不是实际风速，表速（指示风速）$v_{表}$ 与实际风速（真风速）$v_{真}$ 的关系可用风表校正曲线来表示。风表出厂时都附有该风表的校正曲线，风表使用一段时间后，还必须按规定重新进行检修和校正，得出新的风表校正曲线。图 2-3 所示为风表校正曲线示意图。

风表的校正曲线还可用下面的表达式来表示：

$$v_{真} = a + bv_{表} \tag{2-1}$$

式中　$v_{真}$——真风速，m/s；

a——表明风表起动初速的常数，决定于风表转动部件的惯性和摩擦力；

b——校正常数，决定于风表的构造尺寸；

$v_{表}$——风表的指示风速，m/s。

目前我国生产和使用的叶轮式风表主要有 DFA-2 型（中速）、DFA-3 型（微速）、DFA-4 型（高速）、AFC-121 型（中、高速）、EM9 型（中速）等。机械叶轮式风表的特点是体积小，重量轻，重复性好，使用及携带方便，测定结果不受气体环境影响；缺点是精度低，读数不直观，不能满足自动化遥测的需要。

（二）电子叶轮式风表

电子叶轮式风表是由机械结构的叶轮和数据处理显示器组成。测量时叶轮在风流的作用下旋转，转速与风速成正比，利用叶轮上安装的一些附件，根据光电、电感等原理把叶轮的

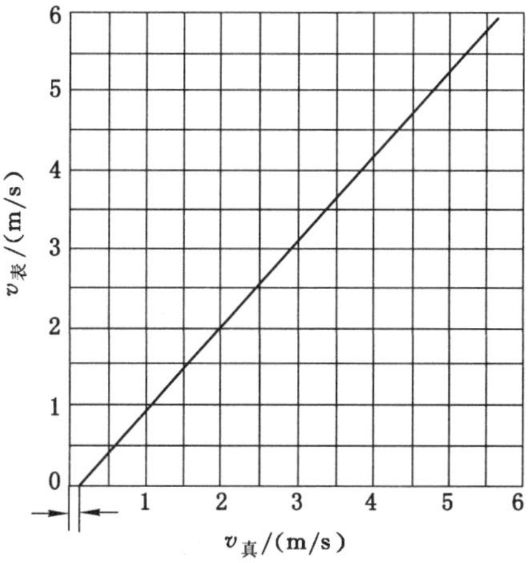

图 2-3　风表校正曲线示意图

转速转变成电量，利用电子线路实现风速的自动记录和数字显示。它的特点是读数和携带方便，易于实现遥测。CFJD25B 型电子叶轮式风速计就是针对煤矿井下通风测量专门设计的电子翼式风表，如图 2-4 所示。该风表属于矿用本质安全型，适用于有爆炸性甲烷气体与煤尘环境的井筒和巷道内，也适用于其他方面的风速测量。

图 2-4　CFJD25B 型电子叶轮式风速计

该风速仪量程宽，数码显示实际风速值，体积小，重量轻，使用方便，可随身携带，耐用性强，性能可靠，并具有低电压指示功能和自动关机功能。有三种显示功能：每秒即时风速值，每分钟平均风速值，每分钟平均风速值换算秒风速值。风表叶轮平衡性好、灵敏度高，能随气流自由旋转；低摩擦系数的轴承，能保证风速的准确度。

（三）热效式风表

我国目前生产的主要是热球式风速计。它的测风原理是，一个被加热的物体置于风流中，其温度随风速大小和散热多少而变化，通过测量物体在风流中的温度便可测量风速。由于只能测瞬时风速，且测风环境中的灰尘及空气湿度等对它也有一定的影响，所以这种风表使用不太广泛，多用于微风测量。

（四）超声波风速计

超声波风速计是利用超声波技术，通过测量气流的卡曼涡街频率来测定风速的仪器，目前主要用于集中监控系统中的风速传感器。它的特点是结构简单，寿命长，性能稳定，不受风流的影响，精度高，风速测量范围大。

三、测风方法和步骤

（一）测风点的设置

井下测风要在测风站内进行，为了准确、全面地测定风速和风量，每个矿井都必须建立完善的测风制度和分布合理的固定测风站。对测风站的要求如下：

(1) 应在矿井的总进风、总回风，各水平、各翼的总进风、总回风，各采区和各用风地点的进、回风巷中设置测风站，但要避免重复设置。

(2) 测风站应设在平直的巷道中，其前后各 10 m 范围内不得有风流分叉、断面变化、障碍物和拐弯等局部阻力。

(3) 若测风站位于巷道断面不规整处，其四壁应用其他材料，衬壁呈固定形状断面，长度不得小于 4 m。

(4) 采煤工作面不设固定的测风站，但必须随工作面的推进选择支护完好、前后无局部阻力物的断面上测风。

(5) 测风站内应悬挂测风记录板(牌)，记录板上写明测风站的断面积、平均风速、风量、空气温度、大气压力、瓦斯和二氧化碳浓度、测定日期以及测定人等项目。

（二）测风方法

为了测得平均风速，可采用线路法或定点法。线路法是风表按一定的线路均匀移动，如图 2-5 所示；定点法是将巷道断面分为若干格，风表在每一个格内停留相等的时间进行测定，如图 2-6 所示，根据断面大小，常用的有 9 点法、12 点法等。

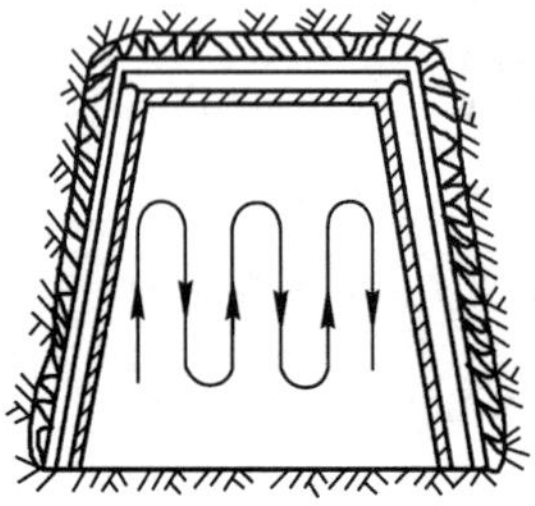

图 2-5　线路法测风

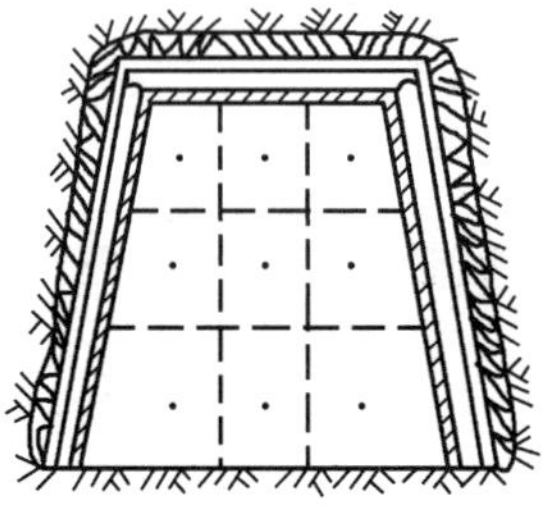

图 2-6　定点法测风

测风时，根据测风员的站立姿势不同又分为迎面法和侧身法两种。

迎面法是测风员面向风流，将手臂伸向前方测风。由于测风断面位于人体前方，且人体阻挡了风流，使风表的读数值偏小，为了消除人体的影响，需将测得的真风速乘以 1.14 的校正系数，才能得到实际平均风速。

侧身法是测风员背向巷道壁站立，手持风表将手臂向风流垂直方向伸直，然后在巷道断面内做匀速移动。由于测风员立于测风断面内减少了通风面积，从而增大了风速，测量结果较实际风速偏大，故需对测得的真风速进行校正。校正系数 K 由下式计算：

$$K=\frac{S-0.4}{S} \tag{2-2}$$

式中 S——测风站的断面积，m^2；

0.4——测风员阻挡风流的面积，m^2。

（三）用机械式风表测风步骤

（1）测风员进入测风站或待测巷道中，先估测风速范围，然后选用相应量程的风表。

（2）取出风表和秒表，先将风表指针和秒表回零，然后使风表叶轮平面迎向风流，并与风流方向垂直，待叶轮转动正常后（20～30 s），同时打开风表的计数器开关和秒表，在 1 min 的时间内，风表要均匀地走完测量路线（或测量点），然后同时关闭秒表和计数器开关，读取风表指针读数。为保证测定准确，一般在同一地点要测三次，取平均值，并按下式计算表速：

$$v_{表}=\frac{n}{t} \tag{2-3}$$

式中 $v_{表}$——风表测得的表速，m/s；

n——风表刻度盘的读数，取三次平均值，m；

t——测风时间，一般为 60 s。

（3）根据所选择的型号及风表表速 $v_{表}$ 查风表校正曲线，求出真风速 $v_{真}$。

（4）根据测风员的站立姿势，将真风速乘以校正系数 K 得实际平均风速 $v_{均}$，即：

$$v_{均}=Kv_{真} \tag{2-4}$$

（5）根据测得的平均风速和测风站的断面积，按下式计算巷道通过的风量：

$$Q=v_{均}S \tag{2-5}$$

式中 Q——测风巷道通过的风量，m^3/s；

S——测风站的断面积（m^2），按下式测算：

矩形和梯形巷道：

$$S=H\cdot B \tag{2-6}$$

三心拱巷道：

$$S=B(H-0.07B) \tag{2-7}$$

半圆拱巷道：

$$S=B(H-0.11B) \tag{2-8}$$

式中 H——巷道净高，m；

B——梯形巷道为半高处宽度，拱形巷道为净宽，m。

（四）测风时应注意的问题

（1）风表的测量范围要与所测风速相适应，避免风速过高、过低造成风表损坏或测量不准。

（2）风表不能距离人体和巷道壁太近，否则会引起较大误差。

（3）风表叶轮平面要与风流方向垂直，偏角不得超过 10°，在倾斜巷道中测风时尤其要注意。

（4）按线路法测风时，路线分布要合理，风表的移动速度要均匀，防止忽快忽慢，造成读数偏差。

(5) 秒表和风表的开关要同步,确保在 1 min 内测完全线路(或测点)。

(6) 有车辆或行人时,要等其通过后风流稳定时再测。

(7) 同一断面测定三次,三次测得的计数器读数之差不应超过 5%,然后取其平均值。

【例 2-1】 在某矿井井下的测风站内测风,测风站的断面积是 8.4 m^2,用侧身法测得的三次读数分别为 325、338、340,每次测风时间均是 1 min。求算该测风站的风速和通过测风站的风量各是多少?(风表校正曲线如图 2-3 所示)

解 (1) 检验三次测量结果的最大误差是否超过 5%

$$E=[(\text{最大读数}-\text{最小读数})/\text{最小读数}]\times 100\%$$
$$=[(340-325)/325]\times 100\%$$
$$=4.62\%<5\%$$

三次测量结果的最大误差小于 5%,测量数据精度符合要求。

(2) 计算风表的表速

$$n=(n_1+n_2+n_3)/3=(325+328+340)/3=334\ (\text{m/min})$$
$$v_{表}=n/t=334/60=5.57\ (\text{m/s})$$

(3) 查风表校正曲线,求真风速

根据 $v_{表}=5.57$ m/s,查图 2-3 可得真风速 $v_{真}$ 为 5.2 m/s。

(4) 求平均风速

$$v_{均}=Kv_{真}$$
$$K=(S-0.4)/S=(8.4-0.4)/8.4=0.95$$
$$v_{均}=0.95\times 5.2=4.94\ (\text{m/s})$$

(5) 计算通过测风站的风量

$$Q=v_{均}S=4.95\times 8.4=41.58\ (\text{m}^3/\text{s})$$

经计算得知,测风站内的风速为 4.94 m/s,通过的风量为 41.58 m^3/s。

四、微风测量

当风速很小(低于 0.1~0.2 m/s)时,很难吹动机械风表的叶轮,即便能使叶轮转动也难测得准确结果,此时可以采用烟雾、气味或者粉末作为风流的传递物进行风速测定。具体方法为:在通风巷道两端各安排一名测风员,位于上风侧的测风员带发烟器(发味器或粉末)和声响(或光信号)发射器具;下风侧测风员带秒表。一人放出烟雾(气味或粉末),同时发出声响或光信号,另一人接收到信号后开始计时,接到烟雾(气味或粉末)为止关闭秒表。用下式计算巷道内的平均风速:

$$v_{均}=\frac{L}{t} \tag{2-9}$$

式中 $v_{均}$——巷道断面内的平均风速,m/s;

L——风流流经的巷道距离,m;

t——风流流经巷道所用的时间,s。

第二节 风表校验

风速既是影响气候条件的主要因素之一,又是测定井下巷道风量的基础,风表作为测量井巷风速的仪表，一定要保证其精度符合要求。下面将介绍对新制造、使用中和维修后的矿用机械式、机械电子式和电子式风速表(以下简称风表)的检定方法。

一、风表校验

(一) 风表校验技术要求

风表应满足下列技术要求：

(1) 风表外观和运动零部件应符合下列要求：

① 风表零部件安装正确、牢固；涂、镀层均匀，其表面不应有裂隙、凹凸不平、锈蚀等影响外观和性能的缺陷；指针、叶片平直；分度线、标字清晰，表面透明，不应有斑点、划痕等影响读数的缺陷。

② 指针、叶轮或风杯，运转平稳，不应有碰撞、停滞和偏摆现象。

③ 开关应灵活、可靠。拨动开关和按下回零机构时，其指针对零位的偏移量：叶轮式风表允许最大偏移量不得超过最小分度值，杯式风表不得超过最小分度值的 1/5。

④ 数字显示的风表不应有不计数的现象。

(2) 风表铭牌上应标明制造厂、规格、型号、测量范围、出厂编号、CMC 标志。

(3) 机械电子式和电子式风表按使用说明书配备电池，其最低电压不低于额定电压的 80%。

(4) 风表的基本技术性能应符合下列要求：

① 风表的测量范围、起动风速应符合表 2-1 的规定。

表 2-1　风表的测量范围、起动风速校验要求　单位：m/s

风表类型	测量范围	起动风速		备注
		新风表	使用维修后的风表	
低速风表	0.3～0.5	≤0.2	≤0.4	
中速风表	0.5～10	≤0.4	≤0.6	
高速风表	0.8～25	≤0.6	≤0.8	叶轮式
	1.0～30	≤0.8	≤1.0	风杯式

② 风表的误差应符合表 2-2 的规定。

表 2-2　风表的误差要求　单位：m/s

风速范围	机械式风表非线性误差的绝对值	机械电子式和电子式风表	
		基本误差的绝对值	允许零位漂移
0.2～5.0	≤0.10	≤0.20	±0.10
5.0～10	≤0.15	≤0.30	
>10	≤0.20	≤0.40	

(二) 风表校验检定条件

1. 检定设备与仪器

矿用风速测量仪表检定装置主要由以下部分构成。

(1) 矿用低速风硐:闭口直路式或闭口单回流式单、双工作段风硐,风表在工作段内的阻塞比应不大于 5%,其工作段直径应不小于 250 mm。双工作段风硐,总收缩比不小于 10;单工作段风硐,收缩比不小于 4。开式风硐喷口直径不小于 150 mm,收缩比不小于 4,风表直径不大于喷口直径的 60%。检验用风硐的风速范围应大于风表的测量范围,气流均匀性不大于 1.50%,气流稳定性不大于 0.50%。

(2) 微差压计:测量范围不小于 500 Pa,误差 0.8 Pa。

(3) 皮托管:校准系数 0.998~1.004,准确度二等。

(4) 大气压力表:最小分度值 10 Pa,误差±40 Pa。

(5) 精密温度计:测量范围 0~50 ℃。

(6) 秒表:最小分度值 0.1 s。

(7) 数字万用表:准确度 1.5 级。

2. 检定环境条件

矿用风速仪表检定装置应安装在实验室内。闭口单回流式风硐与四周墙壁的距离应不小于 1 m;闭口直路式风硐进、出风口与前、后墙壁的距离应不小于集风口直径,两侧与墙壁的距离应不小于 1 m;开式风硐,喷口出口与墙壁的距离应不小于 1.5 m,两侧与墙壁的距离应不小于 1 m。在上述距离范围内应无障碍物,进行风表检定时,应关闭好门窗,避免外界气流的干扰。

矿用风硐工作的环境温度应为 5~35 ℃;测试室的环境温度应为(20±5) ℃;检定一只风表环境温度变化不应超过 1 ℃。

测试室的最大环境噪声应不大于 70 dB(A);风硐室的最大环境噪声应不大于 85 dB(A)。

(三) 检定项目和检定方法

1. 外观和运动零部件的检查

待检定的风表,应将外表和运动部件上的粉尘、油污等痕迹清洗干净。

对外观的检查,用目测方法进行。对指针、叶轮或风杯运作及开关灵敏度的检查,将风表置于正常工作状态,先在无风流的条件下拨动开关,检查零位偏移;再在小于 5 m/s 的风速条件下吹试,观察运动部件运转情况。具有数字显示的风表,观察显示屏上的数字显示情况。对电池用万用电表检测。

外观及运动部件检查不合格的风表,应修理后再进行示值检定。

2. 示值检定

(1) 准备工作

检定前主要做以下准备工作。

① 在闭口式风硐中,风表和检定用皮托管安装在风硐工作段距离内壁应大于 1/8 工作段直径的风速均匀区。风表处于正常工作状态,迎风正对气流。检定用皮托管测头迎风正对气流,测头与气流轴向允许最大偏角为±3°。

在双工作段闭口式风硐中,检低、中速风表时,风表安装在第一工作段,皮托管安装在第二工作段,如图 2-7 所示。检高、中速风表时,风表和皮托管可安装在同一工作段。

在单工作段闭口式风硐中,只能检高、中速风表,风表和皮托管安装在同一工作段。皮托管测头应超前风表安装位置 40~120 mm,如图 2-8 所示。

② 在开式风硐中,低速风表应安装在距喷口出口 0.5 倍喷口直径的自由射流区;高、中

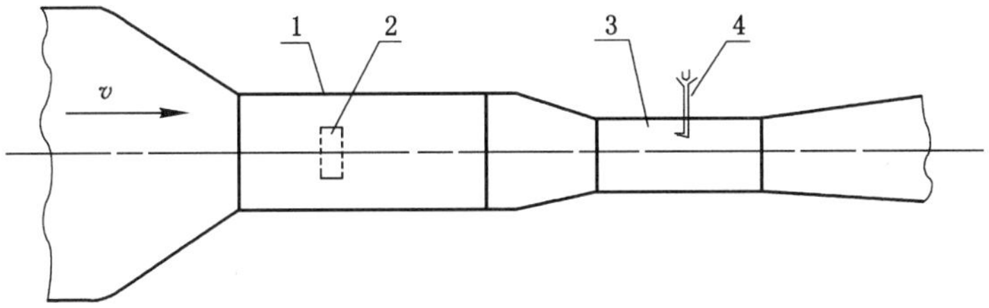

图 2-7　双工作段闭口式风硐

1——第一工作段；2——风表；3——第二工作段；4——皮托管

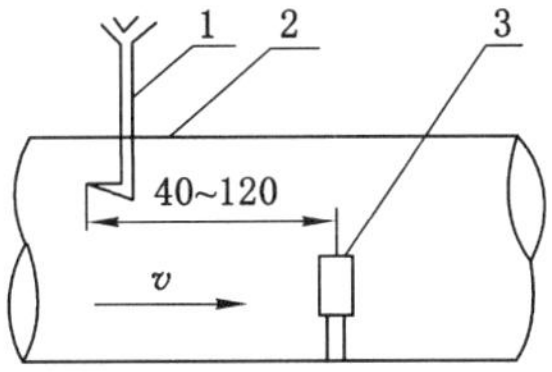

图 2-8　单工作段闭口式风硐

1——皮托管；2——工作段；3——风表

速风表应安装在距喷口出口 1.0 倍喷口直径的自由射流区。

③ 调整好微差压计的水平状态和零位。闭口式风硐，用导管正确连接微差压计与皮托管的"＋""－"接头；开式风硐，用导管正确连接微差压计与孔板前后的"＋""－"接头。

④ 测量风硐实验室内大气压力、温度等参数，并按下式计算空气密度 ρ 值：

$$\rho = 3.483 \times 10^{-3} p_0 / (273.15 + t_{温}) \tag{2-10}$$

式中　ρ——空气密度，kg/m^3；

p_0——大气压力，Pa；

$t_{温}$——温度，℃。

(2) 检定步骤

① 起动风速测定：打开风表开关，起动风机，缓慢递增风速。当风表的风轮或风杯开始连续转动时测得最低风速值。

② 风表示值检定：在风表的测量范围内至少均布 6 个测点，采用递增法调节风速。检测每一个测点时，待风速稳定后，同时测取实际风速值和风表示值。每个测点风表示值连续测量 2 次，每次测量时间不少于 1 min，相邻两次测量的风表示值：叶轮式风表相差应不大于最小分度值的 2 格，杯式风表相差应不大于最小分度值的 1/5。实际风速值在每个测点的测量时间内测量 3 次，均取平均值。

③ 每只风表检定结束，复读微差压计的零位，若与初始零位相差大于 0.3 Pa，检定结果无效，应重新检定。

(四) 检定数据整理

1. 实际风速的计算

(1) 在闭口式风硐中，用皮托管测动压值。风表与皮托管安装在同一工作段时，实际风速值按式(2-11)计算：

$$v_{实}=\sqrt{\frac{2h_{动}}{\rho}}\xi \tag{2-11}$$

式中 $v_{实}$——实际风速值，m/s；

$h_{动}$——实际动压值，Pa；

ρ——空气密度，kg/m^3；

ξ——皮托管校准系数。

(2) 风表装在第一工作段、皮托管装在第二工作段时，实际风速值按式(2-12)计算：

$$v_{实}=\frac{1}{N}\sqrt{\frac{2h_{动}}{\rho}}\xi \tag{2-12}$$

式中 N——第二工作段与第一工作段的平均风速比。

在开式风硐中，用孔板测差压，实际风速值按式(2-13)计算：

$$v_{实}=K\sqrt{\Delta p} \tag{2-13}$$

式中 Δp——孔板实测差压值，Pa；

K——孔板系数、空气密度修正系数的乘积。

(3) 机械式风表根据检测计算各测点的实际风速值和对应的风表示值，用最小二乘法解算线性回归方程：

$$v_{实}=a_0 v_{表}+b_0 \tag{2-14}$$

$$a_0=\left(q\sum_{i=1}^{q}v_{表i}-\sum_{i=1}^{q}v_{表i}\sum_{i=1}^{q}v_{实i}\right)/\left[q\sum_{i=1}^{q}v_{表i}^2-\left(\sum_{i=1}^{q}v_{表i}\right)^2\right] \tag{2-15}$$

$$b_0=\left(\sum_{i=1}^{q}v_{实i}-a_0\sum_{i=1}^{q}v_{表i}\right)/q \tag{2-16}$$

式中 $v_{实}$——实际风速值，m/s；

$v_{表}$——风表示值，格/s；

$v_{实i}$——第 i 测定点的实际风速值，m/s；

$v_{表i}$——第 i 测定点风表示值，格/s；

q——在风表测量范围内测点数；

a_0——回归系数，取到小数点后两位；

b_0——回归常数，取到小数点后两位；

i——第 i 测点。

(4) 误差计算

机械式风表的非线性误差按式(2-17)计算：

$$\Delta v_{实i}=|v_{实i}-b_0-a_0 v_{表i}| \tag{2-17}$$

式中 $\Delta v_{实i}$——实际风速值的非线性误差，m/s。

机械电子式和电子式风表的基本误差按式(2-18)计算：

$$\Delta v_{实i}=|v_{表i}-v_{实i}| \tag{2-18}$$

式中 $\Delta v_{实i}$——实际风速值的基本误差，m/s。

2. 检定曲线的绘制或修正系数的给定

机械式风表以纵坐标表示实际风速值 $v_{实}$(m/s)，横坐标表示风表示值 $v_{表}$(格/s)。根据线性回归方程或实际风速值和风表示值，在坐标纸上绘出风表测量范围内的检定曲线并给出曲线公式。

机械电子式和电子式风表：根据实际风速值和风表示值，给出修正系数或绘制检定曲线。

风表检定原始记录格式可参见表 2-3。

表 2-3　　风表校验记录

送校单位							风表型号、编号				
试验条件： 气压/Pa 温度/℃							空气密度/(kg/m^3) 皮托管系数 订正系数				
测点	动压值/Pa				实际风速		指示风速				
	1	2	3	平均	m/s	m/min	1	2	3	格/s	格/min
1											
2											
3											
4											
5											
6											
7											
8											
9											
10											

校验人：　　　　　　校验单位：

审核人：　　　　　　校验日期　　年　　月　　日

（五）检定结果处理和检定周期

机械式风表，按式(2-17)计算出最大的非线性误差；机械电子式和电子式风表，按式(2-18)计算出最大的基本误差。如果有一个测点风速超差，应重新补检。如补检仍超差，则该风表判为不合格。

检定合格的机械式风表，发给附有检定曲线和线性回归方程的检定证书。检定合格的机械电子式和电子式风表，发给附有检定曲线或修正系数的检定证书。检定不合格的风表，发给检定结果通知书。

矿井中使用的风表，检定周期为半年；实验室使用的风表，检定周期为一年。使用中的风表有下列情况之一者，应进行检定：

(1) 零部件损坏、失灵，经过清洗、修理后。

(2) 使用中发现异常情况者。

习　题

1. 设置测风站必须符合哪些要求？

2. 测风仪表按其工作原理、构造以及测风范围各分为哪几类？

3. 用风表测风为什么要校正其读数？用迎面法与侧身法测风时其校正系数为什么不同？

4. 用风表测风时应注意哪些事项？

5. 半圆拱巷道，拱墙高 1.55 m，巷宽 2.8 m，用侧身法测得的表速为 3 m/s，该风表的校正曲线表达式为 $v_{真} = 2 + v_{表}$，计算该巷道通过的风量。

第三章　矿井通风压力

井下风流的流动遵循能量守恒及转换定律，结合矿井空气流动特点，本章将介绍矿井空气的主要物理参数及其性质、空气在流动过程中的能量与压力变化、压力的测定方法以及压力之间的关系，重点阐述矿井通风能量方程及其应用。

第一节　空气的主要物理参数

一、空气的压力

矿井通风中，习惯将压强称为空气的压力。空气分子时刻都在运动，分子之间不断彼此碰撞的同时也不断碰撞容器壁。一般将气体作用在单位面积上的力称为空气的压强，用 p 表示。根据物理学分子运动理论，理想气体作用于容器壁的空气压力可由式(3-1)表示：

$$p=\frac{2}{3}n_0\left(\frac{1}{2}mv^2\right) \tag{3-1}$$

式中　n_0——单位体积内的空气分子数；

$\frac{1}{2}mv^2$——分子平移运动的平均动能。

式(3-1)表明，空气压力是单位体积空气分子不规则热运动产生的总动能的三分之二转化成的可对外做功的机械能。单位体积内的空气分子数越多，分子热运动的平均动能越大，空气压力越大。

空气压力的单位为帕斯卡(Pa)，简称帕，1 Pa=1 N/m²。压力较大时还有千帕(kPa)、兆帕(MPa)，1 MPa=10^3 kPa=10^6 Pa。有的压力仪器也用百帕(hPa)表示，1 hPa=100 Pa。压力单位及换算关系见表 3-1。

表 3-1　压力单位换算表

单位名称	帕斯卡(Pa)	巴(bar)	毫米水柱(mmH_2O)	工程大气压(at)	毫米汞柱(mmHg)	标准大气压(atm)
Pa	1	10^{-5}	0.101 972	$0.101\ 972\times10^{-4}$	$7.500\ 62\times10^{-3}$	$9.869\ 23\times10^{-6}$
mmH_2O	9.806 65	$9.806\ 65\times10^{-5}$	1	1×10^{-4}	$7.355\ 59\times10^{-2}$	$9.678\ 41\times10^{-5}$
mmHg	133.322	$1.333\ 22\times10^{-3}$	13.595	$1.359\ 5\times10^{-3}$	1	$1.315\ 79\times10^{-3}$
atm	101 325	1.013 25	10 332.3	1.033 23	760	1

注：英制压力单位采用磅力/平方英寸(bf/in²)，1 bf/in²=6 894.7 Pa。1 kPa=10^3 Pa；1 atm=101.325 kPa；1 at=98.066 5 kPa(千帕)；1 bar(巴)=1 000 mbar(毫巴)。

地面空气压力习惯称为大气压。由于地球周围大气层的厚度高达数千米，越靠近地球表面，空气密度越大，空气分子数越多，分子热运动的平均动能越大，所以大气压力也越大。此外，大气压力还与当地的气候条件有关，即便是同一地区，也会随季节不同而变化，甚至一昼夜内都有波动。

二、空气的密度

空气和其他物质一样具有质量。单位体积空气所具有的质量称为空气的密度，用符号 ρ 来表示，即：

$$\rho=\frac{M}{V} \tag{3-2}$$

式中 ρ——空气的密度，kg/m^3；

M——空气的质量，kg；

V——空气的体积，m^3。

矿井通风中，含有水蒸气的湿空气密度常用式(3-3)计算：

$$\rho_{湿}=0.003\ 484\frac{p}{T}(1-0.378\frac{\varphi p_{饱}}{p}) \tag{3-3}$$

式中 p——空气的压力，Pa；

T——热力学温度(K)，$T=273+t_{温}$，$t_{温}$ 为空气的温度，℃；

φ——相对湿度，用小数表示；

$p_{饱}$——温度为 t(℃)时的饱和水蒸气压力，Pa。

由式(3-3)可见，压力越大，温度越低，湿空气密度越大。当压力和温度一定时，湿空气的密度总是小于干空气的密度。

在标准大气状况下($p=101\ 325$ Pa，$t_{温}=0$ ℃，$\varphi=0$)，空气的密度为 1.293 kg/m^3。

一般将空气压力为 101 325 Pa、温度为 20 ℃、相对湿度为 60%的矿井空气称为标准矿井空气，其密度为 1.2 kg/m^3。

在矿井通风中，由于通风系统内的空气温度、湿度、压力各有不同，空气的密度也有所变化，但变化范围有限。在研究空气流动规律时，要根据具体情况考虑是否忽略这种变化。

三、空气的比容

单位质量空气所占有的体积叫空气的比容，用 υ(m^3/kg)表示。比容和密度互为倒数，它们是一个状态参数的两种表达方式。由式(3-4)表示：

$$\upsilon=\frac{V}{M}=\frac{1}{\rho} \tag{3-4}$$

四、空气的黏性

当空气在管道中流动时，靠近管道中心的流层流速快，靠近管道壁的流层流速慢，相邻两流层之间的接触面上便产生内摩擦力，以阻止其相对运动，通风上称之为黏性阻力。空气具有的这一性质，称为空气的黏性。

根据牛顿内摩擦力定律，流体分层间的内摩擦力由式(3-5)表示：

$$F=\mu S\frac{\mathrm{d}v}{\mathrm{d}y} \tag{3-5}$$

式中 F——内摩擦力，N；

μ——动力黏性系数，Pa·s；

S——流层之间的接触面积，m^2；

dv/dy——垂直于流动方向上的速度梯度，s^{-1}。

由式(3-5)可以看出，当流体不流动或分层间无相对运动时，$dv/dy=0$，则 $F=0$。需要说明的是，不论流体是否流动，流体具有黏性的性质是不变的。

在矿井通风中，除了用动力黏性系数 μ 表示空气黏性大小外，还常用动力黏性系数 ν (m^2/s)来表示，动力黏性系数由式(3-6)表示：

$$\nu=\frac{\mu}{\rho} \tag{3-6}$$

式中　ρ——空气的密度，kg/m^3。

流体的黏性随温度和压力的变化而变化。对空气而言，黏性系数随温度的升高而增大，压力对黏性系数的影响可以忽略。当温度为 20 ℃、压力为 0.1 MPa 时，空气的动力黏性系数 $\mu=1.808\times10^{-5}$ Pa·s，动力黏性系数 $\nu=1.501\times10^{-5}$ m^2/s。

第二节　风流点压力测定与分析

矿井通风系统中，风流在井巷某断面上所具有的总机械能(包括静压能、动能和位能)与内能之和叫作风流的能量。风流流动的根本原因是矿井通风系统中不同断面存在着能量差。由于不容易界定矿井通风系统中空气的体积及能量，所以在矿井通风中常以单位体积的空气作为研究对象。单位体积空气所具有的能够对外做功的机械能与空气的压力具有相同的量纲($N\cdot m/m^3=N/m^2=Pa$)，故在矿井通风中直接以空气的压力等值代表单位体积空气的能量。因此，除了空气内能以热的形式存在于风流中不予考虑外，井巷任一通风断面上存在的静压能、动能和位能可相应用静压、动压、位压来表示。

一、风流的能量

(一) 静压能与静压

1. 静压能与静压的概念

由分子热运动理论可知，不论空气处于静止状态还是流动状态，空气分子都在做无规则的热运动。这种由空气分子热运动而使单位体积空气具有的对外做功的机械能量叫静压能，用 $E_{静}$ 表示(J/m^3)。空气分子热运动不断撞击器壁所呈现的压力(压强)称为静压力，简称静压，用 $p_{静}$ 表示(N/m^2，即 Pa)。静压和静压能在数值上大小相等，静压是静压能的等效表示值。

2. 静压的特点

(1) 只要有空气存在，不论是否流动都会呈现静压。

(2) 由于空气分子向器壁撞击的概率是相同的，所以风流中任一点的静压各向同值，且垂直作用于器壁。

(3) 静压是可以用仪器测量的，大气压力就是地面空气的静压值。

(4) 静压的大小反映了单位体积空气具有的静压能。

3. 空气压力的两种测算基准

空气的压力根据所选用的测算基准不同可分为两种，即绝对压力和相对压力。

(1) 绝对压力:以真空为基准测算的压力称为绝对压力,用 p 表示。由于以真空为零点,有空气的地方压力都大于零,所以绝对压力总是正值。

(2) 相对压力:以当地当时同标高的大气压力为基准测算的压力称为相对压力,用 h 表示。对于矿井空气来说,井巷中空气的相对压力 h 就是其绝对压力 p 与当地当时同标高的地面大气压力 p_0 的差值,由式(3-7)表示:

$$h = p - p_0 \tag{3-7}$$

当井巷空气的绝对压力一定时,相对压力随大气压力的变化而变化。在压入式通风矿井中,井下空气的绝对压力都高于当地当时同标高的大气压力,相对压力是正值,称为正压通风;在抽出式通风矿井中,井下空气的绝对压力都低于当地当时同标高的大气压力,相对压力是负值,称为负压通风。由此可以看出,相对压力有正压和负压之分。在不同通风方式下,绝对压力、相对压力和大气压力三者的关系如图 3-1 所示。

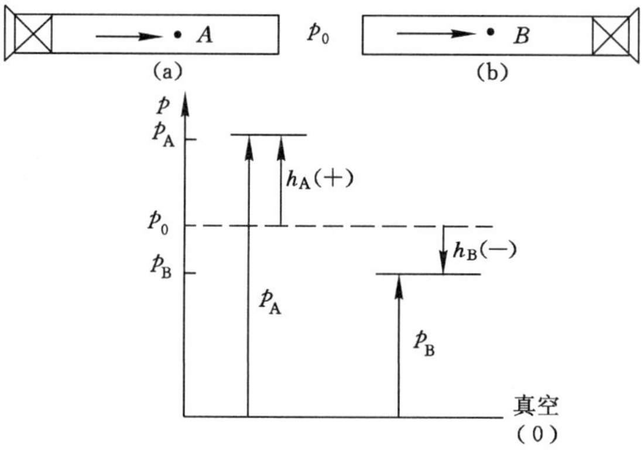

图 3-1　绝对压力、相对压力和大气压力之间的关系

(二) 动能与动压

1. 动能与动压的概念

空气做定向流动时具有动能,用 $E_动$ 表示(J/m³)。动能所呈现的压力称为动压,用 $h_动$ 表示,单位 Pa。

2. 动压的计算式

设某点空气密度为 ρ(kg/m³)、定向流动的流速为 v(m/s),则单位体积空气所具有的动能为 $E_动$(J/m³)。由式(3-8)表示:

$$E_动 = \frac{1}{2}\rho v^2 \tag{3-8}$$

$E_动$ 对外所呈现的动压 $h_动$(Pa),由式(3-9)表示:

$$h_动 = \frac{1}{2}\rho v^2 \tag{3-9}$$

3. 动压的特点

(1) 只有做定向流动的空气才呈现出动压。

(2) 动压具有方向性,仅对与风流方向垂直或斜交的平面施加压力。垂直流动方向的平面承受的动压最大,平行流动方向的平面承受的动压为零。

(3) 在同一流动断面上,因各点风速不等,其动压各不相同。

(4) 动压无绝对压力与相对压力之分,总是大于零。

(三) 位能与位压

1. 位能与位压的概念

单位体积空气在地球引力作用下,由于位置高度不同而具有的能量叫位能,用 $E_{位}$(J/m³)表示。位能所呈现的压力叫位压,用 $p_{位}$(Pa)表示。需要说明的是,位能和位压的大小是相对于某一个参照基准面而言的,是相对于这个基准面所具有的能量或呈现的压力。

2. 位压的计算式

从地面上把质量为 M(kg)的物体提高 z(m),就要对物体克服重力做功 Mgz(J),物体因而获得了相同数量的位能,由式(3-10)表示:

$$E_{位} = Mgz \tag{3-10}$$

在地球重力场中,物体离地心越远,z 值越大,其位能也越大。

如图 3-2 所示的立井井筒中,如果求 1—1 断面相对于 2—2 断面的位压(或 1—1 断面与 2—2 断面的位压差),可取较低的 2—2 断面作为基准面(2—2 断面的位压为零),由式(3-11) 计算:

$$p_{位12} = \frac{Mgz_{12}}{V} = \rho_{12} g z_{12} \tag{3-11}$$

式中 ρ_{12}——1、2 断面之间空气柱的平均密度,kg/m³;

z_{12}——1、2 断面之间的垂直高差,m。

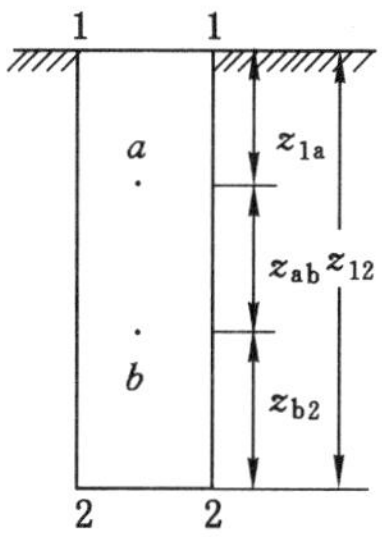

图 3-2 立井井筒中位压计算图

矿井通风系统中,由于空气密度与标高的关系比较复杂,往往不是线性关系,空气柱的平均密度 ρ_{12} 很难确定。在实际测定时,应在 1—1 断面和 2—2 断面之间布置多个测点(如图 3-2 中布置了 a、b 两个测点),分别测出各点和各段的平均密度(垂距较小时可取算术平均值),再由式(3-12)计算 1—1 断面相对于 2—2 断面的位压。

$$p_{位12} = \rho_{1a} g z_{1a} + \rho_{ab} g z_{ab} + \rho_{b2} g z_{b2} = \sum \rho_{ij} g z_{ij} \tag{3-12}$$

测点布置得越多,测段垂距越小,计算的位压越精确。

3. 位压的特点

(1) 位压只相对于基准面存在,是该断面相对于基准面的位压差。基准面的选取是任意的,因此位压可为正值,也可为负值。为了便于计算,一般将基准面设在所研究风流系统的最低水平。

(2) 位压是一种潜在的压力,不能在该断面上呈现出来。在静止的空气中,上断面相对于下断面的位压,就是下断面比上断面静压的增加值,可通过测定静压差来得知。在流动的空气中,只能通过测定高差和空气柱的平均密度后用式(3-12)计算。

(3) 位压和静压可以相互转化。当空气从高处流向低处时,位压转换为静压;反之,当空气由低处流向高处时,部分静压将转化成位压。

(4) 不论空气是否流动,上断面相对于下断面的位压总是存在的。

(四) 全压、势压和总压力

矿井通风中,通常把风流中某点的静压与动压之和称为全压;将某点的静压与位压之和称为势压；把井巷风流中任一断面的静压、动压、位压之和称为该断面的总压力。

井巷风流中两断面上存在的能量差即总压力差，是风流之所以能够流动的根本原因。空气总是从总压力大处流向总压力小处，而不是取决于单一的静压、动压或位压的大小。

（五）风流点压力

井巷风流断面上任一点的压力称为风流的点压力。相对于某基准面来说，点压力分为静压、动压和位压。

同一巷道或通风管道断面上，各点的点压力是不等的。在水平面上，各点的静压、位压都相同，动压则是中心处最大；在垂直面上，从上到下，静压逐渐增大，位压逐渐减小，动压也是中心处最大。因此，从断面上的总压力来看，一般中心处的点压力最大，周壁的点压力最小。

二、矿井空气压力测定

（一）测压仪器

在矿井通风压力测量仪器中，便携式仪器有三类：一是测量绝对压力的气压计；二是测量相对压力的压差计和皮托管；三是可同时测定绝对压力、相对压力的精密气压计或矿井通风综合参数检测仪等。

1. 绝对压力测量仪器

空盒气压计是最常用的压力测量仪器之一，其构造如图 3-3 所示。

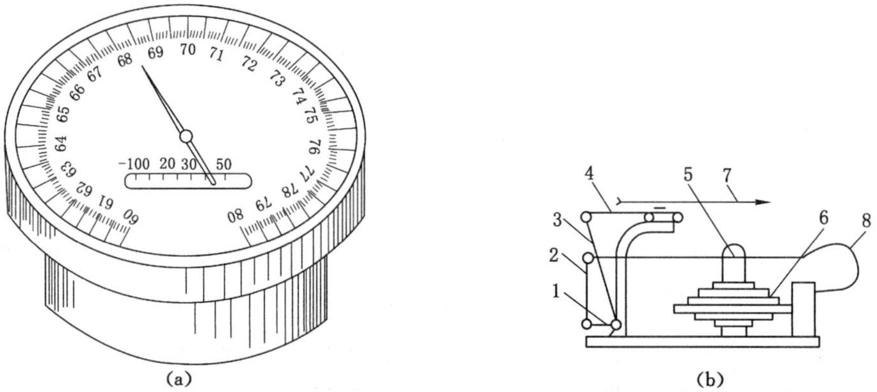

图 3-3　空盒气压计结构图

1,2,3,4——传动机构；5——拉杆；6——波纹真空膜盒；7——指针；8——弹簧

空盒气压计的感压元件是外表呈波纹形、内为真空的特殊合金金属膜盒。当压力增大或减小时，膜盒面相应地凹下、凸出，通过传动机构将这种微小位移放大后，驱动指针就指示出当时测点的绝对压力值。

测压时，将仪器水平放置在测点处，轻轻敲击仪器外壳，以消除传动机构的摩擦误差，放置 3～5 min 待指针变化稳定后读数。读数时，视线与刻度盘平面要保持垂直。要根据每台仪器出厂时提供的校正表(或曲线)，对读数进行刻度、温度及补偿校正。

常用的 DYM3 型空盒气压计的测压范围为 80 000～108 000 Pa，最小分度为 10 Pa，经过校正后的测量误差不大于 200 Pa。因精度较低，空盒气压计一般只适用于粗略测量空气压力。

2. 相对压力测量仪器

测量井巷中(或管道内)某点的相对压力或两点的压力差时,一般需要用皮托管配合压差计来进行。压差计有U形压差计、单管倾斜压差计、补偿式微压计等。

(1) 皮托管

皮托管是承受和传递压力的工具。它由两个同心圆管相套组成,其结构如图3-4所示。内管前端有中心孔,与标有"+"号的接头相通;外管前端侧壁上分布有一组小孔,与标有"−"号的接头相通。内、外管互不相通。

使用时,将皮托管的前端中心孔正对风流,接受风流的绝对静压和动压(即绝对全压),侧孔接受风流的绝对静压。通过皮托管的"+"接头和"−"接头,分别将绝对全压和绝对静压传递到压差计上。

(2) U形压差计

U形压差计分为U形垂直压差计和U形倾斜压差计两种,构造如图3-5所示。

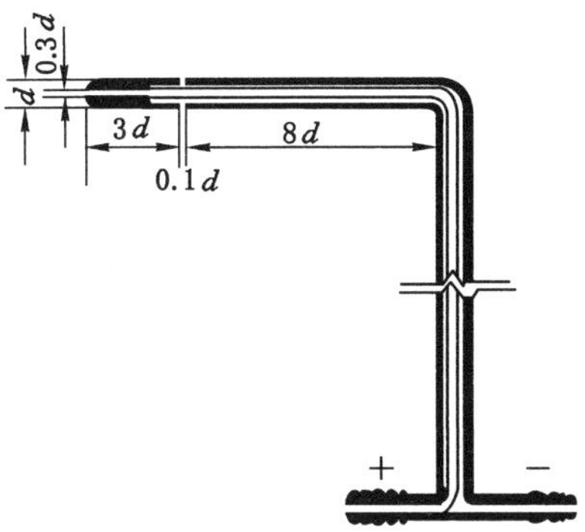

图3-4 皮托管

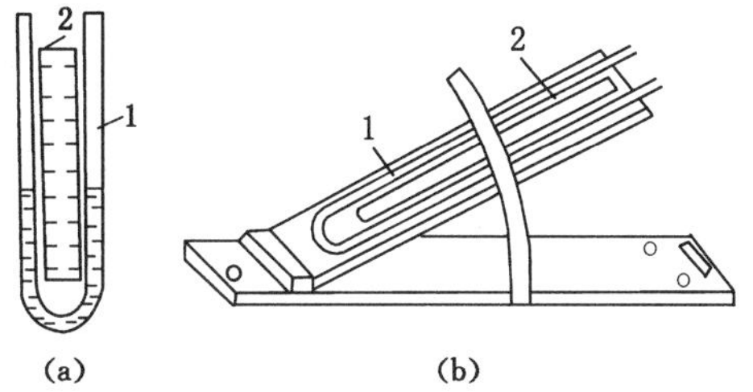

图3-5 U形压差计

(a) 垂直型;(b) 倾斜型

1——U形玻璃管;2——标尺

U形垂直压差计由垂直放置的U形玻璃管和标尺组成,U形玻璃管中装入蒸馏水或酒精。当玻璃管两端分别接入不同的空气压力时,通过两端液面的高差,在标尺上读出空气压力差。

U形垂直压差计精度低,但量程大,适用于精度要求不高、压差较大的地方,如矿井主通风机房内测量风硐内、外的压差。为了减小读数误差,可使用U形倾斜压差计,其测得的读数按式(3-13)计算压差:

$$h=\rho g L\sin\alpha \tag{3-13}$$

式中 h——两液面的垂直高差(即压差),Pa;

ρ——玻璃管内液体的密度,kg/m^3;

L——两端液面倾斜长度差,mm;

α——U形管倾斜的角度(可调整),对于U形垂直压差计$\alpha=90°$。

(3) 单管倾斜压差计

常用的YYT-200型单管倾斜压差计的外部结构和工作原理如图3-6所示。它由一个大断面的容器10(面积为S_1)和一个小断面的倾斜测压管8(面积为S_2)及标尺等组成。大容器10和测压管8互相连通，并在其中装有用工业酒精和蒸馏水配成的密度为0.81 kg/m^{3}的工作液。两断面之比(S_1/S_2)为250～300。仪器固定在装有两个调平螺钉9和水准指示器2的底座1上，弧形支架3可以根据测量范围的不同将倾斜测压管固定在5个不同的位置上，刻在支架上的数字即为校正系数。工作原理：大容器通过胶管与仪器的"＋"接头相通，倾斜测压管的上端通过胶皮管与仪器的"－"接头相连。当"＋"接头的压力高于"－"接头的压力时，虽然大容器内液面下降甚微，但测压管端的液面上升十分明显，可通过式(3-14)计算相对压力或压差 h：

$$h = LKg \tag{3-14}$$

式中 L ——倾斜测压管的读数，mm；

K——仪器的校正系数(又称常数因子)，测压时倾斜测压管在弧形支架上的相应数字。

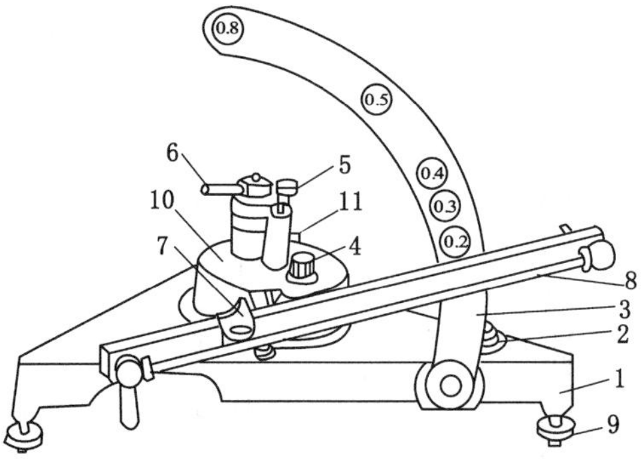

图3-6　YYT-200型单管倾斜压差计结构

1——底座；2——水准指示器；3——弧形支架；4——加液盖；5——零位调整旋钮；6——三通阀门柄；7——游标；8——倾斜测压管；9——调平螺钉；10——大容器；11——多向阀门

仪器使用方法：

① 注入工作液。将零位调整旋钮5调整到中间位置，测压管固定在弧形支架的适当位置，旋开加液盖4，缓缓注入预先配置好的密度为0.81 kg/m^{3}的工作液，直到液面位于倾斜测压管的"0"刻度线附近，然后旋紧加液盖，再用胶皮管将多向阀门11中间的接头与倾斜测量管的上端连通。将三通阀门柄6拨在仪器的"测压"位置，用嘴轻轻从"＋"端吹气，使酒精液面沿测压管缓慢上升，观察液柱内有无气泡，如有气泡，应反复吹气多次，直至气泡消除为止。

② 调零。首先调整仪器底座上的两个调平螺钉9，观察水准指示器内的气泡是否居中，使仪器处于水平。顺时针转动三通阀门柄6到"校正"位置，使大容器和倾斜测压管分别与"＋"接头和"－"接头隔断，而与大气相通。旋动零位调整旋钮5，使测压管的酒精液面对准"0"刻度线。

③ 测定。根据待测压差的大小，将倾斜测压管固定在弧形支架相应的位置上，用胶皮管将较大的压力接到仪器的"＋"接头，较小的压力接到仪器的"－"接头。逆时针转动三通阀门柄6到"测压"位置，读取测压管上酒精液面的读数和弧形支架的 K 值，用式(3-14)计算压差值或相对压力。

常用的YYB-200B型单管倾斜压差计最大测量值为2 000 Pa，最小分刻度为2 Pa，误差不超过最大读数的1.0%。单管倾斜压差计是通风测量中应用最广的一种压差计。

(4) 补偿式微压计

DJM9型补偿式微压计可以做精确的压差测量,其主要构造和原理如图3-7所示。它有充水的大小两个容器2和1,下部用胶皮管9连通。大容器与仪器的"−"接头相通,小容器与仪器的"+"接头相通。转动读数盘3,大容器可随之上下移动。当"+""−"接头的压力相同时,两容器液面处于同一平面上,通过装在小容器上的反射镜6可以看到水准器7的尖端同它自己的像正好相接,如图3-7(b)所示。当"+"接头压力大于"−"接头压力时,小容器液面下降,反射镜6内的尖端和影像互相接触重叠,通过转动读数盘3,使两液面再次恢复到同一水平面上,由大容器的垂直移动距离(从标尺11和读数盘3上读出)来确定大小容器所受到的压力差。

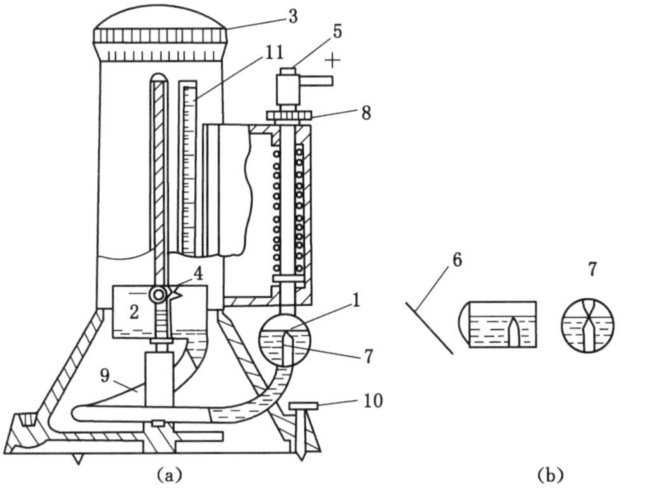

图3-7 DJM9型补偿式微压计

1——小容器;2——大容器;3——读数盘;4——指针;5——螺盖;6——反射镜;7——水准器;8——调节螺母;9——胶皮管;10——调平螺钉;11——标尺

仪器的使用方法:

① 注入蒸馏水并调零。转动读数盘3,使读数盘及位移指针4均处于"0"点。打开螺盖5,注入蒸馏水,直到从反射镜中观察到水准器7的正、倒影像近似接触。盖紧螺盖,缓慢转动读数盘使大容器2上下移动数次,以排除胶皮管9内的气泡。用调平螺钉10将仪器调平,慢慢转动调节螺母8使小容器微微移动,水准器中的正、倒影尖恰好相接触。若两个影尖重叠,表明水量不足,应再加水;若两个影尖分离,表明水量过多,应排出部分水。

② 测定。仪器调平、调零后,将被测压力较大的胶皮管接到仪器的"+"接头,压力较小的胶皮管接到仪器的"−"接头上。小容器1中的液面下降,从反射镜6中可观察到水准器的正、倒影像消失或重叠,顺时针缓慢转动读数盘3,直到两个影像尖端再次恰好相接。指针4所指示的标尺整数与读数盘所指的小数之和,即为所测压力差值。

常用的补偿式微压计有DJM9型、YJB-150/250-1型、BWY-150/250型等。其中,DJM9型的测量范围为0～1 500 Pa,最小分度值为0.1 Pa。这类仪器的精度高,可用于微小压差测量,但受压力波动影响大,水准针尖不易调准,多用于实验室内。

3. *矿井通风综合参数检测仪*

我国生产的JFY型矿井通风综合参数检测仪，是一种能同时测量空气的绝对压力、相对压力、风速、温度、湿度和时间的精密便携式本质安全型仪器，适用于煤矿井下使用。其主要技术参数见表3-2。

表3-2　JFY型矿井通风综合参数检测仪技术参数表

技术参数	测量范围	测量分辨率	测量精度
绝对压力/Pa	80 000～120 000	10	±100
压差/Pa	2 923	0.98	9.8
温度/℃	－30～＋40	0.1	±0.5
相对湿度/%	50～99	1.0	±4.0
风速/(m/s)	0.6～15	0.1	0.6～4±(0.2＋2%风速值) 4～15±(0.5＋2%风速值)
时间	月、日、时、分、秒		

该仪器由压力传感器、风速传感器、温度传感器、湿度传感器以及智能微机组成。其中的压力传感器采用高精度振动筒压力传感器，其结构如图3-8所示，主要由保护筒、激振元件、振动弹性体、温度传感器、真空腔和拾振元件等组成。振动弹性体3为一个薄壁圆筒(壁厚0.08 mm)，是感受压力的敏感元件，与保护筒1焊接在一起，共同构成真空腔，此腔是测压基准参考腔。激振元件2、拾振元件6与放大器构成测压振荡器，在常压下产生一个固有的振动频率f，当压力p变化时，振荡器的固有频率也发生变化，即压力p与频率f一一对应，并且单值连续。通过测量频率f(或周期T)即可测出外界的绝对压力p。

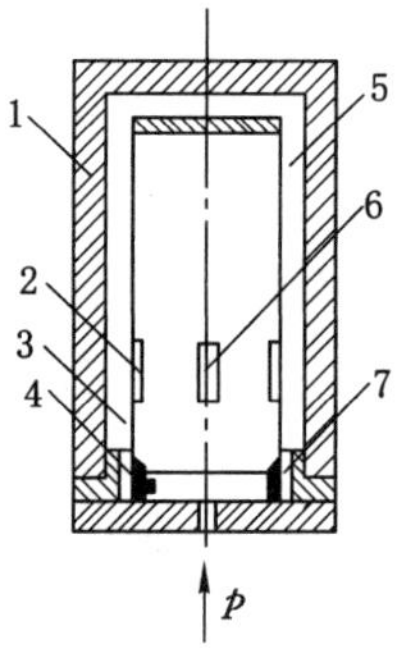

图3-8　振动筒压力传感器

1——保护筒；2——激振元件；
3——振动弹性体；4——温度传感器；
5——真空腔；6——拾振元件；7——底座支架

仪器的操作方法参见仪器面板布置图3-9。测量前先将电源开关打到“通”的位置，电源电压指示灯亮，若指示灯发暗，说明电源电压不足，应先充电。

(1) 测量绝对压力。仪器通电后，整机进入自检状态，显示传感器的周期数，按“总清”键，则显示测点的绝对压力，单位为hPa。

(2) 测量相对压力。仪器通电后，只要按下“差压”键，并将记忆开关拨向“记忆”位置，则进入相对压力测定状态，此时，仪器将按键时测点的绝对压力p_0值记入内存中，并将此值作为后面的测压基准，当仪器发生位移或测点的绝对压力变化后，面板上液晶窗口显示的总是压差值($\Delta p = p - p_0$)，单位为mmH_2O。只要不断电和记忆开关处于“记忆”位置不变，后面的测压基准p_0也不变。要想了解其他参数值，只要按下相应的键即可。

(3) 测量温度和相对湿度。仪器通电后，不论处于何种状态，只要按下“温度”键，就显示当时测点的温度值；按下“湿度”键，就显示当时测点的相对湿度值。因温度和湿度传感器

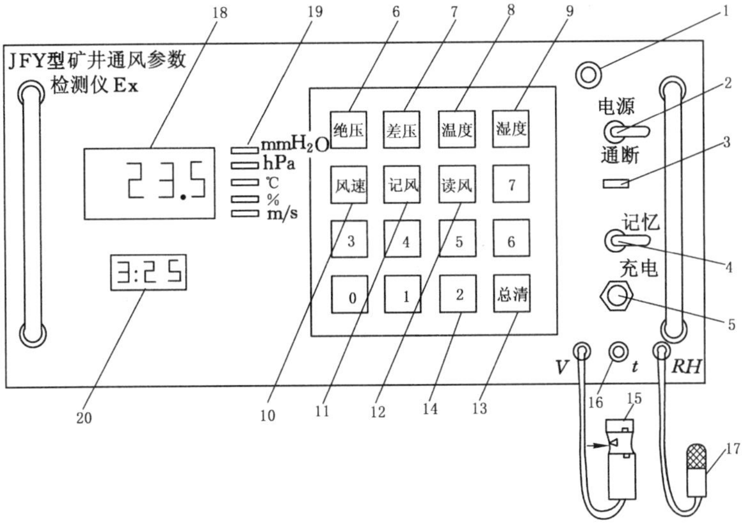

图 3-9 JFY 型矿井通风参数检测仪面板图

1——气孔；2——电源开关；3——电源电压指示灯；4——压力记忆开关；5——充电插座；
6——绝对压力键；7——差压键；8——温度键；9——相对湿度键；10——风速键；
11——记风速键；12——读平均风速键；13——总清键；14——备用键；15——风速传感器；
16——温度传感器；17——湿度传感器；18——液晶显示；19——单位显示；20——电子表

都有滞后现象，因此，从前一测点转到另一测点时，应等待 2～5 min 后再读数。

(4) 测量风速。可以测量点风速，也可以测量断面的平均风速。测量点风速时，只要把风速传感器上的箭头方向朝向风流，按下“风速”键读数即可，单位为 m/s。要测断面的平均风速时，可利用机械风表测风时的定点法，先测 1 点风速，按下“风速”键，显示 1 点风速值。再按下“记风”键，显示该点风速后显示一下“1”，表示 1 点的风速已存入内存中；将传感器移到 2 点，按下“记风”键，显示 2 点的风速值后又显示一下“2”，表示 2 点的风速已存入内存……如此进行，直到将所有测点测完，最后再按“读风”键，读出该巷道断面的平均风速值。

矿井通风综合参数检测仪广泛应用于矿井通风阻力测定、通风压能图测定等工作中。除此之外，常用的数字式气压计还有 BJ-1 型、WFQ-2 型等，既能测绝对压力又可测相对压力。

（二）风流点压力测定及分析

1. 静压测量

一般用空盒气压计、精密气压计或矿井通风综合参数测定仪测定井巷风流中某点的绝对静压 $p_{静}$ 和当时同标高的地面大气压力 p_0 之后，根据式(3-7)计算出相对静压 $h_{静}$。

2. 动压测量

动压 $h_{动}$ 的测定有两种方法：

(1) 在通风井巷中，一般用风表测出该点的风速，利用式(3-9)计算动压。

(2) 在通风管道中，可利用皮托管和压差计直接测出该点的动压，如图 3-10 所示。

3. 全压测量

测出某点的绝对静压 $p_{静}$ 和动压 $h_{动}$ 之后，用式(3-15)计算该点的绝对全压 $p_{全}$：

$$p_{全}=p_{静}+h_{动} \tag{3-15}$$

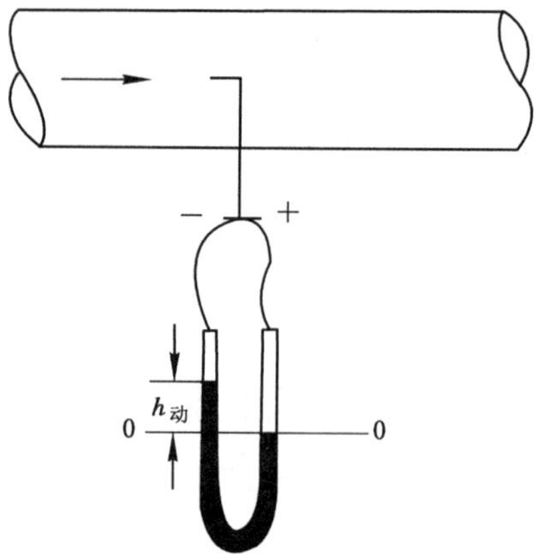

图 3-10　动压的测定

因动压为正值，所以绝对全压大于绝对静压。

根据式(3-15)计算出测点的绝对全压 $p_{全}$，同时测出该点当时同标高的地面大气压力 p_0 之后，利用下式计算该点的相对全压 $h_{全}$：

$$h_{全} = p_{全} - p_0 \tag{3-16}$$

4. 相对压力的测量

风流中某点的相对压力常用皮托管和压差计测定，其布置方法如图 3-11(a)所示，左图为压入式通风，右图为抽出式通风。

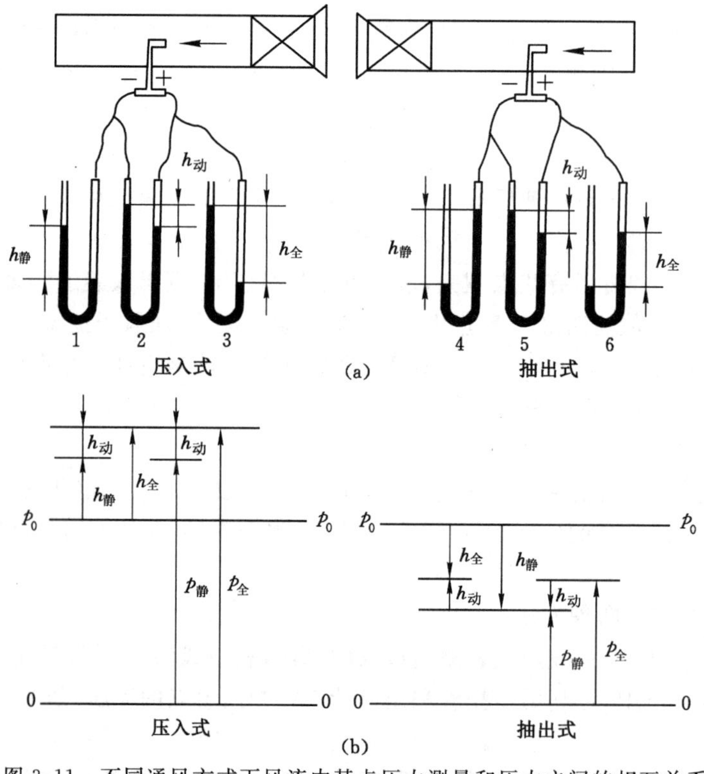

图 3-11　不同通风方式下风流中某点压力测量和压力之间的相互关系

(a) 皮托管和压差计的布置方法；(b) 风流中某点各种压力之间的关系

(1) 压入式通风中相对压力的测量及相互关系

如图 3-11(a)左图所示,皮托管的“+”接头传递的是风流的绝对全压 $p_{全}$,“-”接头传递的是风流的绝对静压 $p_{静}$,风筒外的压力是大气压力 p_0。在压入式通风中,因为风流的绝对压力都高于同标高的大气压力,所以 $p_{全}>p_0$、$p_{静}>p_0$、$p_{全}>p_{静}$。由图中压差计 1、2、3 的液面可以看出,绝对压力高的一侧液面下降,绝对压力低的一侧液面上升。

压差计 1 测得的是风流中的相对静压:$h_{静}=p_{静}-p_0$;

压差计 3 测得的是风流中的相对全压:$h_{全}=p_{全}-p_0$;

压差计 2 测得的是风流中的动压:$h_{动}=p_{全}-p_{静}$。

整理得式(3-17):

$$h_{全}=p_{全}-p_0=(p_{静}+h_{动})-p_0=(p_{静}-p_0)+h_{动}=h_{静}+h_{动} \tag{3-17}$$

式(3-17)说明:就相对压力而言,压入式通风风流中某点的相对全压等于相对静压与动压的代数和。

(2) 抽出式通风中相对压力的测量及相互关系

如图 3-11(a)右图所示。压差计 4、5、6 分别测定风流的相对静压、动压、相对全压。在抽出式通风中,因为风流的绝对压力都低于同标高的大气压力,所以 $p_{全}<p_0$、$p_{静}<p_0$、$p_{全}>p_{静}$。由图中压差计 4、6 的液面可以看出,与大气压力 p_0 相通的一侧水柱下降,另一侧水柱上升,压差计 5 中的液面变化与抽出式相同。由此可知,测点风流的相对压力为:

$$h_{静}=p_0-p_{静} \quad 或 \quad -h_{静}=p_{静}-p_0$$

$$h_{全}=p_0-p_{全} \quad 或 \quad -h_{全}=p_{全}-p_0$$

$$h_{动}=p_{全}-p_{静}$$

整理得:

$$h_{全}=p_0-p_{全}=p_0-(p_{静}+h_{动})=(p_0-p_{静})-h_{动}=h_{静}-h_{动} \tag{3-18}$$

式(3-18)说明:就相对压力而言,抽出式通风风流中某点的相对全压等于相对静压减去动压。

需要强调的是,式(3-18)中的 $h_{全}$ 和 $h_{静}$ 分别是绝对全压和绝对静压比同标高大气压力的降低值,而式(3-17)中的 $h_{全}$ 和 $h_{静}$ 则分别是绝对全压和绝对静压比同标高大气压力的增加值。公式中采用的都是其绝对值。

图 3-11(b)清楚地表示出不同通风方式下,风流中某点各种压力之间的关系。

【例 3-1】 在图 3-11(a)所示的压入式通风风筒中,测得风流中某点的相对静压 $h_{静}=1\ 200$ Pa,动压 $h_{动}=100$ Pa,风筒外与该点同标高的大气压力 $p_0=98\ 000$ Pa,求该点的 $p_{静}$、$h_{全}$、$p_{全}$ 分别是多少?

解 (1) $$p_{静}=p_0+h_{静}=98\ 000+1\ 200=99\ 200\ (\text{Pa})$$

(2) $$h_{全}=h_{静}+h_{动}=1\ 200+100=1\ 300\ (\text{Pa})$$

(3) $$p_{全}=p_0+h_{全}=98\ 000+1\ 300=99\ 300\ (\text{Pa})$$

或 $$p_{全}=p_{静}+h_{动}=99\ 200+100=99\ 300\ (\text{Pa})$$

【例 3-2】 在图 3-11(a)所示的抽出式通风风筒中,测得风流中某点的相对静压 $h_{静}=1\ 200$ Pa,动压 $h_{动}=100$ Pa,风筒外与该点同标高的大气压力 $p_0=98\ 000$ Pa,求该点的 $p_{静}$、$h_{全}$、$p_{全}$ 分别是多少?

解 (1) $$p_{静}=p_0-h_{静}=98\ 000-1\ 200=96\ 800\ (\text{Pa})$$

(2) $h_{全}=h_{静}-h_{动}=1\,200-100=1\,100$ (Pa)

(3) $p_{全}=p_0-h_{全}=98\,000-1\,100=96\,900$ (Pa)

或 $p_{全}=p_{静}+h_{动}=96\,800+100=96\,900$ (Pa)

第三节　通风能量方程及应用

一、能量方程

(一) 空气流动连续性方程

根据质量守恒定律，对于流动参数不随时间变化的稳定流，流入某空间的流体质量必然等于流出其空间的流体质量。矿井通风中，空气在井巷中的流动可以看作是稳定流，同样满足质量守恒定律。

如图 3-12 所示，风流从断面 1—1 流向断面 2—2，在流动过程中既无漏风又无补给，则流入断面 1—1 的空气质量 M_1 与流出断面 2—2 的空气质量 M_2 相等，由式(3-19)表示：

$$M_1=M_2$$

或
$$\rho_1 v_1 S_1=\rho_2 v_2 S_2 \tag{3-19}$$

式中 ρ_1、ρ_2——1、2 断面上空气的平均密度，kg/m³；

v_1、v_2——1、2 断面上空气的平均流速，m/s；

S_1、S_2——1、2 断面的断面积，m²。

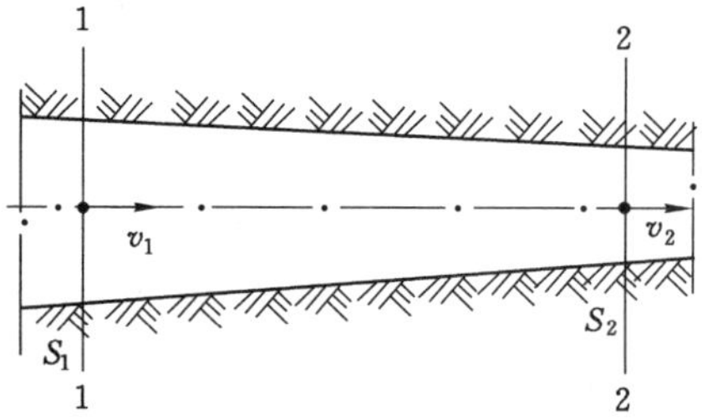

图 3-12　风流在巷道中稳定流动

式(3-19)为空气流动的连续性方程，适用于可压缩和不可压缩流体。

对于不可压缩流体，即 $\rho_1=\rho_2$，则有 $v_1S_1=v_2S_2$，由式(3-20)表示：

$$\frac{v_1}{v_2}=\frac{S_2}{S_1} \tag{3-20}$$

式(3-20)说明：在流量一定的条件下，井巷断面上风流的平均流速与过流断面的面积成反比，断面越大流速越小，断面越小流速越大。考虑到矿井风流可近似地认为是不可压缩流体，应用空气流动的连续性方程，可以方便地解决风速、风量测算和风量平衡问题。

【例 3-3】 风流在如图 3-12 所示的巷道中流动，已知 $\rho_1=\rho_2=1.12$ kg/m³，$S_1=8$ m²，$S_2=6$ m²，$v_1=4$ m/s。求：(1) 1、2 两断面上通过的质量流量 M_1、M_2；(2) 体积流量(风量) Q_1、Q_2；(3) 2 断面的平均风速 v_2。

解 (1) $M_1=M_2=\rho_1 v_1 S_1=1.12\times4\times8=35.84$ (kg/s)

(2) $Q_1=Q_2=v_1S_1=4\times8=32$ (m³/s)

(3) $v_2 = Q_2/S_2 = 32/6 = 5.33$ (m/s)

(二) 矿井通风能量方程

能量方程是用能量守恒定律描述风流沿程流动的能量转换和守恒规律的数学表达式。矿井通风能量方程则表达了空气的静压能、动能和位能在井巷流动过程中的变化规律，是能量守恒和转化定律在矿井通风中的应用。

根据机械能守恒定律，单位质量不可压缩的实际流体从断面 1—1 流向断面 2—2 的能量方程，由式(3-21)表示：

$$\frac{p_1}{\rho} + \frac{v_1^2}{2} + z_1 g = \frac{p_2}{\rho} + \frac{v_2^2}{2} + z_2 g + h_{损} \tag{3-21}$$

式中 p_1/ρ、p_2/ρ ——单位质量流体在 1、2 断面所具有的静压能，J/kg；

$v_1^2/2$、$v_2^2/2$ ——单位质量流体在 1、2 断面所具有的动能，J/kg；

$z_1 g$、$z_2 g$ ——单位质量流体在 1、2 断面上相对于基准面所具有的位能，J/kg；

$h_{损}$——单位质量流体流经 1、2 断面之间克服阻力所损失的能量，J/kg。

式(3-21)表明：单位质量的实际流体从断面 1—1 流到断面 2—2 时，断面 1—1 所具有的总机械能(静压能、动能、位能之和)等于断面 2—2 所具有的总机械能与流体克服 1、2 断面之间阻力所损失的那部分能量之和。

矿井风流中空气的密度有变化，但变化范围一般不超过 6%～8%，因此它的比容变化也不大。除了特殊情况(如矿井深度超过 1 000 m)外，一般认为矿井风流近似于不可压缩的稳流状态，所以上述能量方程也可应用于矿井通风中。具体应用时，常用单位体积空气的能量来代替方程中单位质量空气的能量，即将公式中的各项乘以 ρ，得到单位体积实际流体的能量方程，由式(3-22)表示：

$$p_1 + \frac{\rho v_1^2}{2} + z_1 \rho g = p_2 + \frac{\rho v_2^2}{2} + z_2 \rho g + h_{阻12} \tag{3-22}$$

式中 p_1、p_2——单位体积风流在 1、2 断面所具有的静压能或绝对静压，J/m³ 或 Pa；

$\rho v_1^2/2$、$\rho v_2^2/2$ ——单位体积风流在 1、2 断面所具有的动能或动压，J/m³ 或 Pa；

$z_1 \rho g$、$z_2 \rho g$——单位体积风流在 1、2 断面上相对于基准面所具有的位能或位压，J/m³ 或 Pa；

$h_{阻12}$——单位体积风流克服 1、2 断面之间的阻力所消耗的能量或压力，J/kg 或 Pa。

考虑到井下空气密度毕竟有一定的变化，为了能正确反映能量守恒定律，用风流在 1、2 断面的空气密度 ρ_1、ρ_2 代替上式动能中的 ρ，用 1、2 断面与基准面之间的平均空气密度 ρ_1、ρ_2 代替上式位能中的 ρ，得到式(3-23)、式(3-24)和式(3-25)。

$$p_1 + \frac{\rho_1 v_1^2}{2} + z_1 \rho_1 g = p_2 + \frac{\rho_2 v_2^2}{2} + z_2 \rho_2 g + h_{阻12} \tag{3-23}$$

或

$$h_{阻12} = \left(p_1 + \frac{\rho_1 v_1^2}{2} + z_1 \rho_1 g\right) - \left(p_2 + \frac{\rho_2 v_2^2}{2} + z_2 \rho_2 g\right) \tag{3-24}$$

或

$$h_{阻12} = (p_1 - p_2) + \left(\frac{\rho_1 v_1^2}{2} - \frac{\rho_2 v_2^2}{2}\right) + (z_1 \rho_1 g - z_2 \rho_2 g) \tag{3-25}$$

式(3-24)、式(3-25)就是矿井通风能量方程。从能量观点来说，它表示单位体积风流流经井巷时的能量损失，等于第一断面上的总机械能(静压能、动能和位能)与第二断面上的总机械能之差。从压力观点上来说，它表示风流流经井巷的通风阻力，等于风流在第一断面上的总压力与第二断面上的总压力之差。

利用公式计算时，应特别注意动压中 ρ_1、ρ_2 与位压中 ρ_1、ρ_2 的选取方法。动压中的 ρ_1、ρ_2 分别取 1、2 断面风流的空气密度，位压中的 ρ_1、ρ_2 视基准面的选取情况按下述方法计算：

(1) 当 1、2 断面位于矿井最低水平的同一侧时，如图 3-13(a)所示，可将位压的基准面选在较低的断面 2—2，此时，断面 2—2 的位压为 0($z_2=0$)，断面 1—1 相对于基准面的高差为 z_{12}，空气密度取其平均密度 ρ_{12}，如精度不高时可取 $\rho_{12}=(\rho_1+\rho_2)/2$($\rho_1$、$\rho_2$ 为 1、2 两断面风流的空气密度)。

(2) 当 1、2 断面分别位于矿井最低水平的两侧时，如图 3-13(b)所示，应将位压的基准面(0—0)选在最低水平，此时，1、2 断面相对于基准面的高差分别为 z_{10}、z_{20}，空气密度则分别为两侧断面距基准面的平均密度 ρ_{10} 与 ρ_{20}，当高差不大或精度不高时，可取 $\rho_{10}=(\rho_1+\rho_0)/2$，$\rho_{20}=(\rho_2+\rho_0)/2$。

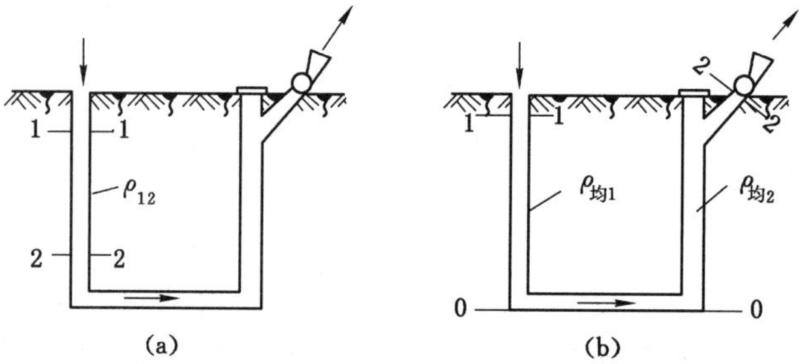

图 3-13 能量方程中位压基准面的确定及 ρ 的取法

(a) 两断面位于井底同一侧；(b) 两断面分别位于井底两侧

【例 3-4】 某倾斜巷道如图 3-14 所示，测得 1、2 两断面的绝对静压分别为 98 200 Pa 和 97 700 Pa；平均风速分别为 4 m/s 和 3 m/s；空气密度分别为 1.14 kg/m³ 和 1.12 kg/m³；两断面的标高差为 50 m。求 1、2 两断面间的通风阻力，并判断风流方向。

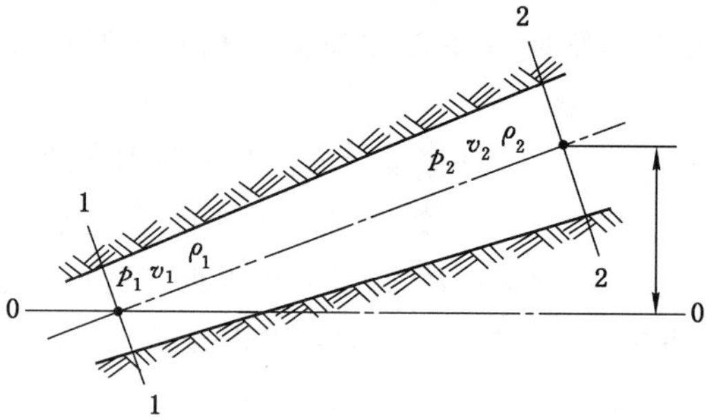

图 3-14 倾斜巷道

解 取标高较低的断面 1—1 为位压基准面，并假设风流方向为 1→2，根据能量方程：

$$h_{阻12}=(p_1-p_2)+(\frac{\rho_1 v_1^2}{2}-\frac{\rho_2 v_2^2}{2})+(z_1\rho_1 g-z_2\rho_2 g)$$

$$=(98\ 200-97\ 700)+(1.14\times4^2/2-1.12\times3^2/2)+[0-50\times(1.14+1.12)/2\times9.8]$$

$$=-54\ (\text{Pa})$$

因为求得的通风阻力为负值，说明断面 1—1 的总压力小于断面 2—2 的总压力，原假设风流方向不正确，风流方向应为 2→1，通风阻力为 54 Pa。

能量方程是矿井通风中的基本定律，通过分析可以得出以下规律：

(1) 不论在任何条件下，风流总是从总压力大的断面流向总压力小的断面。

(2) 在水平巷道中，因为位压差等于零，风流将由绝对全压大的断面流向绝对全压小的断面。

(3) 在等断面的水平巷道中，因为位压差、动压差均等于零，风流将从绝对静压大的断面流向绝对静压小的断面。

二、能量方程在矿井通风中的应用

能量方程是矿井通风的理论基础，应用极为广泛，特别是在有关通风机性能测定、矿井通风阻力测定和矿井通风技术管理、通风仪器仪表的设计等方面都与该理论密切相关。

(一) 抽出式通风矿井中通风阻力与主通风机风硐断面相对压力之间的关系

图 3-15 所示为简化后的抽出式通风矿井示意图。风流自进风井口地面进入井下，沿立井 1—2、井下巷道 2—3、回风立井 3—4 到达主通风机风硐断面 4。在风流流动的整个线路中，所遇到的通风阻力包括进风井口的局部阻力（空气由地面大气突然收缩到井筒断面的阻力）与井筒、井下巷道的通风阻力之和，即：

$$h_{阻} = h_{局1} + h_{阻14} \tag{3-26}$$

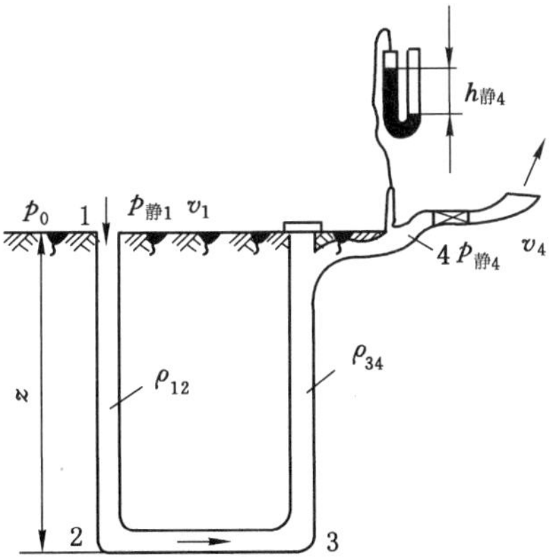

图 3-15　抽出式通风矿井

根据能量方程式，进风井口的局部阻力 $h_{局1}$ 就是地面大气与进风进口断面 1 之间的总压力差（两个断面高差近似为零，地面大气为静止状态），即：

$$h_{局1} = p_0 - (p_{静1} + h_{动1})$$

井筒及巷道的通风阻力 $h_{阻14}$ 为进风井口断面 1 与主通风机风硐断面 4 的总压力差，即：

$$h_{阻14} = (p_{静1} + h_{动1} + z\rho_{12}g) - (p_{静4} + h_{动4} + z\rho_{34}g)$$

将以上两式代入式(3-26)并整理得：

$$\begin{aligned} h_{阻} &= (p_0 - p_{静4}) - h_{动4} + (z\rho_{12}g - z\rho_{34}g) \\ &= h_{静4} - h_{动4} + (z\rho_{12}g - z\rho_{34}g) \end{aligned}$$

上式中 $h_{静4}$ 为断面 4 的相对静压，$h_{动4}$ 为断面 4 的动压，$(z\rho_{12}g - z\rho_{34}g)$ 为矿井的自然风压，可用 $H_{自}$ 表示，当 $z\rho_{12}g > z\rho_{34}g$ 时，$H_{自}$ 为正值，说明它帮助主通风机通风；当 $z\rho_{12}g <$

$z\rho_{34}g$ 时，$H_{自}$ 为负值，说明它阻碍主通风机通风。故上式又可由式(3-27)表示为：

$$h_{阻}=h_{静4}-h_{动4}\pm H_{自}=h_{全4}\pm H_{自} \tag{3-27}$$

式(3-27)为抽出式通风矿井的通风总阻力测算式，反映了矿井的通风阻力与主通风机风硐断面相对压力之间的关系。

矿井通风中，按《煤矿安全规程》要求，都要在主通风机房内安装水柱计，此仪器就是显示风硐断面相对压力的垂直U形压差计，一般是静压水柱计。

【例3-5】 某矿井采用抽出式通风，如图3-15所示，测得风硐断面的风量 $Q=50\ m^3/s$，风硐净断面积 $S_4=5\ m^2$，空气密度 $\rho_4=1.14\ kg/m^3$，风硐外与其同标高的大气压力 $p_0=101\ 324.5\ Pa$，主通风机房内静压水柱计的读数 $h_{静4}=2\ 240\ Pa$，矿井的自然风压 $H_{自}=120\ Pa$，自然风压帮助主通风机工作。试求 $p_{静4}$、$h_{动4}$、$p_{全4}$、$h_{全4}$ 和矿井的通风阻力 $h_{阻}$ 各为多大？

解

$$p_{静4}=p_0-h_{静4}=101\ 324.5-2\ 240=99\ 084.5\ (Pa)$$

$$h_{动4}=\rho_4 v_4{}^2/2=\rho_4(Q/S_4)^2/2=1.14\times(50/5)^2/2=57\ (Pa)$$

$$p_{全4}=p_{静4}+h_{动4}=99\ 084.5+57=99\ 141.5\ (Pa)$$

$$h_{全4}=h_{静4}-h_{动4}=2\ 240-57=2\ 183\ (Pa)$$

$$h_{阻}=h_{静4}-h_{动4}\pm H_{自}=2\ 240-57+120=2\ 303\ (Pa)$$

(二) 压入式通风矿井中通风阻力与主通风机风硐断面相对压力之间的关系

图3-16所示为简化后的压入式通风矿井示意图。一般包括吸风段1→2和压风段3→6，实际上属于又抽又压的混合式通风，空气被进风井口附近的主通风机吸入井下，自风硐3，沿进风井3—4、井下巷道4—5、回风井5—6排出地面。在风流流动的整个线路中，所遇到的通风阻力包括吸风段和压风段之和，由式(3-28)表示：

$$h_{阻}=h_{阻抽}+h_{阻压} \tag{3-28}$$

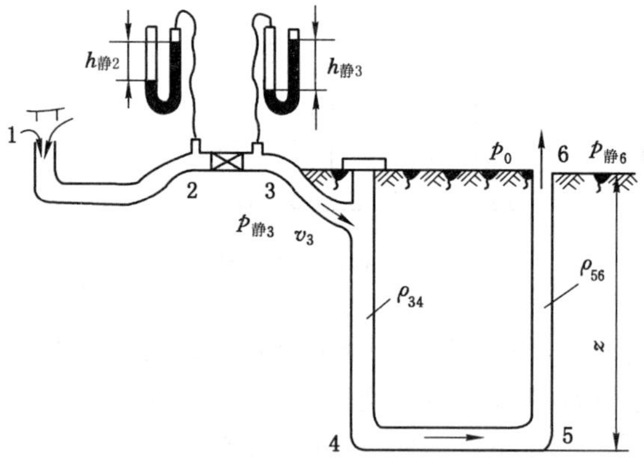

图3-16　压入式通风矿井

其中压风段的阻力包括井筒、井下巷道的阻力与出风井口的局部阻力(空气由井筒断面突然扩散到地面大气的阻力)之和，由式(3-29)表示：

$$h_{阻压}=h_{阻36}+h_{局6} \tag{3-29}$$

根据能量方程式，$h_{阻36}$、$h_{局6}$ 可分别用以下两式表示：

$$h_{阻36}=(p_{静3}+h_{动3}+z\rho_{34}g)-(p_{静6}+h_{动6}+z\rho_{56}g)$$

$$h_{局6}=(p_{静6}+h_{动6})-p_0$$

将以上两式代入式(3-29)并整理得：

$$h_{阻压}=(p_{静3}-p_0)+h_{动3}+(z\rho_{34}g-z\rho_{56}g)$$
$$=h_{静3}+h_{动3}+(z\rho_{34}g-z\rho_{56}g)$$

上式中 $h_{静3}$ 为风硐断面 3 的相对静压，$h_{动3}$ 为风硐断面 3 的动压，$(z\rho_{34}g-z\rho_{56}g)$ 为矿井的自然风压 $H_{自}$，同样 $H_{自}$ 也有正有负，公式可写成式(3-30)：

$$h_{阻压}=h_{静3}+h_{动3}\pm H_{自}=h_{全3}\pm H_{自} \tag{3-30}$$

考虑到吸风段的通风阻力(因标高差很小，吸风段的位压差可忽略不计)，则由式(3-31)表示：

$$h_{阻}=(h_{静2}-h_{动2})+(h_{静3}+h_{动3}\pm H_{自})=h_{全2}+h_{全3}\pm H_{自} \tag{3-31}$$

上式为压入式通风矿井的通风总阻力测算式，也反映了压入式通风矿井通风阻力与主通风机风硐断面相对压力之间的关系。

(三) 通风系统中风流能量(压力)坡线图

通风系统中风流能量(压力)坡度线是对矿井通风能量方程的图形描述，可以清晰地表明矿井通风系统中各断面的静压、动压、位压和通风阻力之间的相互转化关系，从而加深对能量方程的理解，是矿井通风管理和均压防灭火工作的有力工具。

矿井通风系统中风流能量(压力)坡线图的绘制方法是：以矿井最低水平作为位压计算的基准面，在矿井通风系统中沿风流流程布置若干测点，测出各测点的绝对静压、风速、温度、相对湿度、标高等参数，计算出各点的动压、位压和总能量(总压力)；然后以能量(绝对压力)为纵坐标，风流流程为横坐标，分别描出各测点，将同名参数点用折线连接起来，即是所要绘制的通风系统中风流能量(压力)坡线图。具体包括三条坡度线：风流全能量(总压力)坡度线，风流全压坡度线，风流静压坡度线。

图 3-17 所示为对应图 3-15 抽出式通风矿井中的风流能量(压力)坡线图。由图 3-17 可以看出：

(1) 全能量(总压力)坡度线 a—b—c—d 沿程逐渐下降，矿井的通风总阻力就等于风硐断面 4 上全能量(总压力)的下降值。任意两断面间的通风阻力等于这两个断面全能量(总压力)下降值的差；全能量(总压力)线的坡度反映了流动路线上通风阻力的分布状况，坡度越大，说明单位长度上的通风阻力越大。

(2) 绝对全压和绝对静压坡度线的变化与全能量(总压力)坡度线的变化不同。全能量坡度线全程逐渐下降，而绝对全压坡度线 a_1—b_1—c_1—d_1 和绝对静压坡度线 a_2—b_2—c_2—d_2 有上升也有下降。如进风井 1→2 段，风流由上向下流动，位压逐渐减小，静压逐渐增大，所以其绝对静压和绝对全压坡度线逐渐上升；在回风井 3→4 段，风流由下向上流动，位压逐渐增大，静压逐渐减小，所以其绝对静压和绝对全压坡度线逐渐下降。这也充分说明，风流在有高差变化的井巷中流动时，其静压和位压之间可以相互转化。

(3) 矿井通风的总阻力包括进风井口的局部阻力与井巷通风阻力之和，即 $h_{阻}=h_{局1}+h_{阻12}+h_{阻23}+h_{阻34}=h_{局1}+h_{阻14}$。

同理可以作出图 3-16 所示的压入式通风矿井(压风段)的风流能量(压力)坡线图(图 3-18)。其坡度变化基本同抽出式，不同的是井下各测点的绝对压力都高于同标高的大气压力，故压力坡线都位于 p_0—p_0 线的上方。此外，局部阻力则产生在回风井口 6。

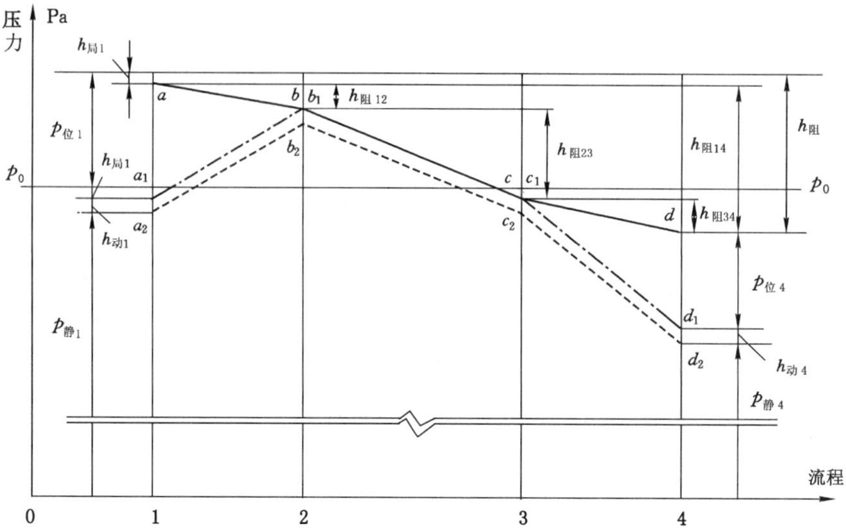

—— a—b—c—d总压力坡度线　—·—·— a_1—b_1—c_1—d_1绝对全压坡度线

······ a_2—b_2—c_2—d_2绝对静压坡度线

图 3-17　抽出式通风矿井中风流能量(压力)坡线图

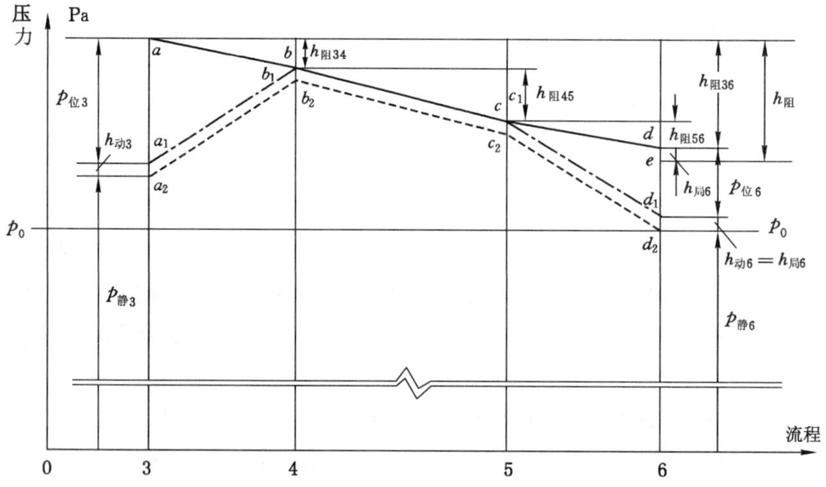

—— a—b—c—d总压力坡度线　—·—·— a_1—b_1—c_1—d_1绝对全压坡度线

······ a_2—b_2—c_2—d_2绝对静压坡度线

图 3-18　压入式通风矿井中风流能量(压力)坡线图

【例 3-6】 如图 3-19 所示的同采工作面简化系统图,风流从进风上山经绕道 1 分为两路:一路流经 1—2—3—4(2—3 为工作面Ⅰ);另一路流经 1—5—6—4(5—6 为工作面Ⅱ)。两路风流在回风巷汇合后进入回风上山。如果某一工作面或其采空区出现有害气体,是否会影响另一工作面?

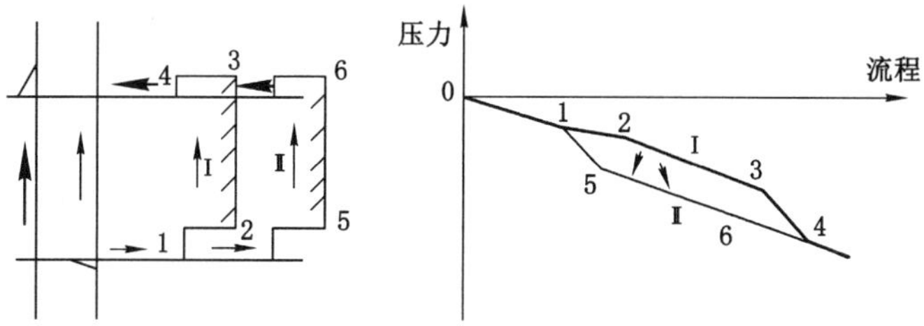

图 3-19　同采工作面简化系统图

解　要回答这一问题，可以借助压力坡度线来进行分析。为了绘制压力坡度线，必须对该局部系统进行有关的测定。根据系统特点，沿风流流经的两条路线分别布置测点，测算出各点的总压能。根据测算的结果即可绘出压力坡度线，如图 3-19 所示。由压力坡度线可见，1—2—3—4 线路上各点风流的全能量大于 1—5—6—4 线路上各对应点风流的全能量。所以工作面Ⅰ通过其采空区向工作面Ⅱ漏风。如果工作面Ⅰ或其采空区发生火灾时，其有害气体将会流向工作面Ⅱ，影响工作面Ⅱ的安全生产。

（四）矿井主通风机房内水柱计的安装和作用

通过矿井通风阻力与主通风机风硐断面相对压力之间的关系式可以看出，无论是抽出式还是压入式矿井，矿井通风总阻力可以通过测定风硐断面的相对压力和自然风压值计算出来。实际上，矿井风硐断面的动压值不大，变化也较小；自然风压值随季节而变化，一般也不大。因此，只要用压差计测出风硐断面的相对静压值，就能近似了解到矿井通风总阻力的大小。此外，利用压差计的读数还能反映主通风机工作风压的大小。

测量风硐断面的相对压力时，压差计的安装按取压方法不同有两种，即壁面取压法和环形管取压法，如图 3-20 所示。

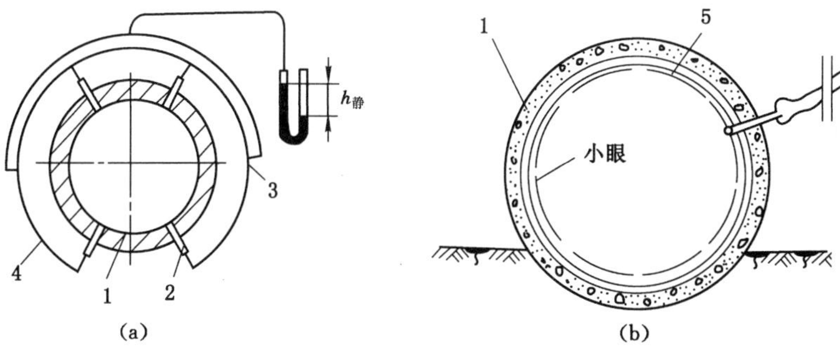

图 3-20　静压水柱计的安装方法

(a) 壁面取压法；(b) 环形管取压法

1——风硐；2——静压管；3——三通；4——胶管；5——环形管

1. 壁面取压法

所谓壁面取压，就是在风硐的内壁上开静压孔，如图 3-20(a)所示，用静压管和胶管把压力传输到风硐外并连接到主通风机房内的压差计上。为了减少误差，一般把各测点用三通和胶管并联起来。在壁面上开静压孔时，要求孔径不大于 10 mm，孔口光滑无毛刺，附近无凹凸现象，孔的中心线与壁面垂直。

2. 环形管取压法

如图 3-20(b)所示，将一个外径为 4～6 mm 的铜管做成圆形，在管上等距离钻 8 个垂直于风流方向的小眼，眼径 1～2 mm，将圆形铜管固定在风硐断面四周上，再用一根铜管与其相通并穿出硐壁，用胶管连接到主通风机房内的压差计上。

两种方法选择的取压断面都应靠近主通风机入风口(抽出式通风时)的风流稳定处，测压仪器多采用 U 形水柱计。随着电子技术的发展和矿井安全监控系统的应用，不少矿井已经采用电子压差计测量或用负压传感器将数据传送到计算机上，自动监测风硐内的风流压力。

水柱计的两个液面一般是稳定的或有微小的波动。若水柱计液面高差突然增大，可能是主要通风巷道发生冒顶或其他堵塞事故，增大了通风阻力；如果液面高差突然变小，可能是控制通风系统的主要风门被打开，或发生了其他风流短路事故，使得通风阻力变小。此外，如果通风机的传动皮带打滑使通风机的转速忽高忽低或者电源不稳定时，也会引起水柱计读数波动。只要测点位置选择合理，通过水柱计可以反映出矿井通风系统的正常状况。因此，在主通风机房内设置压差计，是通风管理中不可缺少的监测手段。

习　题

1. 何谓绝对压力、相对压力、大气压力、正压和负压？用坐标图来说明它们之间的相互关系。

2. 空气从静压大的地点流向静压小的地点，其条件是什么？空气从全压大的地点流向全压小的地点，其条件是什么？

3. 如何理解绝对全压是绝对静压与速压之和？相对全压是相对静压与速压之和？速压有无绝对值与相对值的含义？

4. "静压和速压可以相互转换"是指一个断面而言，还是指两个断面而言？同一断面上静压大的地点是否速压就小，速压大的地点是否静压就小？

5. 某矿采用抽出式通风如图 3-15 所示，用仪器测得风硐断面 4 的风量 $Q_4=40\ m^3/s$，净断面积 $S_4=4\ m^2$，空气密度 $\rho=1.19\ kg/m^3$，通风机房 U 形压差计的读数 $h=200\ mmH_2O$，风硐外与断面 4 同标高的大气压 $p_0=101\ 332\ Pa$，矿井自然风压 $H_{自}=10\ mmH_2O$，自然风流方向与通风机作用风流方向相同，试求 $p_{静4}$、$p_{全4}$、$h_{速4}$、$h_{全4}$ 以及矿井通风阻力 $h_{阻}$ 各为多少？

6. 已知空气的压力为 101 332 Pa，温度为 15 ℃，相对湿度为 60%，试求该空气的密度。

7. 在立井口测得气压为 98 508 Pa，在井中测得气压为 101 041 Pa，设空气的密度 ρ 为 $1.2\ kg/m^3$，若空气不流动，问该立井垂深为多少米？

8. 用皮托管及压差计测一管道的相对压力值如下：$h_{静}=255$ Pa，$h_{全}=196$ Pa，已知空气的密度 ρ 为 $1.2\ kg/m^3$，试确定该管道的通风方式并求该点的风速。

9. 如图 3-21(a)与(b)所示，a 点和 b 点的相对压力为 $h_a=-1\ 333$ Pa，$h_b=1\ 333$ Pa，并测得与 a、b 同标高的风筒外大气压力为 $p_0=101\ 332$ Pa。问 a 点和 b 点的绝对压力为多少？并把压差计的水柱及读数、风筒中的风流方向标出。

10. 如图 3-22(a)与(b)所示，试判断它们的通风方式，区别各压差计中的压力种类并填上空白压差计的读数。

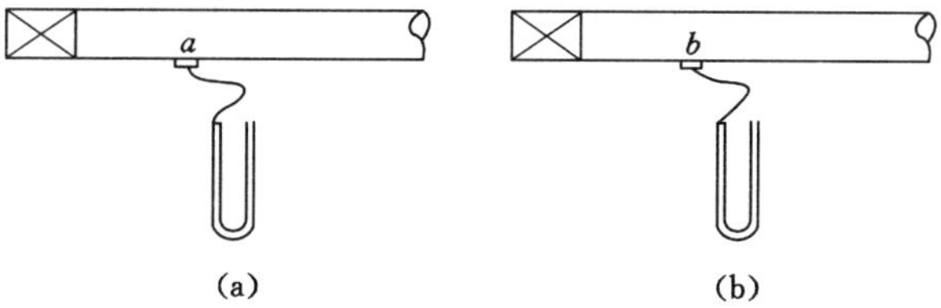

图 3-21　风筒中相对静压的测定

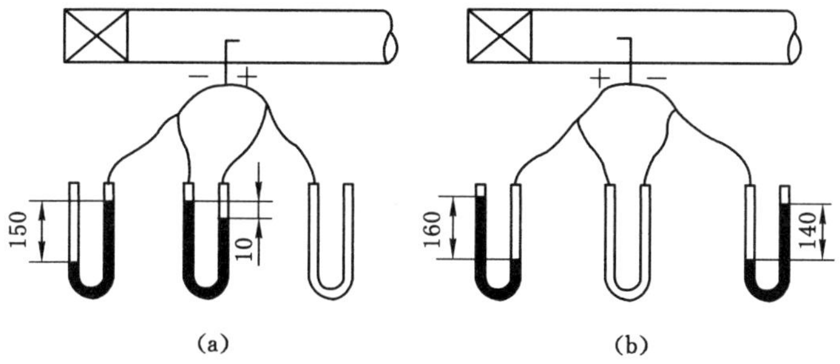

图 3-22　风筒中相对静压、全压和速压的测定

11. 已知抽出式风筒内测点 1 的绝对静压 $p_{静1}$ = 98 975 Pa，压入式风筒内测点 2 的绝对静压 $p_{静2}$ = 101 340 Pa，在两风筒内测点的平均风速为 $v_1 = v_2 = 20$ m/s，测点处空气密度为 $\rho = 1.2$ kg/m^3，$g = 9.81$ m/s^2，风筒外面的大气压力 p_0 = 100 440 Pa。试求两测点的相对全压 $h_{全}$、相对静压 $h_{静}$ 及速压 $h_{速}$ 等值。

12. 某矿采用压入式通风如图 3-23 所示，已知通风机的吸风段断面 2 的静压水柱读数为 196 Pa，压风段风硐断面 3 的静压水柱读数为 1 176 Pa，测得 2、3 断面和出风井的速压为 $h_{速2}$ = 108 Pa，$h_{速3}$ = 78 Pa，地表大气压 p_0 = 95 976 Pa，自然风压为 118 Pa，自然风流与通风机作用的风流方向相反，试求断面 2 与断面 3 的绝对静压、绝对全压、相对全压以及矿井通风总阻力。

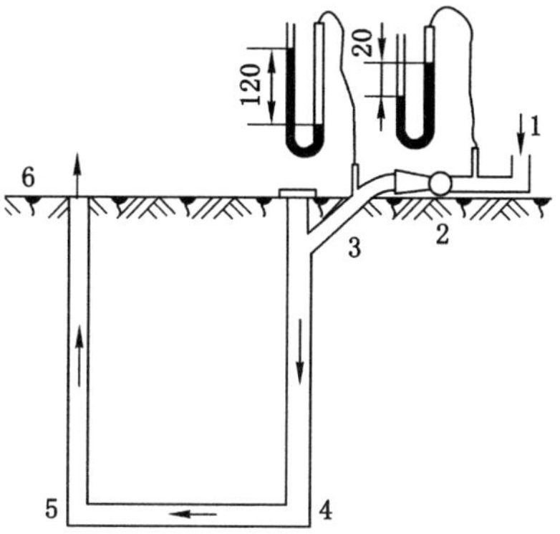

图 3-23　压入式通风矿井

13. 如图 3-24 所示，在 A、B、C 三种情况下，用空盒气压计测得 1 点的气压为 $p_1=$ 99 975 Pa，2 点的气压为 $p_2=$100 642 Pa。求在三种情况下 1、2 两点间的通风阻力，并判断巷道中的风流方向。

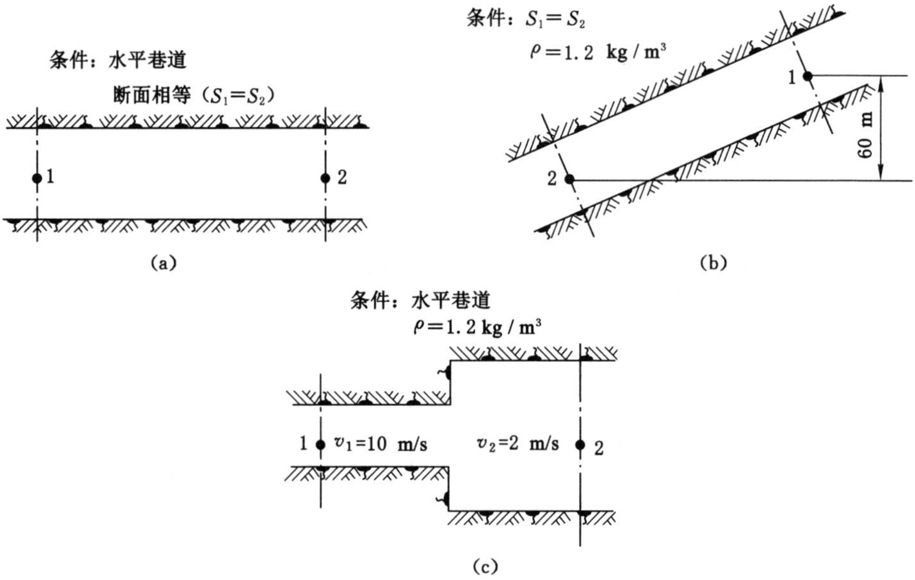

图 3-24　三种不同巷道

(a) 情况 A；(b) 情况 B；(c) 情况 C

14. 有一倾斜巷道如图 3-25 所示，用空盒气压计在同一时间内测得 1、2 两断面的绝对静压分别为 92 629 Pa 和 93 855 Pa，其标高分别为 −40 m 与 −140 m。断面 1 的风速 $v_1=5$ m/s，空气密度 $\rho_1=1.15$ kg/m^3；断面 2 的风速 $v_2=4$ m/s，空气密度 $\rho_2=1.18$ kg/m^3。试求这段巷道的阻力，并判断风流的方向。

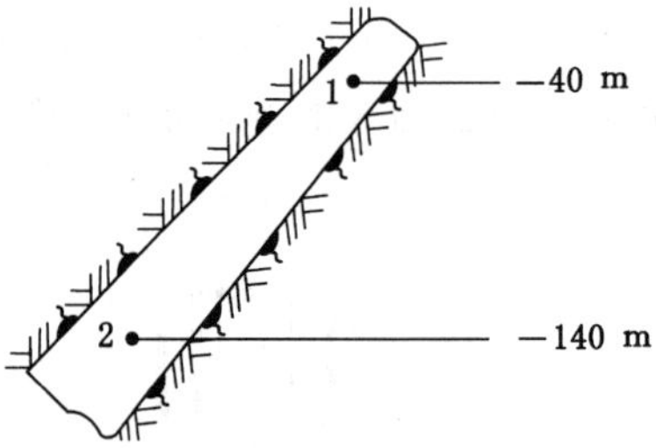

图 3-25　倾斜巷道

第四章 矿井通风阻力

本章重点从通风阻力产生的根本原因入手，介绍矿井通风阻力的计算方法及降低通风阻力的具体措施。本章是进行矿井通风系统设计、矿井风量调节、矿井通风系统管理和安全评价的理论基础。

通风阻力产生的根本原因是风流流动过程的黏性和惯性（内因），以及井巷壁面对风流的阻滞作用和扰动作用（外因）。井巷风流在流动过程中，克服内部相对运动造成的机械能量损失就叫矿井通风阻力。通风阻力包括摩擦阻力和局部阻力两大类，其中摩擦阻力是井巷通风阻力的主要组成部分（大致 80%）。

第一节 摩擦阻力

井下风流沿井巷或管道流动时，由于空气的黏性，受到井巷壁面的限制，造成空气分子之间相互摩擦（内摩擦）以及空气与井巷或管道周壁间的摩擦，从而产生阻力，称这种阻力为摩擦阻力。

一、流体的流动状态

流体在流动中有两种不同的状态，即层流流动和紊流流动。

（一）层流和紊流

层流：指流体各层的质点相互不混合，质点的流动轨迹为直线或有规则的平滑曲线，并与管道轴线方向基本平行。各流束的质点没有能量交换。

紊流：流体质点的流动轨迹极不规则，除了有总流方向的流动外，还有垂直或斜交总流方向的流动，流体内部存在着时而产生、时而消失的涡流。质点在流动过程中有强烈混合和相互碰撞，质点之间有能量交换。

（二）流动状态的判别

1883 年，英国物理学家雷诺通过实验证明：流体的流动状态取决于流体的平均流速、管道的直径和流体的动力黏性系数。这三个因素的综合影响可用一个无因次参数来表示，这个无因次参数叫雷诺数。对于圆形管道，雷诺数由式(4-1)表示：

$$Re=\frac{vd}{\nu} \tag{4-1}$$

式中 v——管道中流体的平均流速，m/s；

d——圆形管道的直径，m；

ν——流体的运动黏性数，矿井通风中一般用平均值 $\nu=1.501\times10^{-5}\ m^2/s$。

许多学者经过对圆形管道水流的大量实验证明：当 $Re<2\ 320$ 时，水流呈层流状态，叫下临界值；当 $Re>12\ 000$ 时，水流呈完全紊流状态，叫上临界值。$Re=2\ 320\sim12\ 000$ 时，为层流和紊流不稳定过渡区。在 $Re=2\ 320\sim4\ 000$ 区域内，流动状态不是固定的，由管道的粗糙程度、流体进入管道的情况等外部条件而定，只要稍有干扰，流态就会发生变化。因此，为方便起见，在实际工程计算中，通常以 $Re=2\ 300$ 作为管道流动流态的判别系数，即：$Re\leqslant 2\ 300$ 为层流流动；$Re>2\ 300$ 为紊流流动。

对于非圆形断面的管道，可用水力学中的水力半径的概念把非圆形断面折算成圆形断面。所谓水力半径 $R_{水}$（也叫当量直径）就是过流断面积 S 和湿润周界（即流体在管道断面上与管壁接触的周长）U 之比。对于圆形断面由式(4-2)表示：

$$R_{水}=\frac{S}{U}=\frac{d}{4} \tag{4-2}$$

用水力半径代替圆形管道直径就会得到非圆形管道的雷诺判别系数，由式(4-3)表示：

$$Re=\frac{4vS}{\nu U} \tag{4-3}$$

式中 S——非圆形管道面积，m^2；

U——非圆形管道断面周长，m；

其他符号意义同前。

对于不同形状的断面，其周长 U 与断面 S 的关系可用式(4-4)表示：

$$U\approx C\sqrt{S} \tag{4-4}$$

式中 C——断面形状系数，梯形 $C=4.16$，三心拱 $C=3.85$，半圆拱 $C=3.90$。

（三）井巷中风流的流动状态

井巷中空气的流动，近似于水在管道中的流动。井下除了竖井以外，大部分巷道都为非圆形巷道，而且充满整个井巷，故湿润周界就是断面的周长。可用式(4-3)计算雷诺数以判别井巷中风流的流动状态。

【例 4-1】 某梯形巷道的断面积 $S=9\ m^2$，巷道中的风量为 $360\ m^3/min$，试判别风流流态。

解 $Re=\dfrac{4vS}{\nu U}=\dfrac{4Q}{\nu C\sqrt{S}}=\dfrac{4\times 360\div 60}{1.501\times 10^{-5}\times 4.16\times\sqrt{9}}=128\ 120>2\ 300$

故巷道中的风流流态为紊流。

【例 4-2】 巷道条件同前，求相应于 $Re=2\ 300$ 的层流临界风速 v。

解 $v=\dfrac{ReU\nu}{S}=\dfrac{2\ 300\times 4.16\times\sqrt{9}\times 1.501\times 10^{-5}}{4\times 9}=0.011\ 97\ (m/s)$

因为《煤矿安全规程》规定了井巷中最低允许风速为 0.15 m/s，而井下巷道的风速都远远大于上述数值，所以井巷风流的流动状态都是紊流。只有风速很小的漏风风流，才有可能出现层流。

二、达西公式和尼古拉兹实验

（一）达西公式和尼古拉兹实验结果

在水力学中，用来计算圆形管道沿程阻力的计算式叫作达西公式，即：

$$h_{摩}=\lambda\frac{L}{d}\cdot\frac{\rho v^2}{2} \tag{4-5}$$

式中 $h_{摩}$——摩擦阻力，Pa；

λ——实验系数，无因次；

L——管道的长度，m；

d——管道的直径，m；

ρ——流体的密度，kg/m^3；

v——管道内流体的平均流速，m/s。

式(4-5)对于层流和紊流状态都适用，但流态不同，实验的无因次系数 λ 大不相同，所以计算的沿程阻力也大不相同。著名的尼古拉兹实验明确了流动状态与实验系数 λ 的关系。

尼古拉兹把粗细不同的砂粒均匀地粘于管道内壁，形成不同粗糙度的管道。管壁粗糙度是用相对粗糙度来表示的，即砂粒的平均直径 ε(m)与管道直径 r(m)之比。尼古拉兹以水为流动介质，对相对粗糙度分别为 1/15、1/30.6、1/60、1/126、1/256、1/507 六种不同的管道进行实验研究。实验得出流态不同的水流，λ 系数与管壁相对粗糙度、雷诺数 Re 的关系，如图 4-1 所示。图中的曲线是以对数坐标来表示的，纵坐标轴为($\lg 100\lambda$)，横坐标轴为 $\lg Re$。根据 λ 值随 Re 变化特征，图中曲线分为五个区：

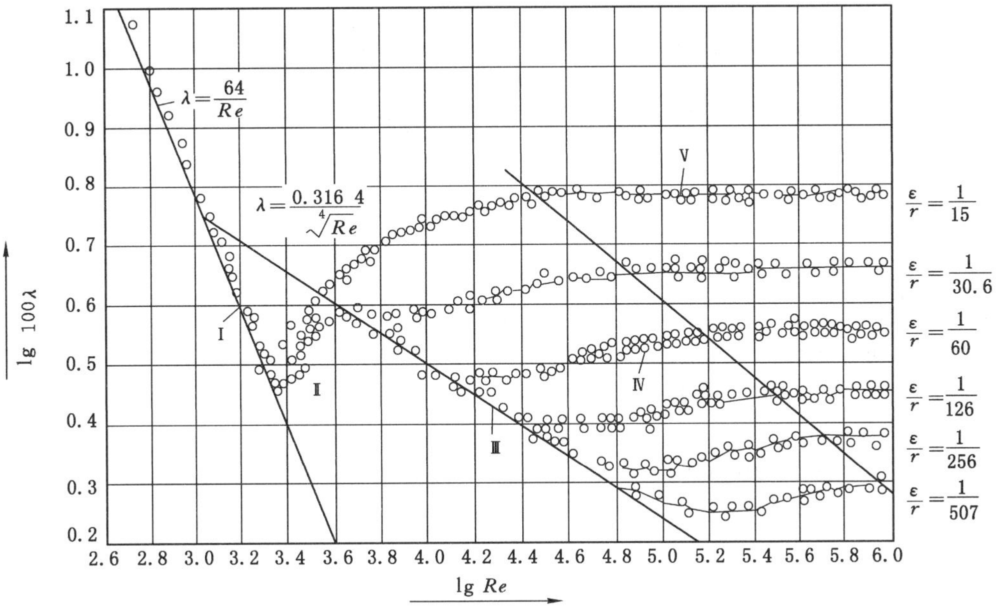

图 4-1 尼古拉兹实验结果

Ⅰ区——层流区。当 $Re<2\ 320$(即 $\lg Re<3.36$)时，不论管道粗糙度如何，其实验结果都集中分布于直线Ⅰ上，这表明 λ 随 Re 的增加而减少，与相对粗糙度无关，只与雷诺数 Re 有关。其关系式为：$\lambda=64/Re$。这是因为各种相对粗糙度的管道，当管道内为层流时，其层流边层的厚度远远大于粘于管道壁各个砂粒的直径，砂粒凸起的高度全部被淹没在层流边层内，它对紊流的核心没有影响，如图 4-2 所示，所以实验系数 λ 与粗糙度无关。

Ⅱ区——临界区。当 $2\ 320\leqslant Re\leqslant 4\ 000$(即 $3.36\leqslant\lg Re\leqslant 3.6$)时，在此区间内，不同的相对粗糙度的管内流体由层流转变为紊流。所有的实验点几乎都集中在线段Ⅱ上。λ 随 Re 的增加而增大，与相对粗糙度无明显关系。

Ⅲ区——水力光滑区。当 $Re>4\ 000$($\lg Re>3.6$)时，不同相对粗糙度的实验点起初都集中在曲线Ⅲ上，随着 Re 的增加，相对粗糙度大的管道，实验点在较低 Re 时就偏离曲线Ⅲ，相对粗糙度小的管道在较大的 Re 时才偏离。在Ⅲ曲线范围内，λ 与 Re 有关，而与相对粗糙度无关。λ 与 Re 服从 $\lambda=0.316\ 4/Re^{0.25}$ 的关系，从实验曲线可以看出，在 $4\ 000<Re<10\ 000$ 的范围内，它始终是水力光滑。

Ⅳ区——紊流过渡区。由水力光滑区向水力粗糙区过渡，即图中的Ⅳ所示区段。在这

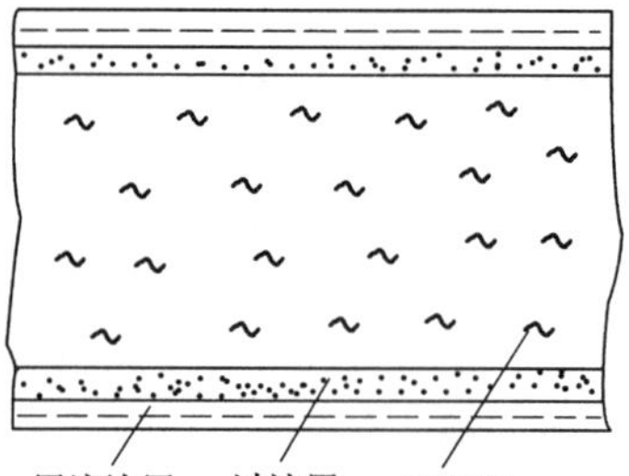

图 4-2 流态结构

个区段内，各种不同相对粗糙度的实验点各自分散呈一波状曲线，λ 与 Re 有关，也与相对粗糙度有关。

Ⅴ——水力粗糙区。在该区段，Re 值较大，流体的层流边层变得极薄，砂粒凸起的高度几乎全暴露在紊流的核心中，所以 Re 对 λ 值的影响极小，可忽略不计，相对粗糙度成为 λ 的唯一影响因素。故在该区，λ 与 Re 无关，只与相对粗糙度有关。对于一定的相对粗糙度的管道，λ 为定值。

在水力学上，尼古拉兹实验比较完整地反映了 λ 的变化规律，揭示了 λ 的主要影响因素，解决了水在管道中沿程阻力计算问题。而空气在井巷中的流动和水在管道中的流动很相似，所以，可以把流体力学计算水流沿程阻力的达西公式应用于矿井通风中，作为计算井巷摩擦阻力的理论基础。因此，把式(4-5)作为满流井巷矿井摩擦阻力计算的普遍公式。

（二）层流摩擦阻力

从尼古拉兹实验的结果可以知道，流体在层流状态时，实验系数 λ 只与雷诺数 Re 有关，故将式 $\lambda=64/Re$ 代入达西式(4-5)中，得：

$$h_{摩}=\frac{64}{Re}\cdot\frac{L}{d}\cdot\frac{\rho v^2}{2} \tag{4-6}$$

再将雷诺数：$Re=\dfrac{vd}{\nu}$ 和 $\mu=\rho\cdot\nu$ 代入式(4-6)中，得：

$$h_{摩}=32\cdot\mu\cdot\frac{L}{d^2}\cdot v \tag{4-7}$$

将 $R_{水}=\dfrac{S}{U}=\dfrac{d}{4}$ 及 $v=Q/S$ 代入式(4-7)就可得到层流状态下井巷摩擦阻力计算式：

$$h_{摩}=2\mu\cdot\frac{LU^2}{S^3}Q \tag{4-8}$$

式中 μ——空气的动力黏性系数，Pa·s；

Q——井巷风量，m^3/s；

其他符号意义同前。

式(4-8)说明：层流状态下摩擦阻力与风流速度和风量的一次方成正比。由于井巷中的风流大多数都为紊流状态，所以层流摩擦阻力计算公式在实际工作中很少用。

（三）紊流摩擦阻力

井下巷道的风流大多属于完全紊流状态，所以实验系数 λ 值取决于巷道壁面的粗糙程度。故将式(4-2)代入式(4-5)得到应用于矿井通风工程上的紊流摩擦阻力计算公式：

$$h_{摩}=\frac{\lambda\rho}{8}\cdot\frac{LU}{S}\cdot v^2 \tag{4-9}$$

从前面分析可知，流体在完全紊流状态时，对于确定的粗糙度，λ 值是确定的，所以对矿井通风的井巷来说，当井巷掘成以后，井巷的几何尺寸和支护形式是确定的，井巷壁面的相对粗糙度变化不大，因而在矿井条件下 λ 值被视为常数。而矿井空气的密度变化不大，也可以视为常数，故令：

$$\alpha = \frac{\lambda\rho}{8} \tag{4-10}$$

式中，α 称为摩擦阻力系数。因为 λ 是无因次量，故 α 具有与空气密度相同的因次，即 kg/m^3。

将式(4-10)及 $v=Q/S$ 代入式(4-9)得：

$$h_{摩} = \alpha \frac{LU}{S^3}Q^2 \tag{4-11}$$

式中　α——井巷的摩擦阻力系数，kg/m^3 或 $N \cdot s^2/m^4$；

其他符号意义同前。

三、摩擦阻力系数与摩擦风阻

（一）摩擦阻力系数 α

在应用式(4-11)计算矿井通风紊流摩擦阻力时，关键在于如何确定摩擦阻力系数 α 值。从式(4-10)看，摩擦阻力系数 α 值取决于空气密度和实验系数 λ 值，而矿井空气密度一般变化不大，因此 α 值主要取决于 λ 值，主要决定于井巷的粗糙程度，也就是取决于井下巷道的支护形式。不同的井巷、不同的支护形式，α 值也不同。确定 α 值的方法有查表和实测两种方法。

1. 查表确定 α 值

在新矿井通风设计时，需要计算完全紊流状态下井巷的摩擦阻力，即按照所设计的井巷长度、周长、净断面、支护形式和通过的风量，选定该井巷的摩擦阻力系数 α 值，然后用式(4-11)来计算该井巷的摩擦阻力。查表确定 α 值法，就是根据所设计的井巷特征(指支护形式、净断面积、有无提升设备和其他设施等)，通过附录Ⅰ查出适合该井巷的 α 标准值。附录Ⅰ所列的摩擦阻力系数 α 值，是前人在标准状态($\rho_0=1.2\ kg/m^3$)条件下，通过大量模型实验和实测得到的。

如果井巷空气密度不是标准状态条件下的密度，实际应用时，应该对其进行修正：

$$\alpha = \alpha_0 \frac{\rho}{1.2} \tag{4-12}$$

由于井巷断面大小、支护形式及支架规格的多样性，从附录Ⅰ可以看出，不同井巷的相对粗糙度差别很大。

对于砌碹和锚喷巷道，壁面粗糙程度可用尼古拉兹实验的相对粗糙度来表示，可直接查出摩擦阻力系数 α 值。相对支架巷道而言，砌碹和锚喷巷道摩擦阻力系数 α 值不是很大，但随着相对粗糙度的增大而增大。

对于用木棚子、工字钢、U 型钢和混凝土棚等支护巷道，要同时考虑支架的间距和支架厚度，其粗糙度用纵口径来表示。如图 4-3 所示，纵口径是相邻支架中心线之间的距离 L(m)与支架直径或厚度 d_0(m)之比，即：

$$\Delta = \frac{L}{d_0} \tag{4-13}$$

式中　Δ——纵口径，无因次；

L——支架的间距，m；

d_0——支架直径或厚度，m。

图 4-4 是在平巷模型实验中获得的纵口径 Δ 与摩擦阻力系数 α 关系曲线图。从图中

可看出，当 $\Delta<5\sim6$ 时，摩擦阻力系数 α 随纵口径 Δ 增加而增加；当 $\Delta=5\sim6$ 时，摩擦阻力系数 α 达到最大值；当 $\Delta>5\sim6$ 时，摩擦阻力系数 α 随纵口径 Δ 增加而减少。这说明 $\Delta=5\sim6$ 时，引起的风流能量损失最大，产生的通风阻力最大，所以在实际巷道工程支护时，从降低通风阻力的角度出发，一定要合理选用支护密度。

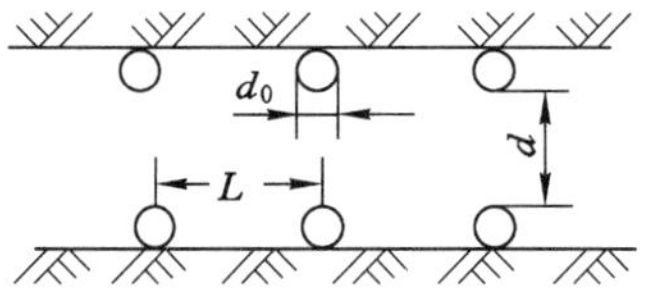

图 4-3　支架巷道的纵口径

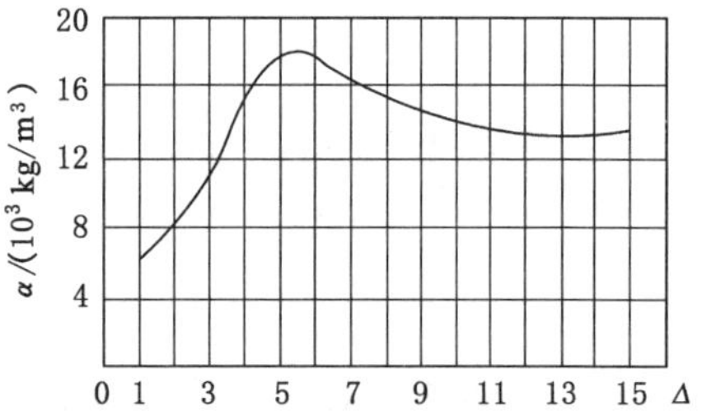

图 4-4　纵口径 Δ 与摩擦阻力系数 α 关系曲线

对于支架巷道，应先根据巷道的 d_0 和 Δ 两个数值在附录Ⅰ中查出该巷道的 α 初值，再根据该巷道的净断面积 S 值查出校正系数，对 α 的初值进行断面校正。这是因为在模型实验时用断面的某个值为标准，当实际断面大于标准时，摩擦阻力系数 α 较小，故乘以一个小于 1 的系数；反之，乘以一个大于 1 的系数。

2. 实测确定 α 值

在生产矿井中，常常需要掌握各个巷道的实际摩擦阻力系数 α 值，目的是为降低矿井通风阻力，合理调节矿井风量，提供原始的第一手资料。所以，实测摩擦阻力系数 α 值有它一定的现实指导意义。

（二）摩擦风阻

对于已经确定的井巷，巷道的长度 L、周长 U、断面 S 以及巷道的支护形式（摩擦阻力系数 α）都是确定的，故把式（4-11）中的 α、L、U、S 用一个参数 $R_{摩}$ 来表示，得到下式：

$$R_{摩}=\frac{\alpha\cdot L\cdot U}{S^3} \tag{4-14}$$

式中，$R_{摩}$ 称为摩擦风阻。其国际单位是 kg/m^7 和 $N\cdot s^2/m^8$。显然 $R_{摩}$ 是空气密度、巷道的粗糙程度、断面积、断面周长、井巷长度等参数的函数。当这些参数确定时，摩擦风阻 $R_{摩}$ 值是固定不变的。所以，可将 $R_{摩}$ 看作反映井巷几何特征的参数，它反映的是井巷通风的难易程度。

将式（4-14）代入式（4-11）得到下式：

$$h_{摩}=R_{摩}Q^2 \tag{4-15}$$

上式就是完全紊流时摩擦阻力定律，它说明了当摩擦风阻一定时，摩擦阻力与风量的平方成正比。

四、摩擦阻力计算

随着计算机技术的发展和普及，在实际工作中，通风阻力测量资料的数据整理可采用 Excel 软件，下面以例题说明其软件实现的方法。

【例 4-3】 用单倾斜压差计与静压管测量某井筒、大巷和石门的通风阻力。各巷道的参数和相关测量数据见表 4-1，试计算各巷道的摩擦阻力、摩擦阻力系数和摩擦风阻。

解

1. 资料报表的格式

矿井通风管理报表一般包括表头与表体两部分。表头包含主标题和副标题两部分内容,主标题应根据表的内容进行命名;副标题应具体说明制表单位所属集团、矿、井、区、段的名称,还应标明引用参数值的测量日期、制表日期、制表人和表的编号等。表体一般包括列字段名、行记录名和数据。

2. 计算表格式的设计

(1) 启动 Excel,建立一个名为“Excel 与矿井通风安全”的工作簿,如图 4-5 所示。

(2) 在该工作簿中选中一个(或插入一个)工作表,双击工作表标签,输入工作表名“阻力测定”。

(3) 设计表头:选择 A2:S2 区域,在工具栏上单击“合并与居中”按钮后,输入“井巷通风阻力测量计算表”;同理,选择 A3:S3 区域,输入副标题内容。

(4) 设计表体:要认真分析测点的地点、测得的参数和待求参数之间的内在联系,才能设计出科学合理的表体内容。

3. 输入已知数据

在如图 4-5 所示的工作簿窗口中输入各测点的摄氏温度、绝对压力、风量、断面积、测点间的距离、倾斜压差计的系数和读数等数据。

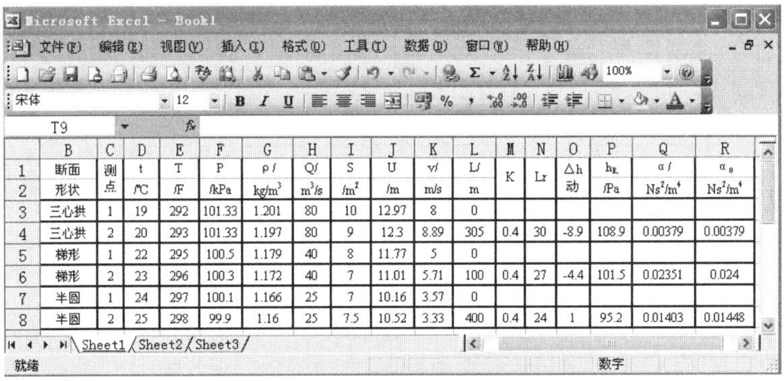

	B	C	D	E	F	G	H	I	J	K	L	M	N	O	P	Q	R
1	断面	测	t	T	P	ρ/	Q/	S	U	v/	L/	K	Lr	Δh	h_R	α/	$α_0$
2	形状	点	/℃	/F	/kPa	kg/m^3	m^3/s	$/m^2$	/m	m/s	m			动	/Pa	Ns^2/m^4	Ns^2/m^4
3	三心拱	1	19	292	101.33	1.201	80	10	12.97	8	0						
4	三心拱	2	20	293	101.33	1.197	80	9	12.3	8.89	305	0.4	30	-8.9	108.9	0.00379	0.00379
5	梯形	1	22	295	100.5	1.179	40	8	11.77	5	0						
6	梯形	2	23	296	100.3	1.172	40	7	11.01	5.71	100	0.4	27	-4.4	101.5	0.02351	0.024
7	半圆	1	24	297	100.1	1.166	25	7	10.16	3.57	0						
8	半圆	2	25	298	99.9	1.16	25	7.5	10.52	3.33	400	0.4	24	1	95.2	0.01403	0.01448

图 4-5 工作簿窗口

4. 输入计算公式

(1) 计算绝对温度(同一列的相同计算采用复制该公式的方式):E5=273+D5。

(2) 计算密度:G5=(3.46 * F5/E5)。

(3) 计算周界长(如果断面形状变化,用对应的形状系数代替 4.1):J5=4.1 * SQRT(I5)。

(4) 计算风速:K5=H5/I5。

(5) 计算动压:O6=(G5 * K5^2/2)-(G6 * K6^2/2)。

(6) 计算阻力:P6=M6 * N6 * 9.81+O6。

(7) 计算测量的摩擦阻力系数:Q6=P6 * ((I5+I6)/2)^3/((J5+J6)/2)/L6/H6^2。

(8) 计算标准摩擦阻力系数:R6=1.2 * Q6/((G5+G6)/2)。

(9) 计算标准风阻:S6=R6 * L6 * J6/I6^3。

5. 计算结果

计算结果见表 4-1。

表 4-1 **井巷通风阻力测定计算表**

矿：　　井：　　区：　　测定日期：　　年　　月　　日　　制表日期：　　年　　月　　日　报表编号：

地点	断面形状	测点	t /℃	T /K	p /kPa	ρ /(kg/m^3)	Q /(m^3/s)	S /m^2	U /m	v /(m/s)	L /m	K	Lr	$\Delta h_{动}$ /Pa	h_R /Pa	α /(N·s^2/m^4)	α_0 /(N·s^2/m^4)
井筒	三心拱	1	19.0	292.0	101.325	1.201	80.0	10	12.97	8.00	0						
	三心拱	2	20.0	293.0	101.325	1.197	80.0	9	12.30	8.89	305	0.4	30	−8.9	108.9	0.003 79	0.003 79
大巷	梯形	1	22.0	295.0	100.500	1.179	40.0	8	11.77	5.00	0						
	梯形	2	23.0	296.0	100.300	1.172	40.0	7	11.01	5.71	100	0.4	27	−4.4	101.5	0.023 51	0.024 00
石门	半圆	1	24.0	297.0	100.100	1.166	25.0	7	10.16	3.57	0						
	半圆	2	25.0	298.0	99.90	1.160	25.0	7.5	10.52	3.33	400	0.4	24	1.0	95.2	0.014 03	0.014 48

第二节　局部阻力

在风流运动过程中，由于井巷边壁条件的变化，风流在局部地区受到局部阻力物（如巷道断面突然变化、风流分叉与交汇、断面堵塞等）的影响和破坏，引起风流流速大小、方向和分布的突然变化，导致风流本身产生很强的冲击，形成极为紊乱的涡流，造成风流能量损失，这种均匀稳定风流经过某些局部地点所造成的附加的能量损失，就叫作局部阻力。

一、局部阻力的成因与计算

（一）局部阻力的成因分析

井下巷道千变万化，产生局部阻力的地点很多，有巷道断面的突然扩大与缩小（如采区车场、井口、调节风窗、风桥、风硐等），巷道的各种拐弯（如各类车场、大巷、采区巷道、工作面巷道等），各类巷道的交叉、交汇（如井底车场、中部车场等）。在分析产生局部阻力原因时，常将局部阻力分为突变类型和渐变类型两种，如图 4-6 所示。图中(a)、(c)、(e)、(g)属于突变类型，(b)、(d)、(f)、(h)属于渐变类型。

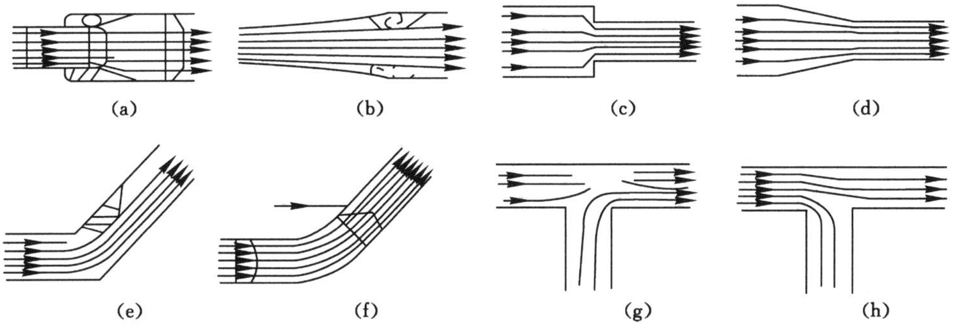

图 4-6　巷道的突变与渐变类型

紊流流体通过突变部位时，由于惯性的作用，不能随边壁突然变化，出现主流与边壁脱离的现象，在主流与边壁间形成涡流区。产生的大尺度涡流，不断被主流带走，补充进去的流体，又形成新的涡流，因而增加了能量损失，产生局部阻力。

边壁虽然没有突然变化，但如果在沿流动方向出现减速增压现象的地方，也会产生涡流区。如图 4-6(b)所示，巷道断面渐宽，沿程流速减小，静压不断增加，压差的作用方向与主流的方向相反，使边壁附近很小的流速逐渐减小到零，在这里主流开始与边壁脱离，出现与主流相反的流动，形成涡流区。在图 4-6(h)中，直道上的涡流区，也是由于减速增压过程造成的。

在增速减压区，流体质点受到与流动方向一致的正压作用，流速只增不减，所以收缩段一般不会产生涡流。若收缩角很大，在紧接渐缩段之后也会出现涡流区，如图 4-6(d)所示。

在风流经过巷道转弯处，流体质点受到离心力的作用，在外侧形成减速增压区，也能出现涡流区。过了拐弯处，如流速较大且转弯曲率半径较小，则由于惯性作用，可在内侧又出现涡流区，它的大小和强度都比外侧的涡流区大，是能量损失的主要部分。

综上所述，局部的能量损失主要和涡流区的存在有关。涡流区越大，能量损失就越多。

仅仅流速分布的改变，能量损失并不太大。在涡流区及其附近，主流的速度梯度增大，也增加能量损失，在涡流被不断带走和扩散的过程中，使下游一定范围内的紊流脉动加剧，增加了能量损失，这段长度称为局部阻力物的影响长度，在它以后，流速分布和紊流脉动才恢复到均匀流动的正常状态。

需要说明的是，在层流条件下，流体经过局部阻力物后仍保持层流，局部阻力仍是由流层之间的黏性切应力引起的，只是由于边壁变化，使流速重新分布，加强了相邻层流间的相对运动，增加了局部能量损失。层流局部阻力的大小与雷诺数 Re 成反比。受局部阻力物影响而仍能保持着层流，只有在 $Re<2\ 000$ 时才有可能，这在矿井通风巷道中极为少见，故本节不讨论层流局部阻力计算，而重点讨论紊流时的局部阻力。

（二）局部阻力计算

实验证明，不论井巷局部地点的断面、形状和拐弯如何千变万化，也不管局部阻力是突变类型还是渐变类型，所产生的局部阻力的大小都和局部地点的前面或后面断面上的速压成正比。与摩擦阻力类似，局部阻力 $h_{局}$ 一般也用速压的倍数来表示。

$$h_{局}=\xi\cdot\frac{\rho}{2}v^2 \tag{4-16}$$

式中 $h_{局}$——局部阻力，Pa；

ξ——局部阻力系数，无因次；

v——局部地点前、后断面上的平均风速，m/s；

ρ——风流的密度，kg/m³。

如果将 $v=Q/S$ 代入式(4-16)，可以得到：

$$h_{局}=\xi\frac{\rho}{2S^2}Q^2 \tag{4-17}$$

式(4-16)和式(4-17)就是紊流通用局部阻力计算公式。需要说明的是，在查表确定局部阻力系数 ξ 值时，一定要和局部阻力物的断面 S、风量 Q、风速 v 相对应。

二、局部阻力系数与风阻

（一）局部阻力系数

产生局部阻力的过程非常复杂，要确定局部阻力系数 ξ 也是非常复杂的。大量实验研究表明，紊流局部阻力系数 ξ 主要取决于局部阻力物的形状，而边壁的粗糙程度为次要因素，但在粗糙程度较大的支架巷道中也需要考虑。

由于产生局部阻力的过程非常复杂，所以系数 ξ 一般由实验求得，附录Ⅱ是由前人通过实验得到的部分局部阻力系数，计算局部阻力时查表即可。

【例 4-4】 某水平巷道如图 4-7 所示，用压差计和胶皮管测得 1—2 及 1—3 之间的阻力分别为 295 Pa 和 440 Pa，巷道的断面积均等于 6 m²，周长 10 m，通过的风量为 40 m³/s，求巷道的摩擦阻力系数及拐弯处的局部阻力系数。

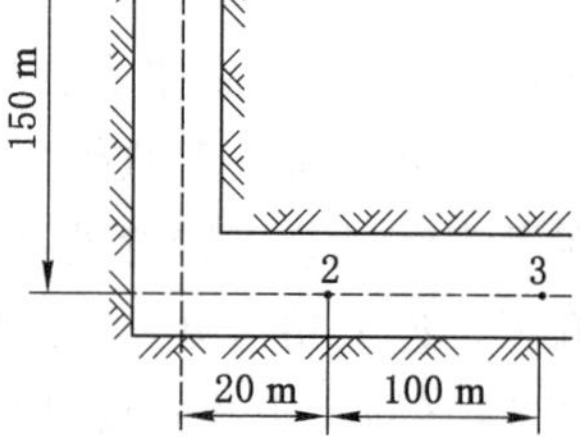

图 4-7　拐弯平巷

解　(1) 2—3 段的阻力为：

$$h_{2-3}=h_{1-3}-h_{1-2}=440-295=145\ (\text{Pa})$$

(2) 摩擦阻力系数为：

$$\alpha=\frac{h_{2-3}\times S^3}{L\times U\times Q^2}=\frac{145\times 6^3}{100\times 10\times 40^2}=0.019\ 6\ (\mathrm{N\cdot s^2/m^4})$$

(3) 1—2 段的摩擦阻力为：

$$h_{摩1-2}=\frac{\alpha LU}{S^3}Q^2=\frac{0.019\ 6\times(150+20)\times 10}{6^3}\times 40^2=247\ (\mathrm{Pa})$$

(4) 拐弯处的局部阻力为：

$$h_{局}=h_{1-2}-h_{摩1-2}=295-247=48\ (\mathrm{Pa})$$

(5) 巷道中的风速为：

$$v=\frac{Q}{S}=\frac{40}{6}=6.7\ (\mathrm{m/s})$$

(6) 局部阻力系数为：

$$\xi_{弯}=\frac{h_{局}}{\frac{\rho v^2}{2}}=\frac{48\times 2}{1.2\times(6.7)^2}=1.8$$

从上题可以看出，局部阻力系数和局部风阻可以查表计算，也可以通过实测的方法来计算确定，即：先测定出 1—2 断面之间的总阻力 h_{1-2}，再用 $h_{摩}=\alpha\frac{LU}{S^3}Q^2$ 计算出 1—2 断面之间的摩擦阻力，减去摩擦阻力，得到局部阻力值，再用式(4-16)计算得到局部阻力系数 ξ。

(二) 局部风阻

同摩擦阻力一样，当产生局部阻力的区段形成，ξ、S、ρ 都可视为确定值，故将 $h_{局}=\xi\frac{\rho}{2S^2}Q^2$ 中的 ξ、S、ρ 用一个常量来表示，即有：

$$R_{局}=\xi\frac{\rho}{2S^2} \tag{4-18}$$

将上式代入 $h_{局}=\xi\frac{\rho}{2S^2}Q^2$ 得到局部阻力定律：

$$h_{局}=R_{局}Q^2 \tag{4-19}$$

上式为完全紊流状态下的局部阻力定律，$h_{局}$ 与 $R_{摩}$ 一样，也可看作是局部阻力物的一个特征参数，它反映的是风流通过局部阻力物时通风的难易程度。$R_{局}$ 一定时，$h_{局}$ 与 Q 的平方成正比。

在一般情况下，由于井巷内的风流速压较小，所产生的局部阻力也较小，井下所有的局部阻力之和只占矿井总阻力的 10%～20%。故在通风设计中，一般只对摩擦阻力进行计算，对局部阻力不作详细计算，而按经验估算。

第三节 矿井通风阻力及分析

一、矿井通风阻力定律

井下风流在流经一条巷道时产生的总阻力等于各段摩擦阻力和所有的局部阻力之和，由式(4-20)表示：

$$h_{阻}=\sum h_{摩}+\sum h_{局} \tag{4-20}$$

当巷道风流为紊流状态时，将 $h_{摩}=\alpha\dfrac{LU}{S^3}Q^2$ 和 $h_{局}=\xi\dfrac{\rho}{2S^2}Q^2$ 以及 $h_{摩}=R_{摩}Q^2$ 和 $h_{局}=R_{局}Q^2$ 代入式(4-20)得到：

$$\begin{aligned}h_{阻}&=\sum\alpha\frac{LU}{S^3}Q^2+\sum\xi\frac{\rho}{2S^2}Q^2=\sum R_{摩}Q^2+\sum R_{局}Q^2\\&=\sum(R_{摩}+R_{局})Q^2\end{aligned} \tag{4-21}$$

令 $R=\sum(R_{摩}+R_{局})$，得到：

$$h_{阻}=RQ^2 \tag{4-22}$$

式中　R——井巷风阻，kg/m^7 或 $N\cdot s^2/m^8$。

式(4-22)就是井巷中风流紊流状态下的矿井通风阻力定律，它反映了风阻 R 一定时，井巷通风总阻力与井巷通过的风量的二次方成正比。需要说明的是，由于层流状态下的摩擦阻力、局部阻力与风流速度和风量的一次方成正比，同样可以得到层流状态下的通风阻力定律，由式(4-23)表示：

$$h_{阻}=RQ \tag{4-23}$$

容易理解，对于中间过渡流态，风量指数在 1～2 之间，从而得到一般通风阻力定律，由式(4-24)表示：

$$h_{阻}=RQ^n \tag{4-24}$$

$n=1$ 时是层流通风阻力定律，$n=2$ 时是紊流通风阻力定律，$n=1\sim2$ 时是中间过渡状态通风阻力定律。式(4-24)就是矿井通风学中最一般的通风阻力定律。由于井下只有个别风速很小的地点才有可能用到层流或中间过渡状态下的通风阻力定律，所以紊流通风阻力定律 $h_{阻}=RQ^2$ 是矿井通风学中应用最广泛、最重要的通风定律。

二、衡量矿井通风难易程度的指标

（一）矿井总风阻及井巷阻力特性曲线

对于一个确定的矿井通风网络，其总风阻值就叫作矿井总风阻，由网络结构、各支路的风阻值所决定。矿井总风阻值可以通过网络解算得到。它和矿井总阻力、矿井总风量的关系由式(4-25)表示：

$$R_{矿}=\frac{h_{矿}}{Q_{矿}^2} \tag{4-25}$$

式中　$R_{矿}$——矿井总风阻，kg/m^7 或 $N\cdot s^2/m^8$；

$h_{矿}$——矿井总阻力，Pa；

$Q_{矿}$——矿井总风量，m^3/s。

对于单一进风井和单一出风井，$h_{矿}$ 等于从进风井到主要通风机入口按顺序连接的各段井巷的通风阻力累加起来的值。对于多风井进风或多风井出风的矿井通风系统，矿井总阻力是根据全矿井总功率等于各台通风机工作系统功率之和来确定的。

$R_{矿}$ 是由井巷中通风阻力物的种类、几何尺寸和壁面粗糙程度等因素决定的，反映井巷的固有特性。当通过井巷的风量一定时，井巷通风阻力与风阻成正比，风阻值大的井巷其通风阻力也大，风阻值小的通风阻力也小。可见，井巷风阻值的大小标志着通风难易程度，风阻大时通风困难，风阻小时通风容易。所以，在矿井通风中把井巷风阻值的大小作为判别矿井通风难易程度的一个重要指标。

将紊流通风阻力定律 $h_{阻}=RQ^2$ 绘制成曲线。当风阻 R 值一定时，用横坐标表示井巷通过的风量 Q，用纵坐标表示通风阻力 h，将风量与对应的阻力（Q_i，h_i）在平面直角坐标系中描点，用光滑的曲线连接，得到一条二次抛物线，如图 4-8 所示，这条曲线就叫作该井巷的阻力特性曲线。曲线越陡，表示井巷风阻越大，通风越困难；曲线越缓，表示井巷风阻越小，通风越容易。

井巷阻力特性曲线不但能直观反映井巷的通风难易程度，而且在用图解法解算简单通风网络和分析通风机工况时也要用到，故应了解曲线的意义，掌握其绘制方法。

（二）矿井等积孔

假定在无限空间有一薄壁，在薄壁上开一面积为 A（m^2）的孔口，如图 4-9 所示。当孔口通过的风量等于矿井总风量 Q、孔口两侧的风压差等于矿井通风总阻力时，则孔口的面积 A 值就是该矿井的等积孔。现用能量方程来确定矿井等积孔 A 与矿井总风量 Q 和矿井总阻力 h 之间的关系。

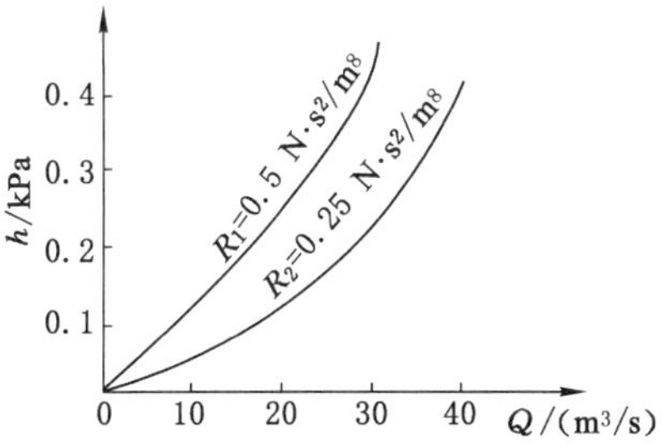

图 4-8　井巷阻力特性曲线

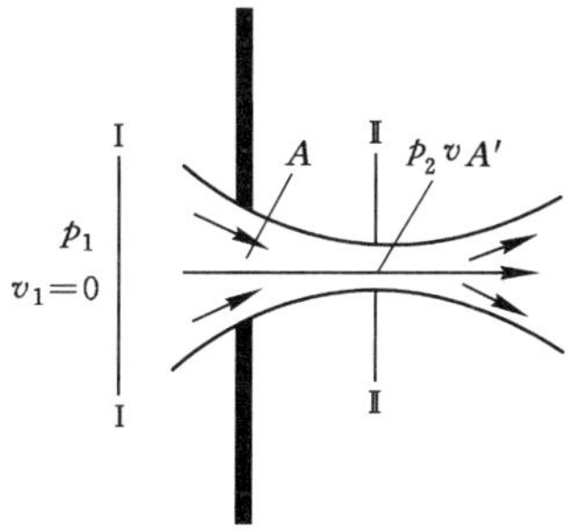

图 4-9　等积孔

在薄壁左侧距孔口 A 足够远处（风速 $v_1\approx0$）取断面Ⅰ—Ⅰ，其静压为 p_1；在孔口右侧风速收缩断面最小处取断面Ⅱ—Ⅱ（面积 A'），其静压为 p_2，风速为 v。薄壁很薄，其阻力忽略不计，则Ⅰ—Ⅰ、Ⅱ—Ⅱ断面的能量方程式为：

$$p_1-\left(p_2+\frac{\rho v^2}{2}\right)=0 \quad 或 \quad p_1-p_2=\frac{\rho v^2}{2} \tag{4-26}$$

因为

$$h=\frac{\rho v^2}{2} \tag{4-27}$$

所以

$$v=\sqrt{\frac{2h}{\rho}} \tag{4-28}$$

风流收缩处断面面积 A' 与孔口面积 A 之比称为收缩系数 φ。由水力学可知，一般 $\varphi=0.65$，故 $A'=0.65A$，则该处的风速 $v=\dfrac{Q}{A'}=\dfrac{Q}{0.65A}$。代入式(4-28)，整理得式(4-29)：

$$A=\frac{Q}{0.65\sqrt{\dfrac{2h}{\rho}}} \tag{4-29}$$

若矿井空气密度为标准空气密度，即 $\rho=1.2\ \mathrm{kg/m^3}$ 时，则得式(4-30)：

$$A=1.19\frac{Q}{\sqrt{h}} \tag{4-30}$$

将 $h=RQ^2$ 代入式(4-30)中，得式(4-31)：

$$A=\frac{1.19}{\sqrt{R}} \tag{4-31}$$

式(4-30)和式(4-31)就是矿井等积孔的计算公式。公式表明，如果矿井的通风阻力 h 相同，等积孔 A 大的矿井，风量 Q 必大，表示通风容易；等积孔 A 小的矿井，风量 Q 必小，表示通风困难。所以，矿井等积孔能够反映矿井的通风技术管理水平，也可以评判矿井通风设计是否经济。式(4-31)表明等积孔 A 与风阻 R 的平方根成反比，说明井巷或矿井的风阻越小时，等积孔 A 越大，通风越容易；反之越困难。根据矿井总风阻和矿井等积孔，通常把矿井通风难易程度分为三级，见表 4-2。

表 4-2　矿井通风难易程度的分级标准

通风阻力等级	通风难易程度	风阻 $R/(\mathrm{N\cdot s^2/m^8})$	等积孔 $A/\mathrm{m^2}$
大阻力矿	困难	>1.42	<1
中阻力矿	中等	0.35～1.42	1～2
小阻力矿	容易	<0.35	>2

【例 4-5】 某矿通风系统，测得矿井通风阻力 $h_{阻}=1\ 800\ \mathrm{Pa}$，矿井总风量 $Q=60\ \mathrm{m^3/s}$，求矿井总风阻和等积孔，并评价其通风难易程度。

解　由式(4-25)和式(4-31)可知：

$$R_{矿}=\frac{h_{矿}}{Q_{矿}^2}=\frac{1\ 800}{60^2}=0.5\ (\mathrm{kg/m^7})$$

$$A=\frac{1.19}{\sqrt{R}}=\frac{1.19}{\sqrt{0.5}}=1.68\ (\mathrm{m^2})$$

对照表 4-2 可知，该矿井通风难易程度属中等。

表 4-2 所列衡量矿井通风难易程度的等积孔值，是 1873 年缪尔格根据当时的生产情况提出的。由于现代化矿井开采规模、开采方法、机械化程度和通风能力等较以前有很大的发展和提高，表中的标准现在只能对小型矿井还有一定的参考价值。大型矿井或多风机通风矿井衡量通风难易程度的指标可参照表 4-3。该表由煤炭科学研究总院抚顺分院提出，根据煤炭产量及瓦斯等级确定矿井通风难易程度。

表 4-3　　　　矿井等积孔分类表

年产量/Mt	低瓦斯矿井		高瓦斯矿井		附注
	A 的最小值/m^2	R 的最大值/$(N \cdot s^2/m^8)$	A 的最小值/m^2	R 的最大值/$(N \cdot s^2/m^8)$	
0.1	1.0	1.42	1.0	1.42	外部漏风允许 10%时，A 的最小值减 5%，R 的最大值加 10%；外部漏风允许 15%时，A 的最小值减 10%，R 的最大值加 20%，即为矿井 A 的最小值、R 的最大值
0.2	1.5	0.63	2.0	0.35	
0.3	1.5	0.63	2.0	0.35	
0.45	2.0	0.35	3.0	0.16	
0.6	2.0	0.35	3.0	0.16	
0.9	2.0	0.35	4.0	0.09	
1.2	2.5	0.23	5.0	0.06	
1.8	2.5	0.23	6.0	0.04	
2.4	2.5	0.23	7.0	0.03	
3.0	2.5	0.23	7.0	0.03	

对矿井来说，式(4-30)和式(4-31)只能计算单台通风机工作时的矿井等积孔大小，对于多台通风机工作矿井等积孔的计算，应根据全矿井总功率等于各台主要通风机工作系统功率之和、总风量等于各台主要通风机风路上的风量之和的原理计算出总阻力，得式(4-32)～式(4-35)：

$$h_{总} Q_{总} = h_1 Q_1 + h_2 Q_2 + h_3 Q_3 + \cdots + h_n Q_n = \sum h_i Q_i \tag{4-32}$$

$$h_{总} = \sum (h_i Q_i) / Q_{总} \tag{4-33}$$

$$Q_{总} = Q_1 + Q_2 + Q_3 + \cdots + Q_n = \sum Q_i \tag{4-34}$$

$$A = 1.19 \frac{Q_{总}}{\sqrt{h_{总}}} = 1.19 \frac{\sum Q_i}{\sqrt{\sum (h_i Q_i) / \sum Q_i}} = \frac{\sum Q_i^{3/2}}{\sqrt{\sum h_i Q_i}} \tag{4-35}$$

式中　h_i——各台主要通风机系统的通风阻力，Pa；

Q_i——各台主要通风机系统的风量，m^3/s。

式(4-35)就是多台主要通风机矿井等积孔的计算公式。

由式(4-35)可知，对于多通风机矿井，其矿井风阻及等积孔不是常数，而是随着各通风机风量的变化而变化。

三、降低矿井通风阻力的措施

降低矿井通风阻力，特别是降低井巷的摩擦阻力，对减少风压损失、降低通风电耗、减少通风费用和保证矿井安全生产、追求最大经济效益都具有实际意义。在新矿井通风设计或是生产矿井通风管理工作中，都要尽可能降低矿井通风阻力。

降低矿井通风阻力的重点在降低最大阻力路线上的公共段通风阻力。由于矿井通风系统的总阻力等于该系统最大阻力路线上各分支的摩擦阻力与局部阻力之和，因此在降阻前首先要确定通风系统的最大阻力路线，了解最大阻力路线上的阻力分布状况，找出阻力较大的分支，对其实施降阻措施。

（一）降低摩擦阻力的措施

由 $h_{摩}=\alpha\dfrac{LU}{S^3}Q^2$ 可知，降低摩擦阻力的措施有：

1. 减小摩擦阻力系数 α

矿井通风设计时尽量选用 α 值小的支护方式，如锚喷、砌碹、锚杆、锚锁、钢带等，尤其是服务年限长的主要井巷，一定要选用摩擦阻力较小的支护方式，如砌碹。施工时一定要保证施工质量，应尽量采用光面爆破技术，尽可能使井巷壁面平整光滑，使井巷壁面的凹凸度不大于 50 mm。对于支架巷道，要注意支护质量，支架要整齐一致，注意支护密度，必要时用背板背好帮顶。及时修复被破坏的支架，失修率不大于 7%。在不设支架的巷道，要注意把顶板、两帮和底板修整好，以减少摩擦阻力。

2. 井巷风量要合理

在通风设计和技术管理过程中，不能随意增大风量，各用风地点的风量在保证安全生产的前提下尽量减少。掘进初期用局部通风机通风时，要对风量加以控制。及时调节主通风机的工况，减少矿井总风量。避免矿井风量过于集中，尽可能使矿井的总进风早分开、总回风晚汇合。

3. 保证井巷通风断面

当井巷通过的风量一定时，井巷断面扩大 33%，通风阻力可减小一半，故扩大井巷断面常用于主要通风路线上高阻力段的减阻。当受到技术和经济条件限制，不能任意扩大井巷断面时，可以采用双巷并联通风的方法。在日常通风管理工作中，要经常修整巷道，减少巷道堵塞物，使巷道清洁、完整、畅通，保持巷道有足够的通风断面。

4. 减少巷道长度

在矿井通风设计和通风系统管理时，满足开拓开采的条件下，要尽量缩短风路长度，及时封闭废弃的旧巷和甩掉那些经过采空区且通风路线很长的巷道，及时对生产矿井通风系统进行改造，选择合理的通风方式。

5. 选用周长较小的井巷断面

在井巷断面相同的条件下，圆形断面的周长最小，拱形次之，矩形和梯形的周长较大。因此，在矿井通风设计时，一般要求立井井筒采用圆形断面，斜井、石门、大巷等主要井巷采用拱形断面，次要巷道及采区内服务年限不长的巷道可以考虑矩形和梯形断面。

（二）降低局部阻力的措施

降低局部阻力主要是改善局部阻力物断面的变化形态，减少风流流经局部阻力物时产生的剧烈冲击和巨大涡流，减少风流能量损失，主要措施如下：

（1）最大限度减少局部阻力地点的数量。井下尽量少使用直径很小的铁风桥，减少调节风窗的数量；应尽量避免井巷断面的突然扩大或突然缩小，前后断面比值要小。

（2）当连接不同断面的巷道时，要把连接的边缘做成斜线或圆弧，如图 4-10 所示。

（3）巷道拐弯时，转角越小越好，如图 4-11 所示。在拐弯的内侧做成斜线和圆弧，尽量避免出现直角弯。巷道尽可能避免突然分叉和突然汇合，在分叉和汇合处的内侧也要做成斜线或圆弧。

（4）减小局部阻力地点的风流速度及巷道的粗糙程度。

（5）在风筒或通风机的入风口安装集风器，在出风口安装扩散器。

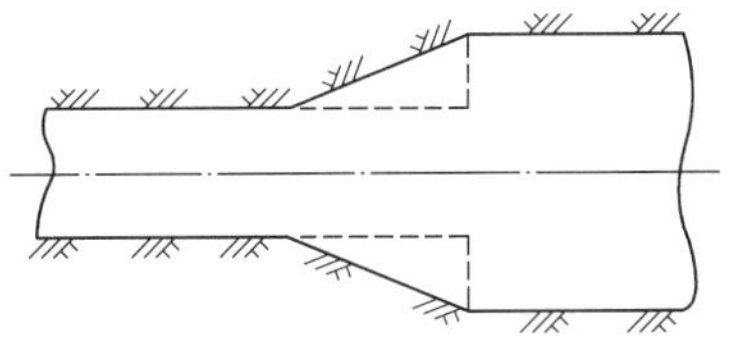

图 4-10 巷道连接处为斜线

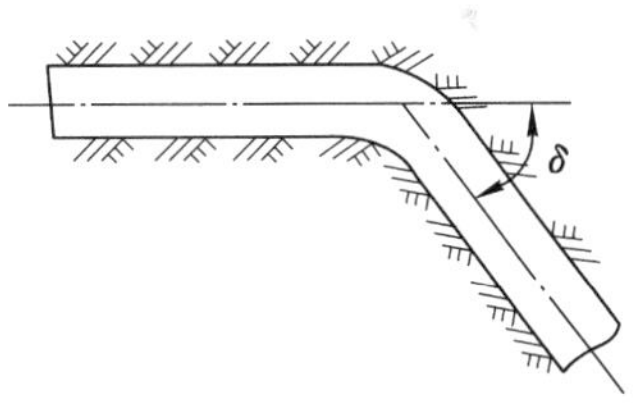

图 4-11 巷道拐弯处为圆弧

(6) 减少井巷正面阻力物,及时清理巷道中的堆积物,采掘工作面所用材料要按需使用,不能集中堆放在井下巷道中。巷道管理要做到无杂物、无淤泥、无片帮,保证有效通风断面。在可能的条件下尽量不使成串的矿车长时间地停留在主要通风巷道内,以免阻挡风流,使通风状况恶化。

第四节 矿井通风阻力测定

矿井通风阻力测定工作是通风技术管理的重要内容之一,其目的在于检查通风阻力的分布是否合理、某些巷道或区段的阻力是否过大,为改善矿井通风系统,减小通风阻力,降低矿井通风机的电耗以及为均压防灭火提供依据。此外,通过阻力测量,还可求出矿井各类巷道的风阻值和摩擦阻力系数值,以备通风技术管理和通风计算时使用。

每个矿井,特别是产量大、机械化程度高的矿井,要想科学地、经济地、合理地开展矿井通风工作,就必须要进行通风阻力测定工作。

《煤矿安全规程》规定:新井投产前必须进行 1 次矿井通风阻力测定,以后每 3 年至少测定 1 次。生产矿井转入新水平生产、改变一翼或者全矿井通风系统后,必须重新进行矿井通风阻力测定。

通风阻力的测量方法常用的有两种,一种为压差计测量法,另一种为气压计测量法。

通风阻力测定的基本内容及要求包括以下几个方面:

(1) 测算井巷风阻。井巷风阻是反映井巷通风特性的重要参数,很多通风问题都和这个参数有关。只要测定出各条井巷的通风阻力和该巷通过的风量,就可以计算出它们的风阻值。只要井巷断面和支护方式不变,测一次即可;如果发生了变化,则需要重测。测风阻时,要逐段进行,不能赶时间,力求一次测准。

(2) 测算摩擦阻力系数。断面形状和支护方式不同的井巷,其摩擦阻力系数也不同。只要测出各井巷的阻力、长度、净断面积和通过的风量,代入公式即可计算出摩擦阻力系数。测摩擦阻力系数时,可以分段、分时间进行测量,不必测量整个巷道的阻力,但测量精度要求高。

(3) 测算通风阻力的分布情况。为了掌握全矿井通风系统的阻力分布情况,应沿着通风阻力大的路线测定各段通风阻力,了解整个风路上通风阻力分布情况。也可分成若干小段,同时测定,这样既可以减少测定阻力的误差,也可以节约时间。测量全矿井通风阻力时要求连续、快速。

一、通风阻力测定的方法及步骤

(一) 测定前的准备工作

1. 测定仪表和人员的准备

首先要根据测定的目的,选择通风阻力测定方法。一般来说,测量范围大时,气压计法和压力计法均可选用。范围小时选用压差计法。摩擦阻力系数和局部阻力系数的测定，只能用压差计法。

每个测定小组必备的仪表有：

(1) 测量两点间的压差：用气压计法时，需要准备两台气压计或矿井通风综合参数检测仪；用压差计法时，可备单管倾斜压差计一台，内径 4～6 mm 胶皮管或弹性好的塑料管两根，静压管或皮托管两支，小气筒一个，酒精或乙醇若干，有时为了便于压差计调平，放置皮托管，还常用三脚架、小平板等。

(2) 测量风速：高、中、低速风表各一只，秒表一块。

(3) 测量空气密度：空盒气压计一台，风扇湿度计一台。(若用矿井通风综合参数检测仪测气压，可以不必准备此项仪器)

(4) 测量井巷几何参数：20～30 m 长皮尺一个，钢卷尺一个，断面测量仪一个。

根据阻力测定方法和测定内容准备测量仪表，所有测定仪器都必须附有校正表和校正曲线，精度应能满足测定要求。

测定时由 6～10 人组成一个小组，事前做好分工，明确任务。每人都应根据分工掌握所需测定项目的测定方法，熟悉仪表的性能和注意事项。测定范围很大时，可以分成几个小组同时进行，每组测定一个区段和一个通风系统。分组测定时，仪表精度应该一致，校正方法和时间一致。

2. 记录表格印制

通风阻力测定前要准备的表格主要包括巷道参数记录表、风速记录表、大气条件记录表、气压计测压记录表、压差计测压记录表、矿井通风阻力测定汇总表。

(二) 选择测量路线和测点

选择测量路线前应对井下通风系统的现实情况做详细的调查研究，并参看全矿通风系统图，根据不同的测量目的选择测量路线。若为全矿井阻力测定，则首先选择风路最长、风量最大的干线为主要测量路线，然后再决定其他若干条次要路线，以及那些必须测量的局部阻力区段；若为局部区段的阻力测定，则根据需要仅在该区段内选择测量路线。

选择路线后，按下列原则布置测点：

(1) 在风路的分叉或汇合地点必须布置测点。如果在分风点或合风点流出去的风流中布置测点时，测点距分风点或合风点的距离不得小于巷道宽度 B 的 8 倍；如果在流入分风点或合风点的风流中布置测点时，测点距分风点或合风点的距离一般可为巷道宽度 B 的 3 倍，如图 4-12 所示。

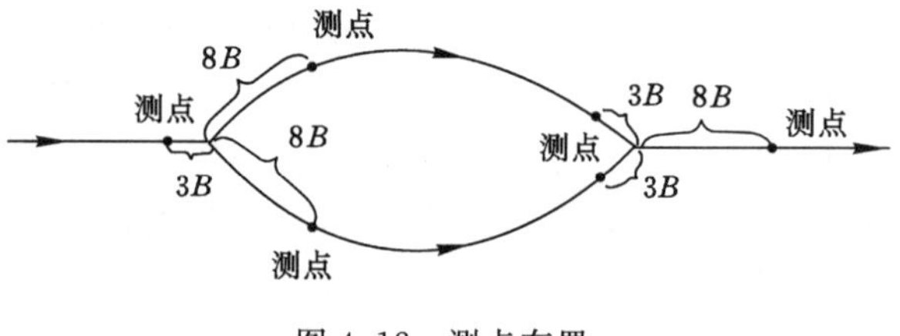

图 4-12 测点布置

(2) 在并联风路中，只沿一条路线测量风压(因为并联风路中各分支的风压相等)，其他各风路只布置测风点，测出风量，以便根据相同的风压来计算各分支巷道的风阻。

(3) 如巷道很长且漏风较大时，测点的间距宜尽量缩短，以便逐步追查漏风情况。

(4) 安设皮托管或静压管时，在测点之前至少有 3 m 长的巷道支架良好，没有空顶、空帮、凹凸不平或堆积物等情况。

(5) 在局部阻力特别大的地方，应在前、后设置两个测点进行测量。但若时间紧急，局部阻力的测量可以留待以后进行，以免影响整个测量工作。

(6) 测点应按顺序编号并标注明显。为了减少正式测量时的工作量，可提前将测点间距、巷道断面积测出。

待测量路线和测点位置选好后，要用不同颜色绘成测量路线示意图，并将测点位置、间距、标高和编号注入图中。

(三) 压差计法测量通风阻力

1. 测量仪器

此种测量法一般是用单管倾斜压差计作为显示压差的仪器，传递压力用内径 4～6 mm 的胶皮管，接受压力的仪器用皮托管或静压管。静压管如图 4-13 所示，它是由流线型的中空管 1 与管接头 3 组成。在管的侧壁径向开小孔 2，静压从此传递。为了测量动压值，还需用风表、湿度计和气压计。

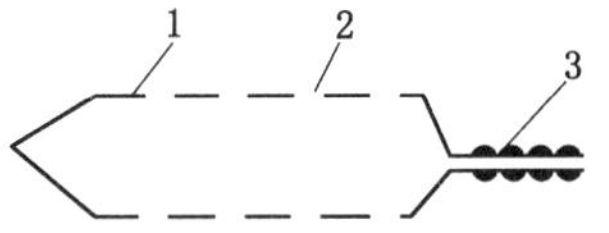

图 4-13　静压管

1——中空管；2——小孔；3——管接头

2. 测量阻力原理

欲测某倾斜巷道 1、2 两断面之间的通风阻力，仪器布置如图 4-14 所示。如果将单管倾斜压差计放在 2 点之后[图 4-14(a)]，则作用在压差计"＋"接头的压力为 $p_1 - zg\rho_{1-2}$，作用在压差计"－"接头的压力为 p_2，将压差计的读数 $L_{读}$ 换算成 Pa 值，由式(4-36)表示：

$$KL_{读}\,g = (p_1 - zg\rho_{1-2}) - p_2 = (p_1 - p_2) - zg\rho_{1-2} \tag{4-36}$$

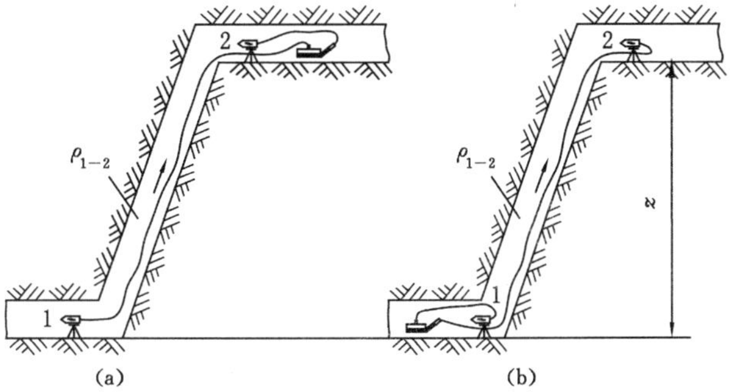

图 4-14　单管倾斜压差计测量阻力布置图

如果将单管倾斜压差计放在 1 点之后[图 4-14(b)]，则作用在压差计"＋"接头的压力为 p_1，作用在压差计"－"接头的压力为 $p_2 + zg\rho_{1-2}$，得式(4-37)：

$$KL_{读}\,g = p_1 - (p_2 + zg\rho_{1-2}) = (p_1 - p_2) - zg\rho_{1-2} \tag{4-37}$$

上两式说明:用单管倾斜压差计测出的压差值为1、2两断面的静压差与位压差之和,即1、2两断面的势压差。而且不论将单管倾斜压差计放在2点之后,1点之前或1、2两点之间,其测量结果都是相同的。根据能量方程式,1、2两断面之间的通风阻力可按式(4-38)计算:

$$h_{阻1-2}=(p_1-p_2)+(0-zg\rho_{1-2})+(\frac{\rho_1 v_1^2}{2}-\frac{\rho_2 v_2^2}{2}) \tag{4-38}$$

因为 $KL_{读}\,g=(p_1-p_2)-zg\rho_{1-2}$

所以用单管倾斜压差计测量阻力的计算公式也可由式(4-39)表示:

$$h_{阻}=KL_{读}\,g\pm\Delta h_{动} \tag{4-39}$$

式中 $L_{读}$——单管倾斜压差计的读数,mm;

K——单管倾斜压差计的校正系数;

$\Delta h_{动}$——两断面动压之差(Pa),当1断面的平均动压大于2断面的平均动压时,$\Delta h_{动}$为正值,反之为负值。

3. 井下测量步骤

(1) 井下测量时仪器的布置如图4-14所示,将两个静压管用三脚架设于1点和2点,其尖部迎风,管轴和风向平行。用胶皮管将静压管与压差计相连。

(2) 读取压差计的液面读数 $L_{读}$ 和仪器校正系数 K,记录于表4-4中。

表4-4　风压基础记录表

测点序号	压差计读数				仪器的校正系数 K	换算成 Pa	附注
	第一次	第二次	第三次	平均			
1							
2							
3							
4							

(3) 与此同时,其他人员测量测点的风速、干湿球温度、大气压、巷道断面尺寸及测点间距,分别记录于表4-5、表4-6和表4-7中。

表4-5　风速基础记录表

测点序号	表速/(m/s)				校正真风速/(m/s)	附注
	第一次	第二次	第三次	平均		
1						
2						
3						
4						

表 4-6 大气情况基础记录表

测点序号	干温度/℃	湿温度/℃	干湿温度之差/℃	相对湿度/%	大气压力/Pa	空气密度/(kg/m³)	附注
1							
2							
3							
4							

表 4-7 巷道规格基础记录表

测点序号	巷道名称	测点位置	巷道形状	支架种类	巷道规格						测点距离/m	累计长度/m	测点标高/m	附注
					上宽/m	下宽/m	高/m	斜高/m	断面/m²	周界/m				
1														
2														
3														
4														

(4) 当 1、2 两测点测完后，顺着风流方向将 1 测点的静压管移至测点 3，进行与上述相同的测量工作，如此继续循环进行，直到测完为止。

4. 注意事项

(1) 在倾斜巷道内，不宜安设测点，始末两点尽量安设在上、下水平巷道内。

(2) 开始测量前，用小气筒将两根胶皮管内原有的空气换成测定地点的空气。

(3) 测工作面压差时，仪器应安置在运输平巷或回风平巷内、不易被运输干扰的地点，胶皮管沿工作面铺设。如果该工作面邻近有行人或通风小眼，也可将胶皮管通过这些小眼铺设。

(4) 测定过程中，如果压差计出现异常现象，必须立即查明原因，排除故障，重新测定。故障可能是：胶皮管因积水、污物进入或打折而堵塞；胶皮管被扎有小眼或破裂；压差计漏气，测压管内或测压管与容器连接处有气泡；静压管放置在风流的涡流区内。

(5) 在主要运输巷和主要回风巷测定时，应尽可能增加两测点的长度，以减少分段测定的积累误差和缩短测定时间。

目前，矿井阻力测定已基本淘汰了压差计测定法，大多采用省时省力、操作简单的气压计测定方法，特别是在大型矿井的全矿井阻力测定中更是如此。

(四) 气压计法测量通风阻力

用气压计测量通风阻力，最核心的问题就是如何测定测点的空气静压，测量空气静压的仪器种类很多，目前在煤矿井下测定通风阻力使用最多的是矿井通风综合参数检测仪。

1. 测量阻力原理

根据能量方程，气压计法就是通过气压计测出测点间的绝对静压差，再加上动压差和位压差，以计算通风阻力。由式(4-40)或式(4-41)表示：

$$h_{阻1-2}=(p_1-p_2)+(z_1g\rho_1-z_2g\rho_2)+(\frac{\rho_1 v_1^2}{2}-\frac{\rho_2 v_2^2}{2}) \tag{4-40}$$

或

$$h_{阻1-2}=\Delta p_{静}+\Delta h_{位}+\Delta h_{动} \tag{4-41}$$

式中　$\Delta p_{静}$——相邻两测点的绝对静压差，Pa；

$\Delta h_{位}$——相邻两测点的位压差，Pa；

$\Delta h_{动}$——相邻两测点的动压差，Pa。

其他符号意义同前。

气压计测量通风阻力的方法有逐点测定法和双测点同时测定法。

（1）逐点测定法

将一台气压计留在基点作为校正大气压变化使用，另一台作为测压仪器从基点开始测量每一测点的压力。如果在测量时间内大气压和通风状况没有变化，那么两测点的绝对压力差就是气压计在两测点的仪器读数差值。由式(4-42)表示：

$$p_1-p_2=h_{读1}-h_{读2} \tag{4-42}$$

式中　p_1、p_2——前、后测点的实际绝对静压，Pa；

$h_{读1}$、$h_{读2}$——前、后测点的气压计读数，Pa。

但是，地面大气压和矿井通风状况都可能发生变化，因此，井下任一点的绝对静压也随之变化。这就必须根据基点设置的气压计读数，对这两测点的绝对静压进行校正，由式(4-43)表示：

$$p_1-p_2=(h_{读1}-h_{读2})-(h'_{读1}-h'_{读2}) \tag{4-43}$$

将式(4-43)代入式(4-40)、式(4-41)，则两点间的通风阻力可由式(4-44)或式(4-45)表示：

$$h_{阻1-2}=(h_{读1}-h_{读2})-(h'_{读1}-h'_{读2})+(z_1 g\rho_1-z_2 g\rho_2)+(\frac{\rho_1 v_1^2}{2}-\frac{\rho_2 v_2^2}{2}) \tag{4-44}$$

或

$$h_{阻1-2}=(h_{读1}-h_{读2})-(h'_{读1}-h'_{读2})+\Delta h_{位}+\Delta h_{动} \tag{4-45}$$

式中　$h'_{读1}$——读取 $h_{读1}$ 时校正气压计的读数，Pa；

$h'_{读2}$——读取 $h_{读2}$ 时校正气压计的读数，Pa；

其他符号意义同前。

（2）双测点同时测定法

用两台气压计（Ⅰ、Ⅱ号）同时放在1号测点定基点，然后将Ⅰ号仪器留在1号测点，将Ⅱ号仪器带到2号测点，约定时间同时读取两台仪器的读数后，再把Ⅰ号仪器移到3测点，Ⅱ号仪器留在2测点不动，再同时读数。如此循环前进，直到测定完毕。此法因为两个测点的静压值是同时读取的，所以不需要进行大气压变化的校正，但是需借助于现代化井下通信工具。

2. 井下测量步骤

用气压计法测定通风阻力主要以逐点测定法为主。

（1）将两台仪器同放于基点处，将电源开关拨至“通”位置，等待15～20 min后，按“总清”键，记录基点绝对压力值。

（2）按“差压”键，并将记忆开关拨于“记忆”位置，再将仪器的时间对准。

（3）将一台仪器留于基点处测量基点的大气压力变化情况，每间隔5 min记录一次。

(4) 另一台仪器沿着测量路线逐点测定各测点的压力,测定时将仪器平放于测点,每个测点读数三次,也每间隔 5 min 记录一次。

(5) 测定时先测测点的相对压力,然后测巷道断面平均风速和断面尺寸,最后测温度与湿度,分别记录于表 4-4～表 4-7 中。如此逐点进行,直到将测点测完为止。

3. 注意事项

(1) 由于矿井的通风状态是变化的,井下大气压的变化有时滞后于地面大气压的变化,在同一时间内变化幅度也与地面不同,所以校正用的气压计最好放在井底车场附近。

(2) 用矿井通风综合参数检测仪测定平均风速和湿度时,由于受井下环境的影响较大,所以测得的结果往往误差较大,故在实际测定通风阻力时,一般用机械风表和湿度计测定测点的巷道断面平均风速和湿度。

(3) 测定最好选在天气晴朗、气压变化较小和通风状况比较稳定的时间内进行。

(五) 测定方法的选择

用压差计法测量通风阻力时,只测定压差计读数和动压差值,就可以测量出该段通风阻力,不需要测算位压,数据整理比较简单,测量的结果比较精确,一般不会返工,所以在标定井巷风阻和计算摩擦阻力系数时,多采用压差计法。但这种方法收放胶皮管的工作量很大,费时较多,尤其是在采煤工作面、井筒内或者行人困难井巷及特长距离巷道,不宜采用此方法。

用气压计法测量通风阻力,不需要收放胶皮管和静压管,测定简单。由于仪器有记忆功能(矿井通风综合参数检测仪),在井下用一台数字气压计就可以将阻力测量的所有参数测出,省时省力,操作简单,但位压很难准确测算,精度较差,故一般适用于无法收放胶皮管或大范围测量矿井通风阻力分布的场合。

二、数据处理及可靠性检查

(一) 测定数据的处理

资料计算与整理,是通风阻力测定中比较重要的一项工作,测定数据的处理虽然较为烦琐,但要求细致、认真,稍有疏忽就会前功尽弃,反复多次,甚至导致错误的结论,所以必须给予重视。

数据处理内容主要包括平均风速计算、空气密度计算、井巷风量计算、井巷相对静压和动压计算、井巷之间的通风阻力计算、全矿井通风阻力计算、各井巷风阻和摩擦阻力系数计算以及矿井压能图的绘制等。

1. 巷道平均风速的计算

将表 4-5 中的表速通过校正曲线查出它的真风速 $v_{真}$ 后,再将真风速乘以测风校正系数 K 即得实际平均风速。

2. 空气密度计算

通过表 4-6 中各测点的大气参数和干、湿温度值,查表 1-9,得到各测点的饱和水蒸气的压力 $p_{饱}$,再查表 1-10,得到各测点的相对湿度 φ 值后,代入密度计算公式计算出测点的密度值。

空气密度的计算,应该精确到小数点后第三位。

计算某测点的动压时,直接用测点的密度值计算,计算两断面间的位压差时,应该用两测点密度的算术平均值。

将各测点的密度或平均密度记入表4-6、表4-8或表4-9和表4-10中。

3. 风量 Q 的计算

(1) 相邻两测点风量相差不大或者是均匀漏风的情况下，两测点的平均风量为：

$$Q_{均}=\frac{Q_1+Q_2}{2} \tag{4-46}$$

式中　Q_1、Q_2——巷道始末断面的风量，m^3/s。

(2) 相邻两测点间如有较大的集中漏风和风流的分叉、汇合时，只能在其前后分别计算平均风量。

(3) 在进行风量平衡时，所有的风量都要换算成矿井空气标准状态下的风量。

$$Q_{标}=2.842Q_{测}\frac{p}{273.15+t_{温}} \tag{4-47}$$

式中　$Q_{测}$——实测的风量，m^3/s；

p——测风处的大气压力，kPa；

$t_{温}$——测风处的空气温度，℃。

将上述计算结果记入表4-8或表4-9和表4-10中。

4. 通风阻力 $h_{阻}$ 计算

(1) 用压差计法时，用式(4-39)计算通风阻力。将相邻测点阻力计算结果记入表4-8和表4-10中。

(2) 用气压计法时，用式(4-44)或(4-45)计算通风阻力。将相邻测点计算结果记入表4-9和表4-10中。

表4-8　压差计法测量通风阻力计算表

测点序号	巷道名称	测点位置	断面积/m^2	平均风速/(m/s)	风量/(m^3/s)	空气密度/(kg/m^3)	动压/Pa	动压差/Pa	风压读数之差	测点间阻力/Pa	累计通风阻力/Pa	测点距离/m	累计长度/m
1													
2													
3													

表4-9　气压计法测量通风阻力计算表

测点序号	巷道名称	测点位置标高/m	测定时间	气压校正系数	断面积/m^2	平均风速/(m/s)	风量/(m^3/s)	空气密度/(kg/m^3)	动压/Pa	动压差/Pa	测点位压/Pa	位压差/Pa	风压读数/Pa	测点相对总压力/Pa	测点间阻力/Pa	累计通风阻力/Pa	测点距离/m	累计长度/m
1																		
2																		
3																		
4																		

表 4-10 风阻及摩擦阻力系数计算

测点序号	巷道名称	测点位置	巷道形状	支架种类	测点通风阻力/Pa	风量/(m^3/s)	平均风量/(m^3/s)	区段巷道风阻/($N\cdot s^2/m^8$)	空气密度/(kg/m^3)	巷道风阻标准值/($N\cdot s^2/m^8$)	测点距离/m	累计长度/m	百米巷道风阻标准值/($N\cdot s^2/m^8$)	周界/m	断面积/m^2	摩擦阻力系数标准值/($N\cdot s^2/m^4$)
1																
2																
3																
4																

5. 通风系统总阻力 $h_{总}$ 的计算

通风系统总阻力等于该系统从总进风口到总出风口间，沿任意一条风流路线各测段通风阻力之和，即：

$$h_{总} = h_{阻1-2} + h_{阻2-3} + h_{阻3-4} + \cdots + h_{阻n-(n+1)} \tag{4-48}$$

将计算结果记入表 4-8 和表 4-9 中。

根据表 4-8 和表 4-9 中统计整理的数据，在方格纸上以巷道累计长度为横坐标，分别以温度、湿度、风量和阻力为纵坐标，绘制温度、湿度、风量和阻力曲线图，如图 4-15 所示。

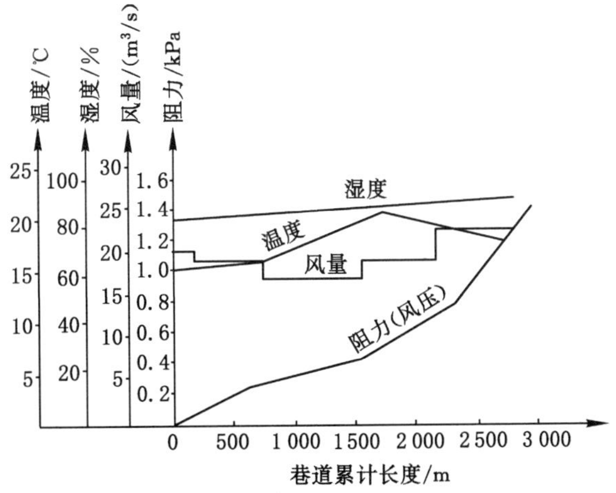

图 4-15 阻力测量成果图

6. 测点的相对总压能 $h_{总i}$ 计算

$$h_{总i} = h_{静i} + h_{位i} + h_{动i} \tag{4-49}$$

式中 $h_{静i}$——测点对基点的相对静压，Pa。

$$h_{静i} = (h_{读i} + \Delta h_{气})g$$

式中 $h_{读i}$——仪器在测点读数出的相对静压，当测点的绝对压力高于基点时，读数显示“+”值，低于基点时，读数显示“−”值；

$\Delta h_{气}$——仪器在测点读数时，地面大气压力的变化值，当仪器在测点读数时，地面大气压力比记忆大气压力 p_0 增大了 $\Delta h_{气}$ 值时，则测点相对静压的读数值减少了 $\Delta h_{气}$ 值，因此，应将 $\Delta h_{气}$ 值加到相对静压中，即 $\Delta h_{气}$ 为正值，反之为负值。

将上述结果记入表 4-9 中。

（二）测定结果可靠性检查

测点资料汇总以后，应对全系统或个别地段测定结果进行检查校验。

因为仪表精度、测定技巧的熟练程度等因素的影响，测定时总会发生这样或那样的误差。如果误差在允许范围以内，那么测定结果可以直接应用；如果误差较大，应该查明原因进行重新测量。系统全面地分析各种误差的原因，比较困难，也没有必要，但是根据通风阻力测定的目的和要求，在测定中有目的地进行一些校验测定，则是完全必要的。

1. 风量的校验

换算成标准矿井空气状态下的风量，根据“在密度不变的情况下，流进汇点或闭合风路的风量，等于流出汇点或闭合风路的风量”的原则进行风量比较，其误差不应该超过所用风表的允许误差值。如果误差过大，则应分析查明原因，必要时进行局部或全部重新测定。

2. 通风阻力的校验

根据闭合风路中，每一条风路的通风阻力累计值都应该相等的原则，如果已经测定了两条以上并联风路的通风阻力，就可以相互校验，其两者相差不应超过 5%。假使测定时只需要测量一条路线，为了校验，也应尽可能再选择一条路线最短而又与之并联的风路，测量它的通风阻力以便校验。

测量全矿井系统总阻力时，最好利用通风机房内设置的压差计读数校验。通过压差计的读数及测定风机入风口的动压和矿井的自然风压，计算出全矿井的通风阻力，再与分段测量累计的全矿井总阻力相比较，其误差不应大于 5%。

三、矿井通风阻力测定报告的编写

通风阻力测定工作结束以后，必须对所测定的数据进行整理分析并编写通风阻力测定报告，从中得出有价值的结论。为日后矿井通风管理、通风系统的改造、矿井通风自动化、通风系统设计和均压调节法控制火灾提供可靠的、切合实际的技术数据。

矿井通风阻力测定报告的编写内容主要有：

（一）矿井概况

主要介绍矿井煤层赋存状况，井田开拓、采煤方法、采煤工艺，各井巷的特征参数、支护形式及井巷标高，矿井生产系统等。并附有全矿井生产系统图。

（二）通风安全概况

主要介绍矿井瓦斯的涌出量、煤层自然发火倾向性、煤尘爆炸指数、水文地质情况等安全基础资料，各主要用风地点的风量和质量、矿井总进风量和总回风量、通风机工况、通风机房压差计读数，矿井通风方式、通风方法、通风网络以及通风构筑物的数量和位置，全矿井火区的数量和位置以及矿井通风系统。并附有矿井通风系统图和通风网络图。

（三）测量计划和步骤

1. 测定方法

根据测量目的选择测量方法，并附有测点原理布置图。

2. 仪器准备

以表格的形式列出仪器的数量、型号、使用状态，并将仪器编号与使用人员对应一致。

3. 人员组织和任务分配

主要分测风组、测压组、测断面尺寸组、数据记录组、通信联络组和安全指挥组。每个测定小组必须由上述人员 5～6 人组成。要附有任务分配表、基础数据表格。

4. 测点线路的选择

在通风系统图上标明所有测量地段、路线、测点，并且要依次编号，注明测定路线上的局部通风机、调节风门、风桥和其他障碍物。具体要求参照通风阻力测定方法。

5. 井下测量

根据测量的目的和测量方法，参照通风阻力测量步骤，沿着测量路线，简要说明测量过程和临时修改的测点原因。

（四）资料汇总与计算

计算的数据包括每一个测点的密度、风速、断面积、风量、动压、位压、静压、相对压力、两测点的通风阻力、最大阻力路线上的总阻力、井巷风阻、摩擦阻力系数等，要有具体的计算过程，并将结果绘制成表。

（五）误差分析

（1）通风机工况变化误差分析

（2）测量仪器和测量技术误差分析。

（3）测点布置合理性（主要分析小阻力段在风流变化地段）误差分析。

（4）井巷标高和断面计算时的误差分析。

（六）绘制压力坡线图和压能图

通风阻力计算结果绘制成压力坡线图和压能图。

（七）测定结果分析

（1）衡量矿井通风管理水平。

（2）分析矿井通风系统存在的问题，提出改进意见。

（3）均压调节火区效果分析。

（4）主要通风机的安全运行分析。

习　题

1. 矿井通风阻力有哪几种？它们产生的原因是什么？

2. 摩擦阻力系数与哪些因素有关？

3. 怎样测算摩擦阻力系数和局部阻力系数？

4. 降低摩擦风阻和局部风阻可采取哪些措施？

5. 矿井等积孔的含义是什么？

6. 某平巷为梯形断面，长 200 m，采用不完全木棚子支护，支架直径 $d_0=18$ cm，支架间距 $L=0.9$ m，净断面积为 6 m^2，当通过的风量为 30 m^3/s 时，该巷道的摩擦阻力为多少？

7. 已知矿井通风阻力为 1 413 Pa，风量为 60 m^3/s，试求该矿井的等积孔和风阻。如果生产上要求将风量提高到 70 m^3/s，问风阻与等积孔之值是否改变？矿井通风阻力是否改变？其值为多少？

第五章　矿井通风动力

第一节　自然风压及测算

一、自然风压的产生及特性

图 5-1 所示为一个没有通风机工作的矿井。

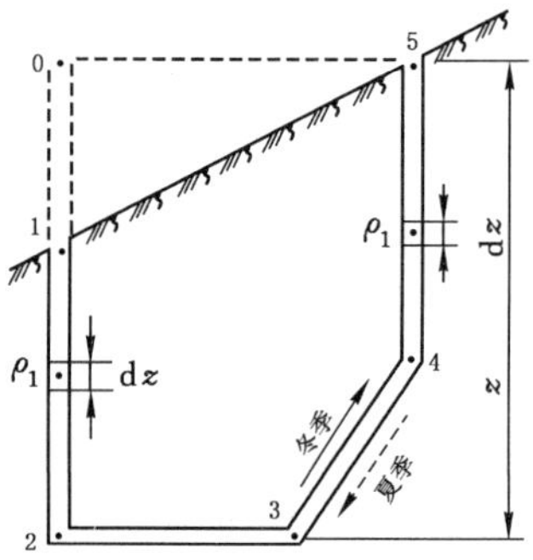

图 5-1　简化矿井通风系统

风流从气温较低的井筒进入矿井，从气温较高的井筒流出。不仅如此，在正在开凿的立井井筒中，冬季风流会沿井筒中心一带进入井下，而沿井壁流出井外；夏季风流方向正好相反。这是由于空气温度与井筒围岩温度存在差异，空气与围岩进行热交换，造成进风井筒与回风井筒、井筒中心一带与井壁附近空气存在温度差，气温低处的空气密度比气温高处的空气密度大，使得不同地方的相同高度空气柱重量不等，从而使空气发生流动，形成了自然通风现象。我们把这个空气柱的重量差称为自然风压 $H_{自}$。

由上述可见，如果把地表大气视为一个断面无限大、风阻为零的假想风路，则可将通风系统视为一个有高差的闭合回路，由自然风压的形成原因，可得到其计算公式为：

$$H_{自}=\int_0^2\rho_1 g\,\mathrm{d}z-\int_3^5\rho_2 g\,\mathrm{d}z \tag{5-1}$$

式中　z——矿井最高点到最低点间的距离，m；

g——重力加速度，$\mathrm{m/s^2}$；

ρ_1、ρ_2——分别为 0—1—2 和 5—4—3 井巷中 dz 段空气密度，$\mathrm{kg/m^3}$。

由于空气密度 ρ 与高度 z 有着复杂的函数关系，因此用式(5-1)计算自然风压比较困难。为了简化计算，一般先测算出 0—1—2 和 5—4—3 井巷中空气密度的平均值 $\rho_{均进}$、$\rho_{均回}$，分别代替式(5-1)中的 ρ_1 和 ρ_2，则式(5-1)可写为：

$$H_{自}=(\rho_{均进}-\rho_{均回})gz \tag{5-2}$$

【例 5-1】 如图 5-1 所示的自然通风矿井，测得 $\rho_0=1.3\ kg/m^3$，$\rho_1=1.26\ kg/m^3$，$\rho_2=1.16\ kg/m^3$，$\rho_3=1.14\ kg/m^3$，$\rho_4=1.15\ kg/m^3$，$\rho_5=1.3\ kg/m^3$，$z_{01}=45\ m$，$z_{12}=100\ m$，$z_{34}=65\ m$，$z_{45}=80\ m$，试求该矿井的自然风压，并判断其风流方向。

解 假设风流方向由 0—1—2 井筒进入，由 3—4—5 井筒排出。

计算各测段的空气平均空气密度：

$$\rho_{01}=\frac{\rho_0+\rho_1}{2}=\frac{1.3+1.26}{2}=1.28\ (kg/m^3)$$

$$\rho_{12}=\frac{\rho_1+\rho_2}{2}=\frac{1.26+1.16}{2}=1.21\ (kg/m^3)$$

$$\rho_{34}=\frac{\rho_3+\rho_4}{2}=\frac{1.14+1.15}{2}=1.145\ (kg/m^3)$$

$$\rho_{45}=\frac{\rho_4+\rho_5}{2}=\frac{1.15+1.3}{2}=1.225\ (kg/m^3)$$

计算进、出风井两侧空气柱的平均密度：

$$\rho_{均进}=\frac{z_{01}\times\rho_{01}+z_{12}\times\rho_{12}}{z_{01}+z_{12}}=\frac{45\times1.28+100\times1.21}{45+100}=1.23\ (kg/m^3)$$

$$\rho_{均回}=\frac{z_{34}\times\rho_{34}+z_{45}\times\rho_{45}}{z_{34}+z_{45}}=\frac{65\times1.145+80\times1.225}{65+80}=1.189\ (kg/m^3)$$

则：　$H_{自}=(\rho_{均进}-\rho_{均回})gz=(1.23-1.189)\times9.81\times145=58.32\ (Pa)$

求得的 $H_{自}$ 为正值，说明风流方向与假设方向一致，从 0—1—2 井筒进入，由 3—4—5 井筒流出。

自然风压具有如下几种性质：

(1) 形成矿井自然风压的主要原因是矿井进、出风井两侧的空气柱重量差。不论有无机械通风，只要矿井进、出风井两侧存在空气柱重量差，就一定存在自然风压。

(2) 矿井自然风压的大小和方向，取决于矿井进、出风两侧空气柱的重量差的大小和方向。这个重量差，又受进、出风井两侧的空气柱的密度和高度影响，而空气柱的密度取决于大气压力、空气温度和湿度。由于自然风压受上述因素的影响，所以自然风压的大小和方向会随季节变化，甚至昼夜之间也可能发生变化，单独用自然风压通风是不可靠的。

(3) 矿井自然风压与井深成正比，矿井自然风压与空气柱的密度成正比，因而与矿井空气大气压力成正比，与温度成反比。地面气温对自然风压的影响比较显著。地面气温与矿区地形、开拓方式、井深以及是否机械通风有关。一般来说，由于矿井出风侧气温常年变化不大，而浅井进风侧气温受地面气温变化影响较大，深井进风流气温受地面气温变化的影响较小，所以矿井进、出风井井口的标高差越大，矿井越浅，矿井自然风压受地面气温变化的影响也越大，一年之内不但大小会变化，甚至方向也会发生变化；反之，深井自然风压一年之内大小虽有变化，但一般没有方向上的变化。

(4) 主要通风机工作对自然风压的大小和方向也有一定的影响。因为矿井主通风机的工作决定了矿井风流的主要流向，风流长期与围岩进行热交换，在进风井周围形成了冷却带，此时即使风机停转或通风系统改变，进、回风井筒之间仍然会存在气温差，从而仍在一段时间之内有自然风压起作用，有时甚至会干扰主要通风机的正常工作，这在建井时期表现尤为明显，需要引起注意。

二、自然风压的测定

生产矿井自然风压的测定方法有两种：直接测定法和间接测定法。

（一）直接测定法

矿井在无通风机工作或通风机停止运转时，在总风流的适当地点设置临时隔断风流的密闭，将矿井风流严密遮断，而后用压差计测出密闭两侧的静压差，该静压差便是矿井的自然风压值。或将风硐中的闸门完全放下，然后由风机房水柱计直接读出矿井自然风压值，如图 5-2 所示。

（二）间接测定法

以抽出式通风矿井为例，如图 5-3 所示。

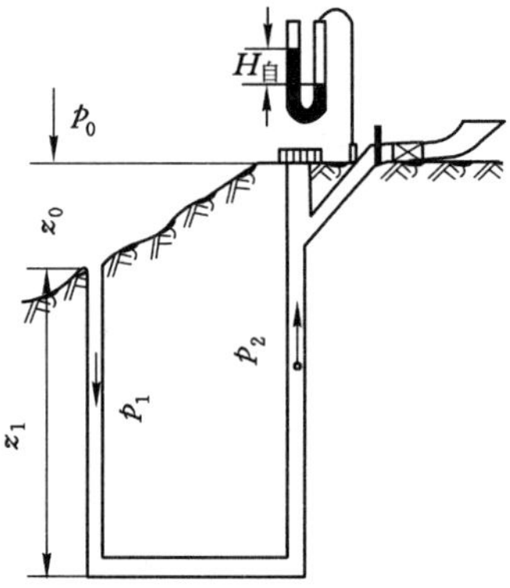

图 5-2　用通风机房中的压差计测自然风压

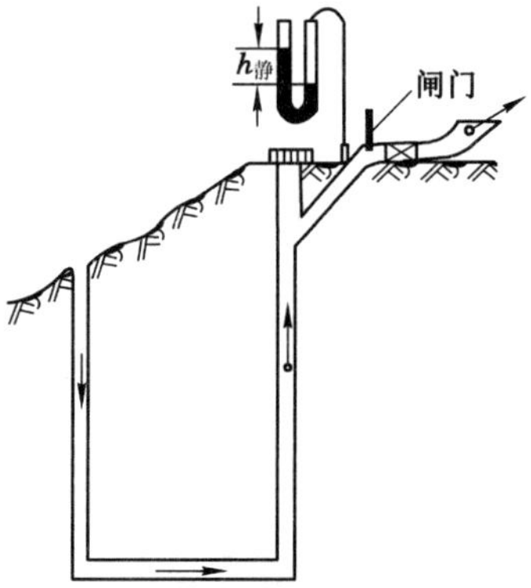

图 5-3　自然风压的间接测定法

抽出式通风矿井，因风硐中通风机入口风流的相对全压 $h_全$ 与自然风压 $H_自$ 的代数和等于矿井的通风阻力，即：

$$h_全 + H_自 = RQ^2 \tag{5-3}$$

式中　R——矿井总风阻，$N \cdot s^2/m^8$；

Q——矿井总风量，m^3/s。

所以首先在通风机正常运转时，测出矿井总风量 Q 及通风机入风口处风流的相对全压 $h_全$，而后停止主要通风机的运转，若有自然风流，立即测出自然风流的风速 $v_自$，计算出自然通风的风量 $Q_自 = S \times v_自$，S 是测 $v_自$ 处的风硐的断面积，可得下式：

$$H_自 = RQ_自{}^2 \tag{5-4}$$

解式(5-3)和式(5-4)的联立方程组，得矿井自然风压：

$$H_自 = h_全 \frac{Q_自{}^2}{Q^2 - Q_自{}^2} \tag{5-5}$$

三、自然风压的控制和利用

自然通风作用在矿井中普遍存在，它在一定程度上会影响矿井主要通风机的工况。要想很好地利用自然通风来改善矿井通风状况和降低矿井通风阻力，就必须根据自然风压的产生原因及影响因素，采取有效措施对自然风压进行控制和利用。

（一）对自然风压的控制

在深井中自然风压一般常年都帮助主要通风机通风，只是在季节改变时其大小会发生变化，可能影响矿井风量。但在某些深度不大的矿井中，夏季自然风压可能阻碍主要通风机的通风，甚至会使小风压风机通风的矿井局部地点风流反向。这在矿井通风管理工作中应予重视，尤其在山区多井筒通风的高瓦斯矿井中应特别注意，以免造成风量不足或局部井巷风流反向酿成事故。为防止自然风压对矿井通风的不利影响，应对矿井自然通风情况做充分的调查研究和实际测量工作，掌握通风系统及各水平自然风压的变化规律，这是采取有效措施控制自然风压的基础。在掌握矿井自然风压特性的基础上，可根据情况采取安装高风压风机的方法来对自然风压加以控制，也可适时调整主要通风机的工况点，使其既能满足矿井通风需要，又可节约电能。

（二）设计和建立合理的矿井通风系统

由于矿区地形、开拓方式和矿井深度的不同，地面气温变化对自然风压的影响程度也不同。在山区和丘陵地带，应尽可能利用进、出风井口的标高差，将进风井布置在较低处，出风井布置在较高处。如果采用平硐开拓，有条件时应将平硐作为进风井，并将井口尽量迎向常年风向，或者在平硐口外设置适当的导风墙，出风平硐口设置挡风墙。进、出风井口标高差较小时，可在出风井口修筑风塔，风塔高度以不低于 10 m 为宜，以增加自然风压。

（三）人工调节进、出风侧的气温差

在条件允许时，可在进风井巷内设置水幕或借井巷淋水冷却空气，以增加空气密度，同时可起到净化风流的作用。在出风井井底处利用地面锅炉余热等措施来提高回风流气温，减小回风井空气密度。

（四）降低井巷风阻

尽量缩短通风路线或采用平行巷道通风。当各采区距离地表较近时，可用分区式通风；各井巷应有足够的通风断面，且应保持井巷内无杂物堆积，防止漏风。

（五）消灭独井通风

在建井时期可能会出现独井通风现象，此时可根据条件用风障将井筒隔成一侧进风、另一侧出风；或用风筒导风，使较冷的空气由井筒进入，较热的空气从导风筒排出。也可利用钻孔构成通风回路，形成自然风压。

（六）注意自然风压在非常时期对矿井通风的作用

在制定《矿井灾害预防和处理计划》时，要考虑到万一主要通风机因故停转，如何采取措施利用自然风压进行通风以及此时自然风压对通风系统可能造成的不利影响，制定预防措施，防患于未然。

第二节　矿井主要通风机及其附属装置

矿井通风动力中自然风压较小，且不稳定，不能保证矿井通风的要求，因此，《煤矿安全规程》规定：矿井必须采用机械通风。我国煤矿已普遍使用机械通风，并且主要通风机的平均电能消耗量占全矿电能消耗的比重较大，据统计，国有煤矿主要通风机平均电耗约占矿井电耗的 20％～30％，个别矿井通风设备的耗电量可达 50％。因此，合理选择和使用主要通风机，不但能使矿井安全得到根本的保证，同时对改善井下的工作条件，提高煤矿的主要技术经济指标也有重要作用。

一、矿用主要通风机类型与构造

矿用通风机按照其服务范围和所起的作用分为三种：

(1) 主要通风机：担负整个矿井或矿井的一翼，或一个较大区域通风的通风机，称为矿井的主要通风机。

(2) 辅助通风机：用来帮助矿井主要通风机对一翼或一个较大区域克服通风阻力，增加风量的通风机，称为主要通风机的辅助通风机。

(3) 局部通风机：供井下某一局部地点通风使用的通风机，称为局部通风机。一般服务于井巷掘进通风。

矿用通风机按照构造和工作原理不同，又可分为离心式通风机、轴流式通风机和对旋式通风机。

(一) 离心式通风机

图 5-4 是离心式通风机的构造及其在矿井通风井口做抽出式通风的示意图。

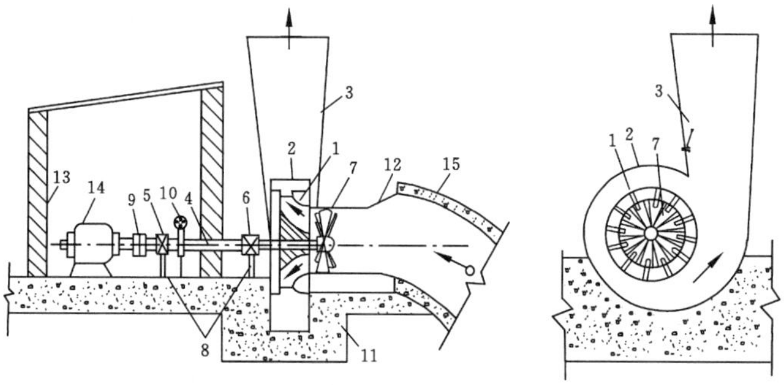

图 5-4　离心式通风机的构造

1——工作轮；2——蜗壳体；3——扩散器；4——主轴；5——止推轴承；6——径向轴承；7——前导器；8——机架；9——联轴器；10——制动器；11——机座；12——吸风口；13——通风机房；14——电动机；15——风硐

离心式通风机主要由工作轮、蜗壳体、主轴和电动机等部件构成。工作轮由呈双曲线型的前盘、呈板状的后盘和夹在两者之间、固定在机轴上的轮毂以及安装在轮毂上的一定数量的机翼形叶片构成。风流沿叶片间的流道流动。在流道出口处，叶片相对速度 w_2 的方向与圆周速度 u_2 的反方向之间的夹角称为叶片出口构造角，以 β_2 表示。离心式风机根据叶片出口处构造角 β_2 的不同，可分为前倾式（$\beta_2>90°$）、径向式（$\beta_2=90°$）、后倾式（$\beta_2<90°$）三种，如图 5-5 所示。β_2 不同，风机的性能亦不相同。矿用离心式通风机多为后倾式，因后倾叶片的通风机当风量变化时风压变化较小，且效率较高。

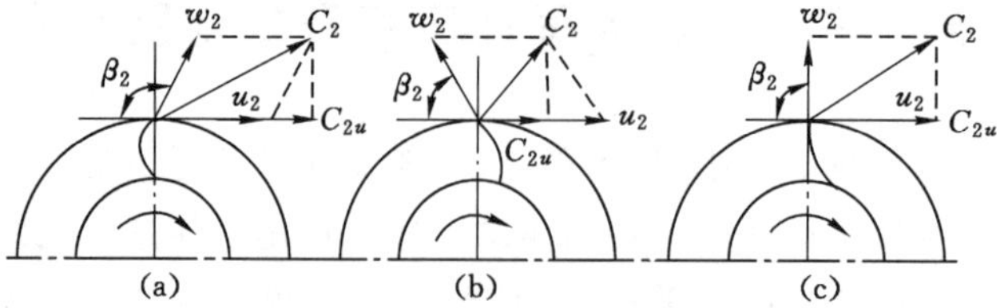

图 5-5　工作轮叶片的构造角度

(a) 前倾式；(b) 后倾式；(c) 径向式

w_2——工作轮出风口叶片的切线速度；u_2——工作轮圆周速度

空气进入风机的吸风口，有单侧吸入和双侧吸入两种。其他条件相同时，双吸风口风机的动轮宽度和风量是单吸风口风机的2倍。在吸风口与工作轮之间还装有前导器，使进入叶轮的气流发生预旋绕，以达到调节风压的目的。有些通风机，如4-72-11型无前导器。当电动机传动装置带动工作轮在机壳中旋转时，叶片流道间的空气随叶片的旋转而旋转，获得离心力，经叶端被抛出工作轮，流到螺旋状机壳里。在机壳内空气流速逐渐减小，压力升高，然后经扩散器排出。与此同时，在叶片的入口即叶根处形成较低的压力（低于吸风口的压力），于是，吸风口处的空气便在此压差的作用下自叶根流入，从叶端流出，如此源源不断形成连续流动。

现我国生产的离心式通风机较多，适用煤矿作主要通风机的有4-72-11型、G4-73-11型、K4-73-01型等。型号参数的含义以K4-73-01№32型为例说明如下：K——矿用；4——效率最高点压力系数的10倍，取整数；73——效率最高点比转速，取整数；0——通风机进风口为双面吸入；1——第一次设计；№32——通风机机号，为叶轮直径，dm。

K4-73-01型和G4-73-11型离心式通风机的特性曲线如附录Ⅲ所示。

（二）轴流式通风机

轴流式通风机主要由进风口、工作轮、整流器、主体风筒、扩散器和传动轴等部件组成。如图5-6所示。

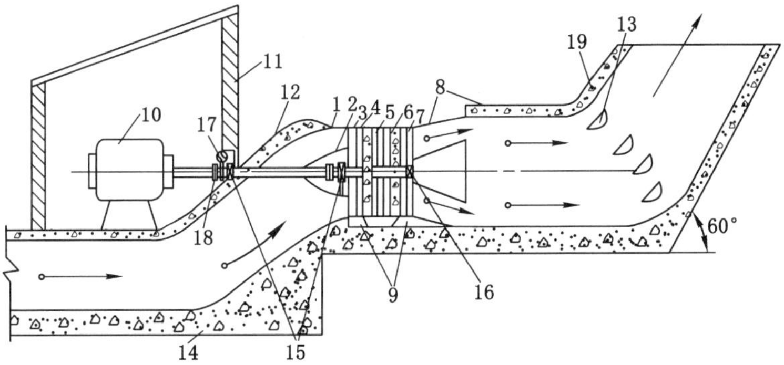

图5-6 轴流式通风机的构造

1——集风器；2——流线体；3——前导器；4——第一级工作轮；5——中间整流器；6——第二级工作轮；7——后整流器；8——环形或水泥扩散器；9——机架；10——电动机；11——通风机房；12——风硐；13——导流板；14——基础；15——径向轴承；16——止推轴承；17——制动器；18——齿轮联轴节；19——扩散塔

进风口是由集风器和疏流罩构成的断面逐渐缩小的环行通道，使进入工作轮的风流均匀，以减少阻力，提高效率。

工作轮是由固定在轴上的轮毂和以一定角度安装在其上的叶片构成。工作轮有一级和二级两种。二级工作轮产生的风压是一级的2倍。轮毂上安装有一定数量的叶片。叶片的形状为中空梯形，横断面为翼形；沿高度方向可做成扭曲形，以期消除或减小径向流动。工作轮的作用是增加空气的全压。

整流器（导叶）安装在每一级工作轮之后，为固定轮。其作用是整直由工作轮流出的旋转气流，减少动能和涡流损失。

环行扩散器是使从整流器流出的环状气流逐渐扩张，过渡到全断面。随着断面的扩大，空气的一部分动压转换为静压。

在轴流式风机中，风流流动的特点是：当动轮转动时，气流沿等半径的圆柱面旋转流出。

用与机轴同心、半径为 R 的圆柱面来切割动轮叶片，并将此切割面展开成一平面，就得到了由翼剖面排列而成的翼栅，如图 5-7 所示的轴流式通风机叶片构造。

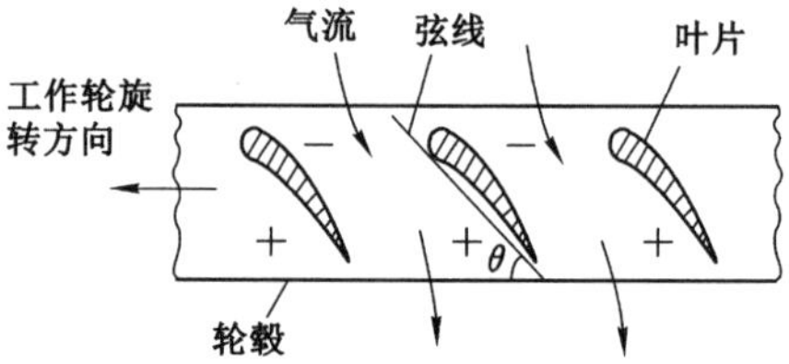

图 5-7　轴流式通风机叶片的构造

在叶片迎风侧作一外切线，称为弦线，弦线与工作轮旋转方向(u)的夹角称为叶片安装角，以 θ 表示。θ 角是可调的。因为通风机的风压、风量的大小与 θ 角有关，所以工作时可根据所需要的风量、风压调节 θ 的角度。在一级通风机中，θ 角的调节范围是 10°～40°，二级通风机的调节范围是 15°～45°，可按相邻角度差 5°或 2.5°调节，但每个工作轮上的 θ 角必须严格保持一致。

当工作轮旋转时，翼栅即以圆周速度 u 移动。处于叶片迎面的气体受挤压，静压增加；与此同时，叶片背面的气体静压降低。翼栅受到压差作用，但受到轴承的限制，不能沿轴向运动，于是叶片迎面的高压气流向叶道出口流动。翼背的低压区"吸引"叶道入口侧气体流入，形成穿过翼栅的连续气体。

为减少能量损失和提高通风机的工作效率，还设有集风器和流线体。集风器是在通风机入风口处呈喇叭状圆筒的机壳，以引导气流均匀平滑地流入工作轮；流线体是位于第一级工作轮前方的呈流线型的半球状罩体，安装在工作轮的轮毂上，用以避免气流对轮毂产生冲击。

目前我国生产的轴流式通风机中，适用于煤矿作主要通风机的有 2K60 型、GAF 型、2K56 型、KZS 型等。型号参数的含义以 2K60-1-№24 型为例说明如下：2——两级叶轮；K——矿用；60——轮毂比的 100 倍；1——结构设计序号；№24——叶轮直径，dm。

2K60 型、GAF 型、62A14-11 型轴流式通风机特性曲线如附录Ⅳ所示。

（三）对旋式通风机

1994 年 9 月，原煤炭部颁发了《关于推广使用四项通风安全装备的决定》，对旋式局部通风机被列为在全国推广使用的四项装备之一。对旋式局部通风机也是一种轴流式通风机，和传统轴流式通风机相比较，具有高效率、高风压、大风量、性能好、高效区宽、噪声低、运行方式多、安装检修方便等优点。现在我国已经研制成功新一代高效节能矿用防爆对旋式主要通风机，图 5-8 所示为 BDK65 型轴流式通风机。

对旋式通风机由集流器、一级通风机、二级通风机、扩散筒和扩散塔组成。风机采用对旋式结构，一、二级叶轮相对安装，旋转方向相反；叶片采用机翼形扭曲叶片，叶面也互为反向，省去了一般轴流式通风机的中、后导叶，减少了压力损失，提高了风机效率。每一级叶轮均采用悬臂结构，各安装在隔爆型电动机上，形成两台独立的通风机，既没有传统的长轴传

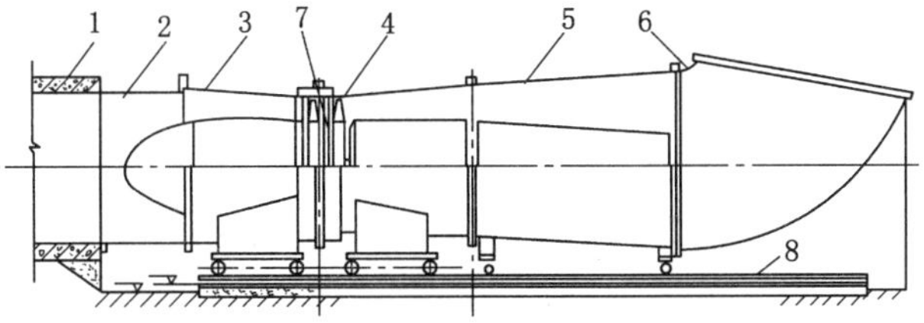

图 5-8　BDK65 型对旋式通风机

1——风道；2——连接风筒；3——一级通风机；4——二级通风机；
5——扩散筒；6——扩散塔；7——稳流环；8——钢轨

动，也没有联轴器，结构简单，还可提高效率。隔爆型电动机安装在主风筒内密闭罩中，密闭罩具有一定的耐压性，可使电动机与通风机流道中含瓦斯的气体隔绝，同时起一定的散热作用。密闭罩有三根导管，既起支撑作用，又可使主风筒与大气相通，使新鲜空气流入密闭罩中，罩内空气可保持正压状态，使得电动机始终处于瓦斯浓度小于 1% 的条件下工作，符合安全防爆要求。在主风筒中设置有稳流环，使得通风机性能曲线中无驼峰区，无喘振，在任何阻力情况下均可稳定运行。通风机噪声较低，绝大多数型号在无消声装置的情况下，噪声均可低于 90 dB(A)。通风机叶轮叶片安装角可以调整，一般分为 45°、40°、35°、30°及 25°五个角度。一、二级叶轮叶片安装角角度可以一致，也可不同，又可调节为小于或等于 45°范围内任意角度运行。可以单级运行，也可以双级运行，因此可调范围极广，尤其在矿井投产初期可只运行一级。通风机和扩散器均安装在带轮的平板车上，下设轨道，安装维修很方便，可以反转反风。在各种情况下，反风率均为 70% 以上；不需要反风道及通风机的基础，也可不要主通风机房，只需要建造电控值班室。电动机轴承和电动机定子有测温装置，可遥测和报警。电动机轴承还配备了不停机注油和排油管装置。

风机的工作原理是：工作时两级工作轮分别由两个等容量、等转速、旋转方向相反的电动机驱动，当气流通过集流器进入第一个工作轮获得能量后，再经第二级工作轮升压排出。两级工作轮互为导叶，第一级后形成的旋转速度，由第二级反向旋转消除并形成单一的轴向流动。两个工作轮所产生的理论全压为通风机理论全压的 1/2，不仅使通过两级工作轮的气流平稳，有利于提高通风机的全压效率，而且使前、后级工作轮的负载分配比较合理，不会造成各级电动机出现超功、过载现象。

目前，对旋式通风机有数十个系列。作为煤矿主要通风机使用的有 BD 或 BDK 系列高效节能矿用防爆对旋式主要通风机，最高静压效率可达 85%，噪声不大于 85 dB(A)。局部通风机主要有 FDC-1№6/30 型、FSD-2×18.5 型、DSF-6.3/60 型、DSFA-5 型、BDJ60 系列、2BKJ-6.0/3.0 型、KDF 型等。

型号参数的含义以 BDK65A-8-№24 型为例说明如下：B——防爆型；D——对旋结构；K——矿用；65——轮毂比的 100 倍；A——叶片数目配比为 A 种；8——配用 8 极电机；№24——机号为 24，即 24 dm。

BD 系列对旋式风机特性曲线如附录Ⅴ所示。

二、主要通风机附属装置及其施工

矿井使用的主要通风机，除了主机之外尚有一些附属装置。主要通风机和附属装置总称为通风机装置。附属装置有风硐、扩散器、防爆门、反风装置和消声装置等。

（一）风硐

风硐是连接通风机和风井的一段巷道，如图 5-9 所示。

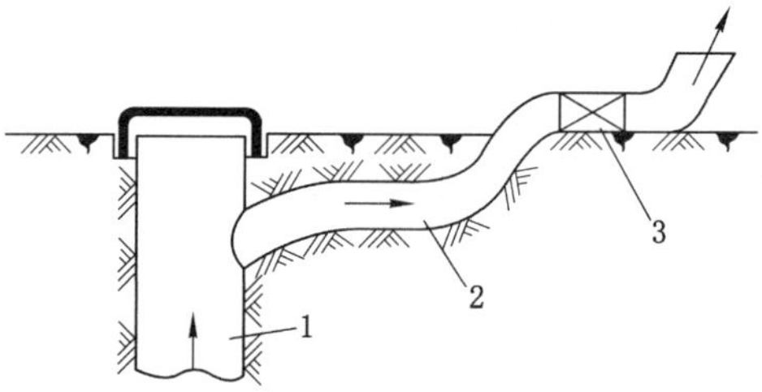

图 5-9　风硐

1——出风井；2——风硐；3——通风机

因为通过风硐的风量很大，风硐内、外压力差也较大，其服务年限长，所以风硐多用混凝土、砖石等材料建筑，对设计和施工的质量要求较高。

良好的风硐应满足以下要求：

(1) 应有足够大的断面，风速不宜超过 15 m/s。

(2) 风硐的风阻不应大于 0.019 6 $N \cdot s^2/m^8$，阻力不应大于 100～200 Pa。风硐不宜过长，与井筒连接处要平缓，转弯部分要呈圆弧形，内壁要光滑，并保持无堆积物，拐弯处应安设导流叶片，以减少阻力。

(3) 风硐及闸门等装置，结构要严密，以防止漏风。

(4) 风硐内应安设测量风速和风流压力的装置，风硐和主通风机相连的一段长度不应小于 10～12D(D 为通风机工作轮的直径)。

(5) 风硐与倾角大于 30°的斜井或立井的连接口距风井 1～2 m 处应安设保护栅栏，以防止检查人员和工具等坠落到井筒中；在距主要通风机入风口 1～2 m 处也应安设保护栅栏，以防止风硐中的脏(杂)物被吸入通风机。

(6) 风硐直线部分要有流水坡度，以防积水。

（二）防爆门

防爆门是为防止瓦斯或煤尘爆炸时毁坏通风机而安装在装有通风机的井口上的安全装置。

图 5-10 所示为出风井口的防爆门，门 1 用铁板焊成，四周用 4 条钢丝绳绕过滑轮 3，用挂有配重的平衡锤 4 牵住防爆门，其下端放入井口圈 2 的凹槽中。正常通风时它可以隔离地面大气与井下空气。当井下发生爆炸事故时，防爆门即能被爆炸波冲开，起到卸压作用以保护通风机。

防爆门应布置在出风井轴线上，其面积不得小于出风井口的断面积。从出风井与风硐的交岔点到防爆门的距离应比从该交岔点到主要通风机吸风口的距离至少短 10 m。防爆门必须有足够的强度，并有防腐和防抛出的措施。为了防止漏风，防爆门应该封闭严密。如果采用液体作密封，在冬季应选用不燃的不冻液，且要求以当地出现的十年一遇的最低温度时不冻为准。槽中应经常保持足够的液量，槽的深度必须使其内盛装的液体的压力大于防爆门内外的空气压力差。井口壁四周还应安装一定数量的压脚，当反风时用它压住防爆门，以防掀起防爆门造成风流短路。

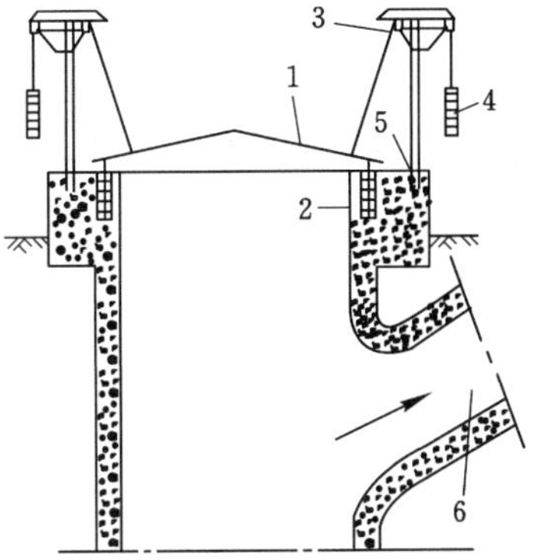

图 5-10　风硐立井防爆门

1——防爆门；2——井口圈；3——滑轮；4——平衡锤；5——平衡锤滑轮支柱；6——风硐

（三）反风装置

当矿井在进风井口附近、井筒或井底车场及其附近的进风巷中发生火灾、瓦斯和煤尘爆炸时，为了防止事故蔓延，以便进行灾害处理和救护工作，有时需要改变矿井的风流方向。《煤矿安全规程》规定：生产矿井主要通风机必须装有反风设施，并能在 10 min 内改变巷道中的风流方向；当风流方向改变后，主要通风机的供给风量不应小于正常供风量的 40%。每季度应当至少检查 1 次反风设施，每年应当进行 1 次反风演习；矿井通风系统有较大变化时，应当进行 1 次反风演习。

1. 离心式通风机的反风装置

离心式通风机只能用反风门与旁侧反风道的方法反风，如图 5-11 所示。

通风机正常工作时，反风门 1 和 2 处于实线位置，反风时将反风门 1 提起，把反风门 2 放下，地表空气自活门 2 进入通风机，再从活门 1 进入旁侧反风道 3，进入风井流入井下，达到反风的目的。

2. 轴流式通风机的反风装置

轴流式通风机的反风方法有三种：

(1) 利用反风门与旁侧反风道反风，如图 5-12 所示。

通风机正常工作时反风门 a、b 位于实线位置（风流方向如实线箭头所示），反风时，可提起反风门 a，放下反风门 b（如虚线位置），地表空气经百叶窗、活门 b 进入通风机，再由活门 a 进入旁侧反风道，进入风井流入井下（如虚线箭头所示），达到反风的目的。

(2) 调节通风机叶片角度反风。GAF 型轴流式通风机有两种方法调整叶片安装角：一是运行中采用液压调节，常在电厂的通风机调节中采用；二是采用机械式调节，如图 5-13 所示。

当通风机停转后，从机壳外以手轮调节杆伸入叶轮毂，转动手轮，使蜗杆 2、蜗轮 4 转动，而蜗轮转动则使与其相连的小齿轮 7、大伞齿轮 6、小伞齿轮 5 跟随转动，从而达到改变叶轮安装角的目的。反风时，叶轮旋转方向不变，只需将叶轮转到图中虚线位置即可。

(3) 反转通风机叶轮旋转方向反风。这种方法是调换电动机电源的任意两相接线，使电动机改变转向，从而改变通风机叶轮的旋转方向，使井下风流反向。这种方法基建费较

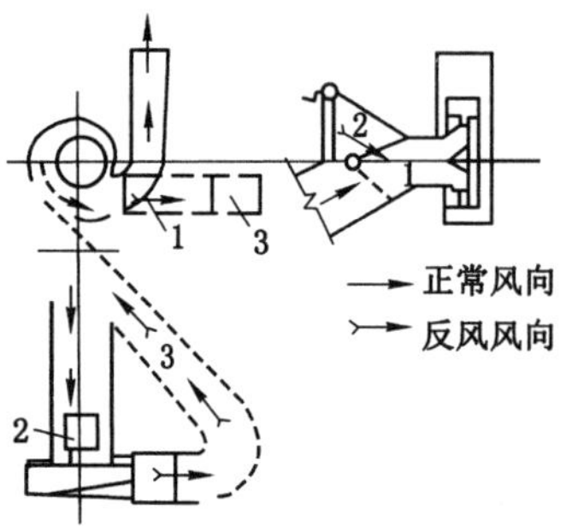

图 5-11　离心式通风机的反风装置

1——反风控制风门；2——反风进风风门；

3——旁侧反风道

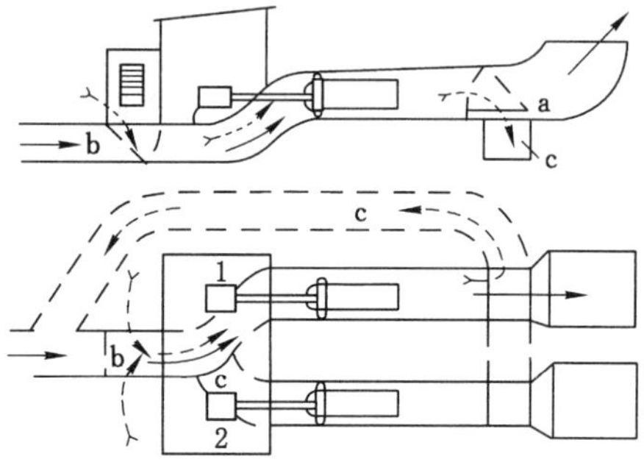

图 5-12　轴流式通风机的反风装置

a，b——反风门；c——旁侧反风道；

1，2——电动机

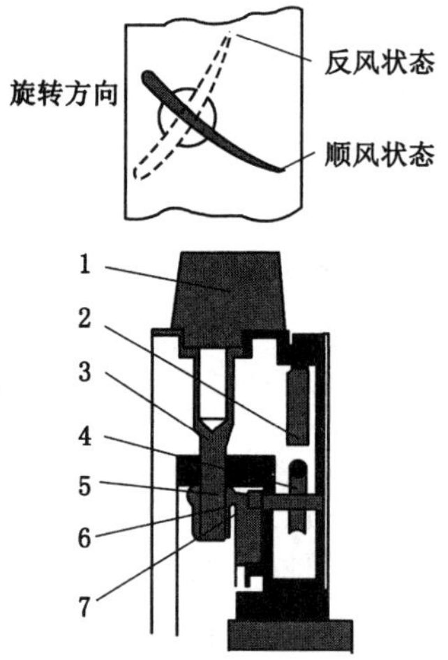

图 5-13　机械式叶轮调节系统

1——叶片；2——蜗杆；3——叶柄；4——蜗轮；5——小伞齿轮；6——大伞齿轮；7——小齿轮

少，反风方便，但是一些老型号的轴流式通风机反风后风量达不到要求。一些新型轴流式通风机，将后导叶设计成可调节角度的，反风时，将后导叶同时扭一角度，反风后的风量即能满足要求。

（四）扩散器

在通风机出口处外接的具有一定长度、断面逐渐扩大的风道，称为扩散器。其作用是降低出口速压以提高通风机的静压。小型离心式通风机的扩散器由金属板焊接而成，大型离心式通风机的扩散器用砖或混凝土砌筑，其纵断面呈长方形，扩散器的敞角不宜过大，一般为 8°～10°，以防脱流。出口断面与入口断面之比一般为 3～4。轴流式通风机的扩散器由环形扩散器与水泥扩散器组成。环形扩散器由圆锥形内筒和外筒构成，外圆锥体的敞角一般为 7°～12°，内圆锥体的敞角一般为 3°～4°。水泥扩散器为一段向上弯曲的风道，它与水平线所成的夹角为 60°，其高为叶轮直径的 2 倍，长为叶轮直径的 2.8 倍，出风口为长方形断面（长为叶轮直径的 2.1 倍，宽为叶轮直径的 1.4 倍）。扩散器的拐弯处为双曲线形，并安设一组导流叶片，以降低阻力。图 5-14 为扩散器示意图。

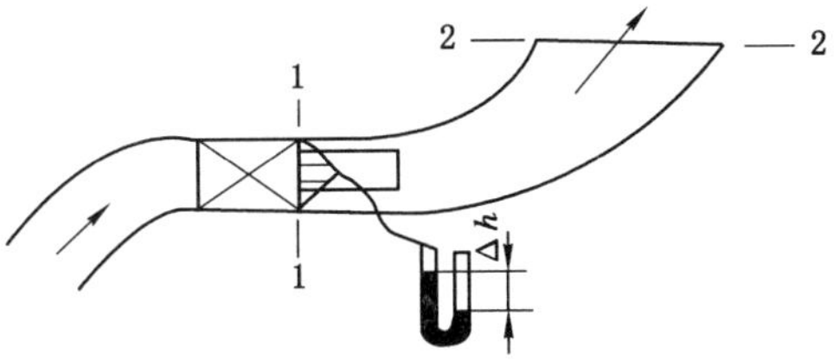

图 5-14　扩散器示意图

（五）消声装置

矿井通风机特别是轴流式通风机属于强噪声源，其噪声一般在 90 dB 左右，有的甚至高达 110 dB，严重影响工业场地和居民区人员的工作和休息。为了保护环境，降低噪声污染，需要对通风机采取消声措施，把噪声降到人们可以承受的程度。《煤矿安全规程》规定：作业人员每天连续接触噪声时间达到或者超过 8 h 的，噪声声级限值为 85 dB(A)。每天接触噪声时间不足 8 h 的，可以根据实际接触噪声的时间，按照接触噪声时间减半、噪声声级限值增加 3 dB(A)的原则确定其声级限值。

通风机运转时产生空气动力噪声和机件震动的机械噪声。空气动力噪声的防止一般在扩散器风道内装设用吸声材料做成的消声装置来降低噪声。机械噪声主要由机壳向外传播，一般采用隔音材料将机壳密封的办法隔离噪声。生产通风机的厂家，一般都开发有消声产品，可以选用。

三、主要通风机的安全使用

为了保证通风机安全可靠的运转，《煤矿安全规程》规定：

(1) 主要通风机必须安装在地面；装有通风机的井口必须封闭严密，其外部漏风率在无提升设备时不得超过 5%，有提升设备时不得超过 15%。

(2) 必须保证主要通风机连续运转。

(3) 必须安装 2 套同等能力的主要通风机装置，其中 1 套作备用，备用通风机必须能在 10 min 内开动。

(4) 严禁采用局部通风机或者风机群作为主要通风机使用。

(5) 装有主要通风机的出风井口应当安装防爆门，防爆门每 6 个月检查维修 1 次。

(6) 至少每月检查 1 次主要通风机。改变主要通风机转数、叶片角度或者对旋式主要通风机运转级数时，必须经矿总工程师批准。

(7) 新安装的主要通风机投入使用前，必须进行试运转和通风机性能测定，以后每 5 年至少进行 1 次性能测定。

(8) 主要通风机技术改造及更换叶片后必须进行性能测试。

(9) 井下严禁安设辅助通风机。

第三节　矿井通风机工作特性及分析

一、通风机的工作参数

反映通风机工作特性的基本参数有 4 个，即通风机的风量 $Q_{通}$、风压 $H_{通}$、功率 $P_{通}$ 和效

率 $\eta_{通}$。

1. 通风机的风量 $Q_{通}$

$Q_{通}$表示单位时间内通过通风机的风量，单位为 m^3/s。当通风机抽出式工作时，通风机的风量等于回风道总排风量与井口漏入风量之和；当通风机压入式工作时，通风机的风量等于进风道的总进风量与井口漏出风量之和。通风机的风量要用风表或皮托管与压差计在风硐或通风机扩散器处实测。

2. 通风机的风压 $H_{通}$

通风机的风压有通风机全压（$H_{通全}$）、静压（$H_{通静}$）和动压（$h_{通动}$）之分。通风机的全压表示单位体积的空气通过通风机后所获得的能量，单位为 $N \cdot m/m^3$ 或 Pa，其值为通风机出口断面与入口断面上的总能量之差。因为出口断面与入口断面高差较小，其位压差可忽略不计，所以通风机的全压为通风机出口断面与入口断面上的绝对全压之差，由式(5-6)表示：

$$H_{通全} = p_{全出} - p_{全入} \tag{5-6}$$

式中 $p_{全出}$——通风机出口断面上的绝对全压，Pa；

$p_{全入}$——通风机入口断面上的绝对全压，Pa。

通风机的全压包括通风机的静压与动压两个部分，由式(5-7)表示：

$$H_{通全} = H_{通静} + h_{通动} \tag{5-7}$$

由于通风机的动压是用来克服风流自扩散器出口断面到地表大气（抽出式）或风硐（压入式）的局部阻力，所以扩散器出口断面的动压等于通风机的动压，由式(5-8)表示：

$$h_{扩动} = h_{通动} \tag{5-8}$$

式中 $h_{扩动}$——扩散器出口断面的动压，Pa。

3. 通风机的功率 $P_{通}$

通风机的输入功率 $P_{通入}$表示通风机轴从电动机得到的功率，单位为 kW，通风机的输入功率可用式(5-9)计算：

$$P_{通入} = \frac{\sqrt{3}UI\cos\varphi}{1\ 000}\eta_{电}\eta_{传} \tag{5-9}$$

式中 U——线电压，V；

I——线电流，A；

$\cos\varphi$——功率因数；

$\eta_{电}$——电动机效率，%；

$\eta_{传}$——传动效率，%。

通风机的输出功率 $P_{通出}$也叫有效功率，是指单位时间内通风机对通过的风量为 $Q_{通}$的空气所做的功，由式(5-10)表示：

$$P_{通出} = \frac{H_{通}Q_{通}}{1\ 000} \tag{5-10}$$

因为通风机的风压有全压与静压之分，所以式(5-10)中当 $H_{通}$为全压时，即为全压输出功率 $P_{通全出}$；当 $H_{通}$为静压时，即为静压输出功率 $P_{通静出}$。

4. 通风机的效率 $\eta_{通}$

通风机的效率是指通风机输出功率与输入功率之比。因为通风机的输出功率有全压输出功率与静压输出功率之分，所以通风机的效率分全压效率 $\eta_{通全}$与静压效率 $\eta_{通静}$，由式(5-11)和式(5-12)表示：

$$\eta_{通全}=\frac{P_{通全出}}{P_{通入}}=\frac{H_{通全}Q}{1\,000P_{通入}} \tag{5-11}$$

$$\eta_{通静}=\frac{P_{通静出}}{P_{通入}}=\frac{H_{通静}Q}{1\,000P_{通入}} \tag{5-12}$$

很显然，通风机的效率越高，说明通风机的内部阻力损失越小，性能也越好。

二、通风机的个体特性曲线及合理工作范围

（一）个体特性曲线

通风机的风量、风压、功率和效率这四个基本参数可以反映出通风机的工作特性。每一台通风机，在额定转速的条件下，对应于一定的风量，就有一定的风压、功率和效率，风量如果变动，其他三者也随之改变。表示通风机的风压、功率和效率随风量变化而变化的关系曲线，称为通风机的个体特性曲线。这些个体特性曲线不能用理论计算方法来绘制，必须通过实测来绘制。

1. 风压特性曲线

图 5-15 所示为离心式通风机的个体特性曲线。图 5-16 所示为轴流式通风机的个体特性曲线。在煤矿中因主通风机多采用抽出式通风，因此要绘制抽出式通风机的静压特性曲线；当采用压入式通风时，则绘制压入式通风机的全压特性曲线。

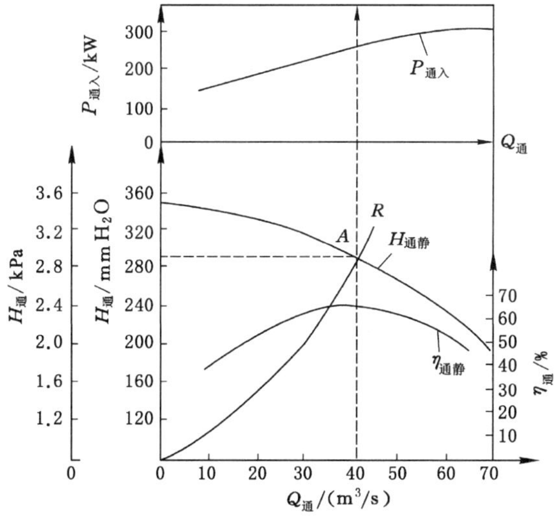

图 5-15　离心式通风机个体特性曲线

从图 5-15 与图 5-16 中可看出，离心式与轴流式通风机的风压特性曲线各有其特点：离心式通风机的静压特性曲线比较平缓，当风量变化时，风压变化不大；轴流式通风机的全压特性曲线较陡，并有一个马鞍形的“驼峰”区，当风量变化时，风压变化较大。

2. 功率曲线

图 5-15 和图 5-16 中 $P_{通入}$ 为通风机的输入功率曲线。从两个图中可看出：离心式通风机当风量增加时，功率也随之增大。所以启动时，为了避免因启动负荷过大而烧毁电动机，应先关闭闸门然后待通风机达到正常工作转速后再逐渐打开。当供风量过大时，矿井常常

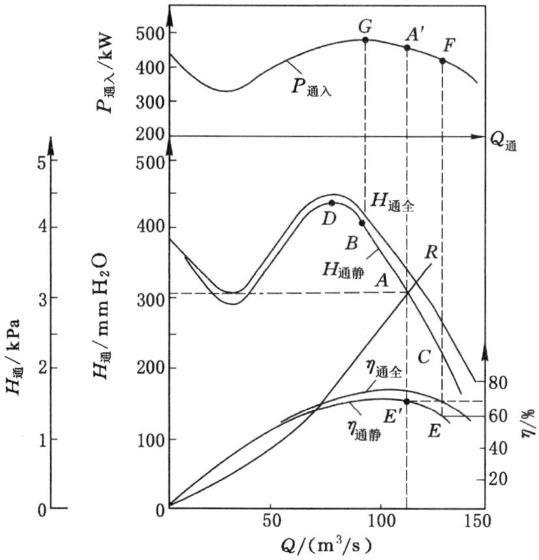

图 5-16　轴流式通风机个性特性曲线

利用闸门加阻来减少风量节省电能。轴流式通风机在 B 点的右下侧功率是随着风量的增加而减小，所以启动时应先全敞开或半敞开闸门，待运转稳定后再逐渐关闭闸门至其合适位置，以防止启动时电流过大，引起电动机过负荷。

3. 效率曲线

如图 5-15、图 5-16 中 η 为通风机的效率曲线。当风量逐渐增加时，效率也逐渐增大，当增大到最大值后便逐渐下降。因为轴流式通风机叶片的安装角是可调控的，因此叶片的每个安装角 θ 都相应地有一条风压曲线和功率曲线。为了使图清晰，轴流式通风机的效率一般用等效率曲线来表示，如图 5-17 所示。

等效率曲线是把各条风压曲线上的效率相同的点连接起来绘制成的。等效率曲线的绘制方法如图 5-18 所示，轴流式通风机两个不同的叶片安装角 θ_1 与 θ_2 的风压特性曲线分别为 1 与 2，效率曲线分别为 3 与 4。自各个效率值（如 0.2、0.4、0.6、0.8）画水平虚线，分别和曲线 3 与 4 相交，可得 4 对效率相等的交点，从这 4 对交点作垂直虚线分别与相应的个体风压曲线 1 与 2 相交，又在曲线 1 与 2 上得出 4 对效率相等的交点，然后把相等效率的交点连接起来，即得出图中 4 条等效率曲线：$\eta=0.2$、0.4、0.6、0.8。

（二）通风机的工况点及合理工作范围

当以同样的比例把矿井总风阻曲线绘制于通风机个体特性曲线图中时，则风阻曲线与风压曲线交于 A 点，此点就是通风机的工作点，如图 5-15、图 5-16 所示。从图 5-16 中工作点 A 可看出，此时通风机的静压为 3 kPa，风量为 115 m^3/s，功率为 450 kW（A'点决定），静压效率为 0.68（E'点决定）。实验证明，如果轴流式通风机的工作点位于风压曲线"驼峰"的左侧时（D 点左侧），通风机的运转就可能产生不稳定状况，即工作点发生跳动，风量忽大忽小，声音极不正常，所以通风机的工作风压不应大于最大风压的 0.9 倍，即工作点应在 B 点以下。为了经济，主通风机的效率不应低于 0.6，即工作点应在 C 点以上。BC 段就是通风机合理的工作范围。对于图 5-17，其合理工作范围为图中阴影部分。

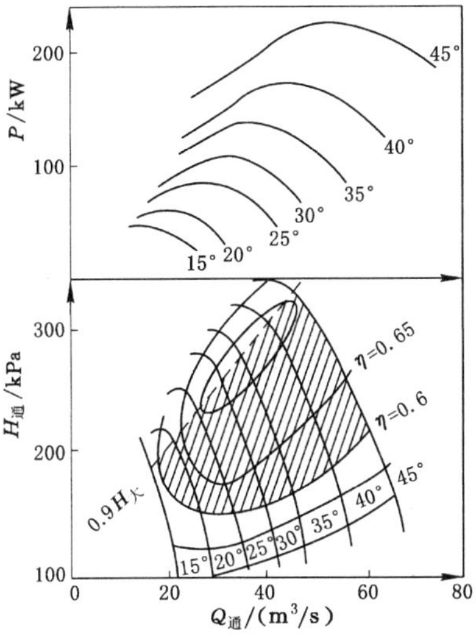

图 5-17　轴流式通风机合理工作范围

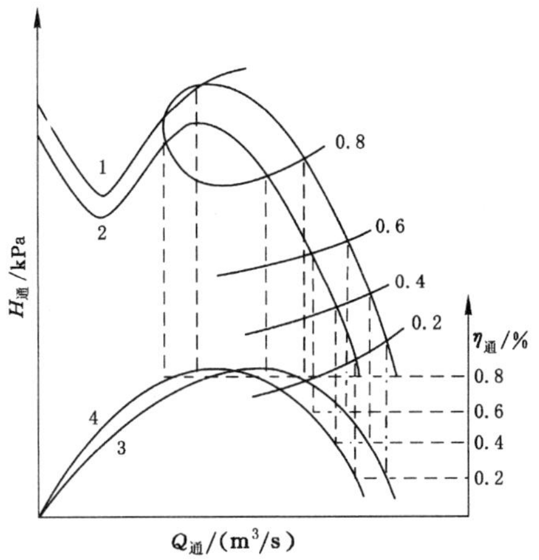

图 5-18　等效率曲线的绘制

三、通风机风压与通风阻力的关系

1. 抽出式通风矿井

抽出式通风矿井如图 5-19 所示。对于抽出式通风矿井，通风机的全压为通风机扩散器出口断面 5 与进口断面 4 的绝对全压之差，即：

$$H_{通全}=p_{全5}-p_{全4}=(p_{静5}+h_{动5})-(p_{静4}+h_{动4})=(p_{静5}-p_{静4})+(h_{动5}-h_{动4}) \tag{5-13}$$

式中　$p_{全5}$、$p_{全4}$——5、4 断面上的绝对全压；

$p_{静5}$、$p_{静4}$——5、4 断面上的绝对静压；

$h_{动5}$、$h_{动4}$——5、4 断面上的动压。

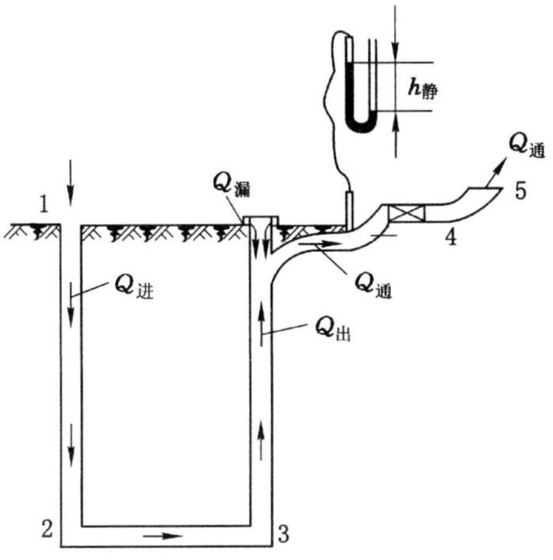

图 5-19　抽出式通风矿井

因为断面 5 的绝对静压就等于与该断面同标高的地表大气压力 p_0，所以 $p_{静5}-p_{静4}=$

$p_0 - p_{静4} = h_{静4}$。$h_{静4}$就是4断面的相对静压，也是通风机房静压压差计的读数，故上式可由式(5-14)表示：

$$H_{通全} = h_{静4} - h_{动4} + h_{动5} = h_{全4} + h_{动5} \tag{5-14}$$

式(5-14)说明：抽出式通风矿井的全压等于该通风机进口断面上的相对静压减去该断面上的动压，再加上扩散器出口断面上的动压。

因为 $h_{动5} = h_{通动}$，$H_{通全} - h_{通动} = H_{通静}$，所以式(5-14)可写为式(5-15)：

$$H_{通静} = h_{静4} - h_{动4} \tag{5-15}$$

式(5-15)说明：抽出式矿井通风机的静压等于该通风机进口断面4的相对静压减去该断面上的动压。测算抽出式通风机的静压时要应用此式。

因为 $h_{阻} = h_{静4} - h_{动4} \pm H_{自}$，所以：

$$H_{通全} \pm H_{自} = h_{阻} + h_{动5} \tag{5-16}$$

$$H_{通静} \pm H_{自} = h_{阻} \tag{5-17}$$

式(5-16)、式(5-17)说明：对于抽出式通风矿井，通风机的全压与自然风压都用来克服矿井通风总阻力与风流从扩散器进入地表大气的局部阻力，通风机的静压与自然风压都用来克服矿井通风总阻力。

因为离心式通风机一般给出全压特性曲线，轴流式通风机一般给出静压特性曲线，所以式(5-16)是抽出式通风时选择离心式通风机的理论根据，式(5-17)是抽出式通风时选择轴流式通风机的理论根据。比较此二式可看出，应用式(5-17)比较简便，因为在设计时只计算 $h_{阻}$一项，它等于抽出式通风机的静压与自然风压 $H_{自}$代数和。

2. *压入式通风矿井*

压入式通风矿井如图5-20所示。对于压入式通风矿井，通风机的全压为通风机扩散器3断面与通风机吸风侧2断面上绝对全压之差，由式(5-18)表示：

$$H_{通全} = p_{全3} - p_{全2} = (p_{全3} - p_0) + (p_0 - p_{全2}) = h_{全3} + h_{全2} \tag{5-18}$$

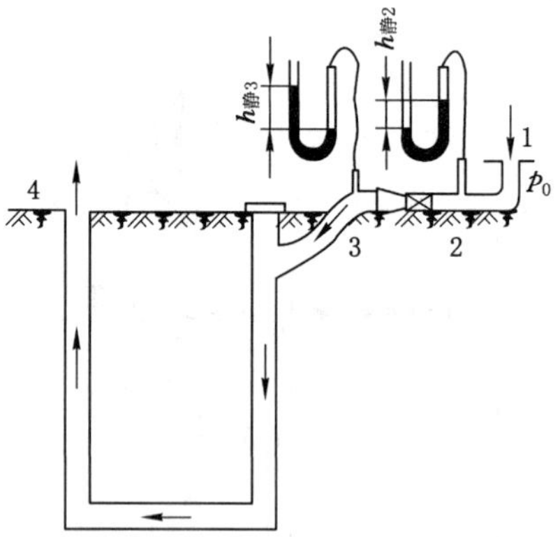

图5-20　压入式通风矿井

因为 $h_{全3} = h_{静3} + h_{动3}$，且 $h_{动3} = h_{通动}$，则由式(5-19)表示：

$$H_{通静} = h_{静3} + h_{全2} = h_{静3} + h_{静2} - h_{动2} \tag{5-19}$$

当采用压入式通风时，测算通风机的全压时要应用式(5-18)，测算通风机的静压时要应用式(5-19)。

因为 $h_{阻}=h_{全3}+h_{全2}\pm H_{自}$，所以由式(5-20)和式(5-21)表示：

$$H_{通全}\pm H_{自}=h_{阻} \tag{5-20}$$

$$H_{通静}\pm H_{自}=h_{阻}-h_{动3} \tag{5-21}$$

式(5-20)说明：压入式通风矿井，通风机的全压与自然风压的代数和是用来克服矿井通风总阻力的。因此，对于压入式通风的矿井，就必须选用通风机的全压特性曲线来进行工作，并使用通风机的全压效率来衡量它的工作质量。所以此式也是采用压入式通风时选择离心式通风机的理论根据。

式(5-21)说明：压入式通风矿井，通风机的静压与自然风压 $H_{自}$ 的代数和用来克服矿井通风总阻力与通风机动压之差。即如果要使用压入式通风机的静压特性曲线，就必须用此式进行换算，在矿井通风总阻力中减去通风机的动压，然后绘制通风机的静压特性曲线。所以，此式也是采用压入式通风时选择轴流式通风机的理论根据。

压入式通风矿井，如果主通风机不设置抽风段，使其进风口 2 直接和地表大气相通时，则通风机的全压和静压由式(5-22)和式(5-23)表示：

$$H_{通全}=p_{全3}-p_{0}=(p_{静3}+h_{动3})-p_{0}=h_{静3}+h_{动3} \tag{5-22}$$

$$H_{通静}=h_{静3} \tag{5-23}$$

式(5-22)、式(5-23)就是压入式通风矿井当主通风机不设置抽风段时通风机的全压与静压的测算式。

因为 $h_{总}=h_{静3}+h_{动3}\pm H_{自}$，所以：

$$H_{通全}\pm H_{自}=h_{阻} \tag{5-24}$$

$$H_{通静}\pm H_{自}=h_{阻}-h_{动3} \tag{5-25}$$

以上两式说明：对压入式通风矿井，主通风机不设抽风段与设抽风段时风压与阻力关系的结论相同。

【例 5-2】 某主要通风机对矿井做抽出式通风，已知矿井自然风压为 $H_{自}=+200$ Pa，$H_{通静}=1\ 320$ Pa，$Q_{通}=104\ m^3/s$，$\eta=0.65$，试求该矿井的通风总阻力 $h_{阻}$，通风机的输入功率 $P_{通入}$。

解　由抽出式矿井主要通风机风压与矿井通风总阻力关系 $H_{通静}\pm H_{自}=h_{阻}$ 得：

$$h_{阻}=H_{通静}+H_{自}=1\ 320+200=1\ 520\ (\text{Pa})$$

$$P_{通入}=\frac{H_{通静}Q_{通}}{1\ 000\eta}=\frac{1\ 320\times 104}{1\ 000\times 0.65}=211.2\ (\text{kW})$$

第四节　主要通风机性能测定

通风机制造厂提供的通风机特性曲线，是根据不带扩散器的模型测定获得的，而实际运行的通风机都装有扩散器，另外由于安装质量和运转磨损等原因，通风机的实际运转性能往往与厂方提供的性能曲线不相同。因此，通风机在正式运转之前和运转几年后，必须通过测定以测绘其个体特性曲线。

通风机性能测定的内容是测量通风机的风量、风压、输入功率和转数，并计算通风机的效率，然后绘出通风机实际运转特性曲线。

主要通风机的性能测定，一般在新安装矿井停产检修时进行。根据矿井具体情况，可以采用由回风井短路或带上井下通风网络进行。矿井通风改造、急需了解通风机性能时，也可在矿井不停产条件下，采用备用通风机进行性能测定，由反风门楼百叶窗短路进风和调节工况。

抽出式通风矿井，一般测算通风机的静压特性曲线、输入功率曲线和静压效率曲线；压入式通风矿井，一般测算通风机全压特性曲线、输入功率曲线和全压效率曲线。

一、测定前的准备

1. 制订试验方案

制订试验方案时，应对回风井、风硐、通风机设备的周围环境做系统的周密调查，然后根据本矿的具体情况，确定合理可行的试验方案。

2. 准备仪表、工具和记录表格

通风机性能试验所需要的仪表都必须经过校正，并培训测量人员都能正确地使用。

需要的仪表、工具和基础记录表见表 5-1～表 5-10。

表 5-1　　测量仪器

序号	仪器名称	测量范围	准确度	数量	用途
1	气压计	800～1 060 hPa	±200 Pa	1	测大气压力
2	温度计	0～50 ℃	0.1 ℃	2	测温度
3	干湿温度计	25～50 ℃	0.2 ℃	2	测干湿温度
4	皮托管		系数 0.998～1.004	≥25	测动压、全压
5	全压管		系数 0.998～1.004	≥25	测全压
6	静压片或静压管		系数 0.998～1.004	≥8	测全压
7	风速传感器、风速表	0.5～20 m/s	±(0.1～0.2) m/s	≥25	测风速
8	压差计	0～6 000 Pa	±10 Pa	≥5	测静压、全压
9	压差计	0～2 000 Pa	±1.0 Pa	≥5	测动压
10	电流传感器		0.2 级	2	电气参数测定
11	电压传感器		0.2 级	2	电气参数测定
12	功率因数测量仪表		0.5 级	2	电气参数测定
13	功率测量仪表		0.5 级	2	电气参数测定
14	电压测量仪表		0.5 级	2	电气参数测定
15	电流测量仪表		0.5 级	2	电气参数测定
16	转速表		±1 r/min	2	测风机、电机转速
17	声差计		Ⅰ型	2	测噪声
18	点温计	0～100	0.1	1	电机升温

注：在进行通风机运行参数测定时，可根据具体测定方法选用表中的测量仪表。在高原地区测量大气压时，应选用相适应的空壳气压计。

表 5-2　　**气象原始记录表**

测定地点：　　　　　　　　　　测定日期：

序号	项目 / 测定时间	干温度 /℃	湿温度 /℃	相对温度 /%	大气压力 /Pa	空气密度 /(kg/m³)
1						
2						
3						

表 5-3　　**风量原始记录表**

测定地点：　　　　　　　　　　测定日期：

测定序号	项目 / 测定时间	测风处断面积 /m²	每次测定的风表读数				真实风速 /(m/s)	风量 /(m³/s)
			第一次	第二次	第三次	平均		
1								
2								
3								
4								

表 5-4　　**风量原始记录表**

压差计编号：　　　　　　　　　　测定日期：

测定序号	项目 / 测定时间	动压测定值				换算成风速 /(m/s)	测点断面积 /m²	风量 /(m³/s)
		第一次	第二次	第三次	平均			
1								
2								
3								
4								

表 5-5　　**静压原始记录表**

测定地点：　　　　　　　　　　测定日期：

项目 / 测定序号	测定时间	测压处断面积 /m²	增(减)木板断面积 /m²	静压读数值 /Pa
1				
2				
3				
4				

表 5-6　　机电原始记录表

风机型号：　　　　　　　　测定日期：

测点序号	测点时间	电流 /A	电压 /V	功率因数 /kW	计算出的功率 /kW	功率表测得的功率 /kW	通风机转数 /(r/min)
1							
2							
3							
4							

表 5-7　　通风机性能试验风量记录汇总表

试验地点：　　　　　　　　风机名称：

试验日期：　　　　　　　　叶片安装角度：

测点序号	测风地点 / 记录时间	矿井总回风			扩散器环行空间							扩散器			备注
					动压测定值/Pa										
		断面 /m^2	风速 /(m/s)	风量 /(m^3/s)	1号仪器	2号仪器	3号仪器	…	平均风速 /(m/s)	断面 /m^2	风量 /(m^3/s)	断面 /m^2	风速 /(m/s)	风量 /(m^3/s)	
1															
2															
3															
4															

表 5-8　　通风机性能试验静压记录计算表

试验地点：　　　　　　　　风机名称：

试验日期：　　　　　　　　叶片安装角度：

记录 / 测点序号	记录时间	风硐测压断面风流的相对静压/Pa	风量 /(m^3/s)	风硐断面 /m^2	风硐测压断面风流的平均动压/Pa	通风机静压 /Pa	备注
1							
2							
3							
4							

表 5-9　　通风机性能试验校正计算表

试验地点：　　　　　　　　风机名称：

试验日期：　　　　　　　　叶片安装角度：

项目 / 测点序号	风机进风口大气压力/Pa	空气温度 /℃	空气密度 /(kg/m^3)	空气密度校正系数 K_ρ	通风机转数校正系数			校正后的风量 $Q_{通}$ /(m^3/s)	校正后的通风机静压 $H_{通静}$/Pa	校正后输入功率 $P_{通入}$/kW	校正后的静压输出功率 $P_{通静出}$/kW
					K_n	K_n^2	K_n^3				
1											
2											
3											
4											

表 5-10　　通风机性能试验汇总表

试验地点：　　风机名称：

试验日期：　　叶片安装角度：

测点序号	通过通风机的风量 $Q_{通}/(m^3/s)$	通风机的静压 $H_{通静}/Pa$	静压输出功率 $P_{通静出}/kW$	通风机的输入功率 $P_{通入}/kW$	静压效率 $\eta_{通静}/\%$	备注
1						
2						
3						
4						

3. 其他准备工作

(1) 记录通风机和电动机的铭牌技术数据，并检查通风机和电动机各部件的完好状况。

(2) 测量测风地点和安设工况调节框架处的巷道断面尺寸。

(3) 在工况调节地点安装调节框架，并准备足够的木板，在测风地点安装皮托管，在电路上接入电工仪表。

(4) 安装临时的联络通信设施。

(5) 检查地面漏风情况，并采取堵漏措施。

(6) 清除风硐内碎石等杂物和积水。

4. 组织分工

矿总工程师负责组织通风、机电和矿山救护队等部门成立通风机试验指挥组，设总指挥一人。同时下设工况调节组、测风组、测压组、电气测量组、通信联络组、安全组和速算组，每组的人数由工作任务而定。主要通风机操作工在测定整个过程中都要参加，了解全部安排，并听从总指挥的命令。

二、测定方法与步骤

通风机性能试验的布置方式应根据具体情况因地制宜地确定，其总的要求是要选择风流稳定区为测量风量和风压的地点，以使测出的数据准确可靠。对于生产矿井，一般都是利用通风机风硐进行试验，其布置如图 5-21 所示。

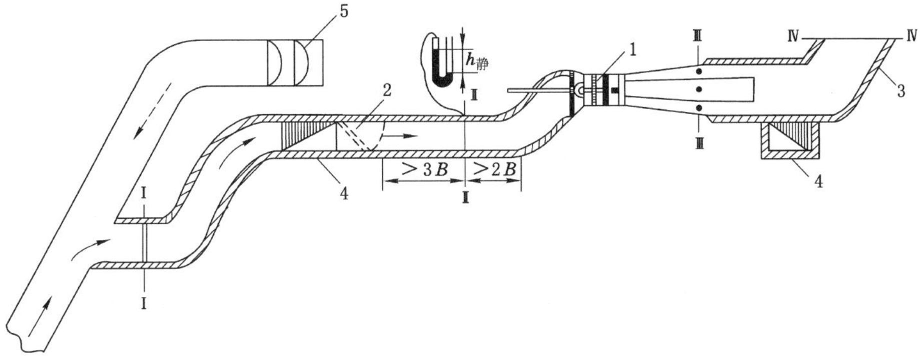

图 5-21　通风机性能试验时的布置

1——通风机；2——风硐；3——扩散器；4——反风绕道；5——防爆门

在Ⅰ—Ⅰ断面处设框架，用木板来调节通风机的工况，在Ⅱ—Ⅱ断面处设静压管，测该断面的相对静压，用风表在Ⅱ—Ⅱ断面之后测风速，或者在Ⅲ—Ⅲ断面的圆锥形扩散器的环形空间用皮托管测算风速。

（一）工况调节的位置和方法

通风机性能试验时，工况调节地点一般设在与回风井交接处的风硐口，如图 5-21 中Ⅰ—Ⅰ断面位置（当条件不许可时可设在总回风道或利用风硐闸门与井口防爆门调节）。其方法是在调节地点的巷道内安设稳固的框架（用工字钢、木料都可），如图 5-22 所示。

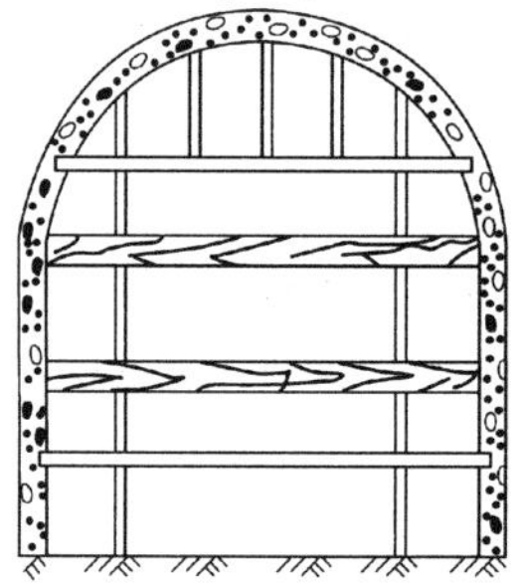

图 5-22　工况调节框架

靠通风机风压的吸力将薄木板吸附在其上，缩小有效断面积以改变通风阻力。框架必须牢固、结实，安装时插入巷壁的深度应不小于 150 mm。木板也应有足够的强度，并备有多种规格，以便使用。调节工况点的数目不应少于 8～10 个，以保证测得的特性曲线光滑、连续。在轴流式通风机风压曲线的“驼峰”区，测点要密些，在稳定区测点可疏些。

离心式通风机一般采用封闭启动，即网络风阻最大时启动（又称关闸门启动），然后逐渐提升闸门降阻调节工况。轴流式通风机一般采用开路启动，即网络风阻最小时启动（又称开闸门启动），然后逐渐放下闸门增阻调节工况。

（二）通风机性能参数的测定

1. 静压的测定

静压测量的位置应在工况调节处与风机入口之间的直线段上，距通风机入风口的 2 倍叶轮直径以远的稳定风流中，如图 5-21 中Ⅱ—Ⅱ断面处。

为了测出测压断面上的平均相对静压，可在风硐内设十字形连通管，在连通管上均匀设置静压管，然后将总管连接到压差计上，如图 5-23 所示。

2. 风速的测定

(1) 用风表在工况调节处与通风机入口之间的风流稳定区测平均风速，并计算风量，例如可在图 5-21 中Ⅱ—Ⅱ断面附近测风。

(2) 用皮托管和微压计测量风流动压，然后换算成平均风速，并计算风量。皮托管可安设在测量静压的Ⅱ—Ⅱ断面处，也可以安设在通风机圆锥形扩散器的环形空间，如图 5-24 所示。

为了使测量数据准确可靠，在测量断面上按等面积布置多根（图 5-24 中为 12 根）皮托管。安装时应将皮托管固定牢靠，务必使头部正对风流方向。若微压计台数充足时，每支皮

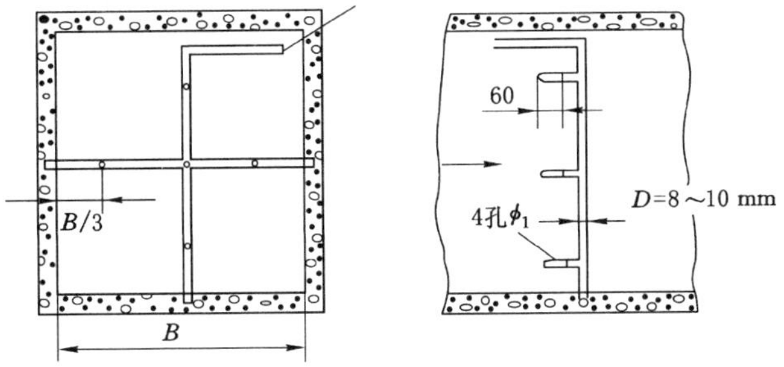

图 5-23　静压管的布置

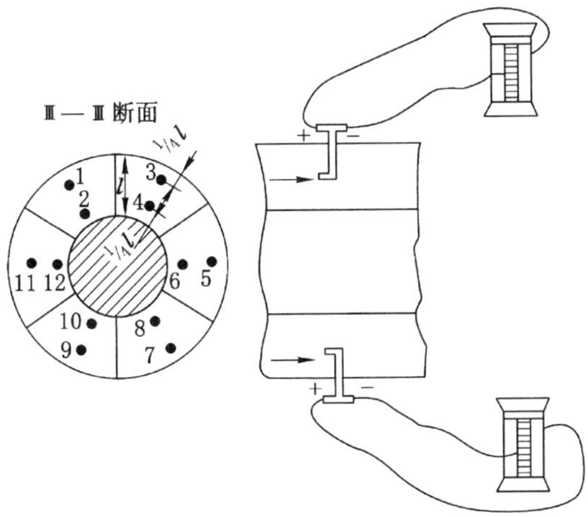

图 5-24　测动压时皮托管的布置

托管可配一台微压计，其连接方法如图 5-24 所示，然后求动压的算术平均值。若微压计台数不足时，可采用几支皮托管并联于一台微压计上，这样使读数与计算都较简便，虽有点误差，但对测量结果影响不大。

3. 电动机功率及其效率的测定

电动机输入功率可用两个单相瓦特表或一个三相瓦特表来测量，也可以采用电压表、电流表和功率因数表测量。电动机的效率可根据制造厂家的特性曲线选取，使用时间较久的电动机可采用间接方法(即损耗法)测定。

4. 通风机与电动机转数的测定

通风机与电动机的转数，可用转数表测定。通风机与电动机直接联动时，应测定电动机的转数。如果用皮带轮传动，应分别测定通风机和电动机的转数。

5. 空气密度的测定

用空盒气压计或数字式气压计测量风流的大气压力，用干湿球温度计测量风流的干温度和湿温度，根据大气压力和干湿球温度读数计算空气密度。

（三）操作程序及步骤

在工况调节之前，应先把防爆门打开，使矿井保持自然通风。然后再由总指挥发出信号，启动通风机，待风流稳定后，即可正式测量。每个工况点按下述步骤操作：

第一声信号：进行工况调节，完毕后通知总指挥，5 min 后发出第二声信号。

第二声信号：各组调整仪器，其中用风表的测风组可开始测风。

第三声信号：各组同时读数，将测量结果记录于基础记录表中，并将结果通知速算组。速算组将各组测量结果进行速算、绘图，并认为工况点间隔合适、测量数据准确，此点测量工作可结束，通知总指挥，转入第二点的测量工作。如此继续进行，直到将预定的测点数目测完为止。

在通风机性能试验中应注意以下事项：

(1) 通风机应在低负荷工况下启动，随时注意电动机的负荷和各部件的温升。轴流式通风机在“驼峰”点附近应特别注意。如果发现超负荷或其他异常现象，必须立即关掉电动机进行处理。

(2) 同一工况的各个参数尽可能同时测量，测量数据波动较大时，应取其平均值。

(3) 测定过程中，由于工况改变会引起井下风量变小时，应密切注意井下瓦斯变化情况，必要时组织矿山救护队员在井下巡视，以应付紧急情况。

(4) 进入风硐的工作人员，务必注意安全，工作时精力要集中，不可粗心大意。

(5) 通风机试验工作宜在停产检修日进行，试验期间要停止提升与运输工作，不要开闭井下巷道中的风门，以免引起压力波动，影响试验的精确程度。

三、数据整理与特性曲线绘制

（一）测定数据的整理

1. 风量的计算

(1) 用风表测风速时可用下式计算通风机的风量：

$$Q'_{通} = S \cdot \bar{v} \tag{5-26}$$

式中 S——测风地点风硐的断面积，m^2，

$\bar{v}$——测风断面上的平均风速，m/s。

(2) 用皮托管测风时先用下式换算测压断面上的平均风速：

$$\bar{v} = \sqrt{\frac{2}{\rho}}\ \frac{\sum_{i=1}^{j}\sqrt{h_{动i}}}{j} \tag{5-27}$$

式中 $h_{动i}$——第 i 个测点的动压值，Pa；

j——测点数；

ρ——空气密度，kg/m^3。

然后计算风量：

$$Q_{通}' = S_0 \cdot \bar{v} \tag{5-28}$$

式中 S_0——安设皮托管处风流通过的面积，m^2。

2. 抽出式通风机静压的计算

由式(5-15)知，抽出式通风机的静压为：

$$H_{通静}' = h_{静} - h_{动} \tag{5-29}$$

式中 $h_{静}$——风硐内测静压断面的相对静压，Pa。

风硐内测静压断面上的平均动压 $h_{动}$ 可按下式计算：

$$h_{动} = \frac{\rho}{2}\left(\frac{Q_{通}'}{S'}\right)^2 \tag{5-30}$$

式中 S'——风硐内测静压断面的面积，m^2。

3. 通风机输入功率和静压输出功率的计算

$$P_{通入}' = \frac{\sqrt{3}UI\cos\varphi}{1\ 000}\eta_{电}\eta_{传} \tag{5-31}$$

$$P_{通静出}' = \frac{H_{通静}'Q_{通}'}{1\ 000} \tag{5-32}$$

4. 通风机静压效率的计算

为了便于比较，要将通风机的上述四项数据换算到额定转速和空气密度为 1.2 kg/m^3 的条件下，然后再绘制通风机特性曲线。

(1) 通风机转速的校正系数 K_n

$$K_n = \frac{n_{额}}{n_i} \tag{5-33}$$

式中 $n_{额}$——通风机的额定转数，r/min；

n_i——第 i 个工况点实测的转数，r/min。

(2) 空气密度的校正系数 K_ρ

$$K_\rho = \frac{\rho_0}{\rho_i} = \frac{1.2}{\rho_i} \tag{5-34}$$

式中 ρ_0——井下标准空气密度取 1.2 kg/m^3；

ρ_i——第 i 个工况点实测的空气密度，kg/m^3。

则：

校正后的通风机风量：

$$Q_{通} = Q_{通}' \cdot K_n \tag{5-35}$$

校正后的通风机静压：

$$H_{通静} = H_{通静}' \cdot K_n^2 \cdot K_\rho \tag{5-36}$$

校正后的通风机输入功率：

$$P_{通入} = P_{通入}' \cdot K_n^3 \cdot K_\rho \tag{5-37}$$

校正后的通风机输出静压功率：

$$P_{通静出} = P_{通静出}' \cdot K_n^3 \cdot K_\rho \tag{5-38}$$

由于静压效率为通风机的输出功率与输入功率之比，故校正前后静压效率相同。

(二) 特性曲线的绘制

将上述计算结果，汇总到表 5-10 中，然后以 $Q_{通}$ 值为横坐标，分别以 $H_{通静}$、$P_{通入}$、$\eta_{静}$ 为纵坐标，将所对应的各点描绘于坐标图上，即可得出若干个点，用光滑的曲线将这些点连接，便可绘出通风机的个体特性曲线。

习　题

1. 什么是矿井自然风压？自然风压有哪些特性？

2. 如何应用通风机房内 U 形压差计反映矿井自然风压？

3. 按照通风机构造通风机分为哪几类？按照通风机服务范围通风机分为哪几类？

4. 通风机的构造和原理是什么？

5. 通风机的附属装置包括哪些？各有什么作用？设计和施工中应符合哪些要求？

6. 通风机运转有哪些规定？

7.《煤矿安全规程》对矿井附属装置有何规定？

8. 反映矿井通风机特性的基本参数有哪些？它们各代表什么意义？

9. 什么是通风机全压、静压和速压？

10. 什么是通风机的个体特性曲线？

11. 轴流式和离心式通风机的个体特性曲线有何特点？

12. 启动轴流式和离心式通风机需要注意哪些问题？

13. 什么是轴流式通风机的等效率曲线？

14. 什么是通风机的合理工作范围？

15. 矿井的反风方法和反风方式有哪些？《煤矿安全规程》对矿井反风有何规定？

16. 为什么说抽出式通风机的静压和自然风压用来克服矿井通风阻力？压入式通风机的全压和自然风压用来克服矿井通风阻力？

17. 通风机为什么要安装扩散器？

18. 为什么要进行通风机性能试验？要测定哪些数据？如何表达通风机性能试验的试验结果？

19. 某自然通风矿井如图 5-25 所示，测得 $\rho_A=1.3\ kg/m^3$、$\rho_B=1.26\ kg/m^3$、$\rho_C=1.16\ kg/m^3$、$\rho_D=1.14\ kg/m^3$、$\rho_E=1.15\ kg/m^3$、$\rho_F=1.3\ kg/m^3$。试求该矿井的自然风压，并判断其风流方向。

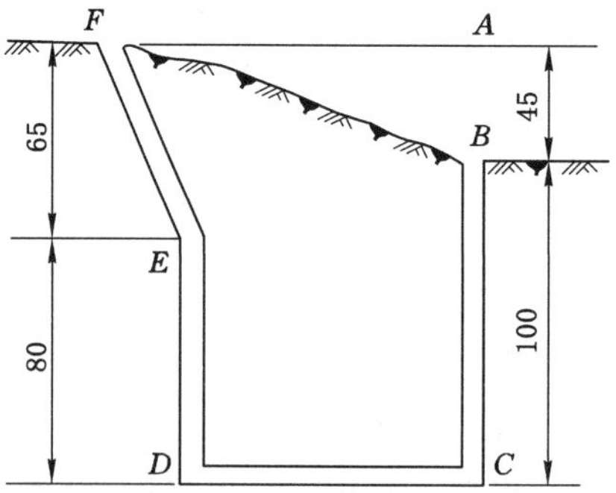

图 5-25　自然通风矿井

20. 如图 5-26 所示的矿井，实测结果：通风机风硐中的相对静压 $h_{静}=2\ 256$ Pa，风硐断面 4 的平均风速 $v_4=14$ m/s，断面 $S_4=9\ m^2$，扩散器断面 $S_5=14\ m^2$，$z_{01}=150$ m，$z_{12}=200$

m，$\rho_{01}=1.22\ \mathrm{kg/m^3}$，$\rho_{12}=1.25\ \mathrm{kg/m^3}$，$\rho_{34}=1.2\ \mathrm{kg/m^3}$。试求该矿井的自然风压 $H_{自}$、矿井通风总阻力 $h_{阻}$ 和通风机的静压 $H_{通静}$、动压 $h_{动}$、全压 $H_{通全}$ 各为多少？

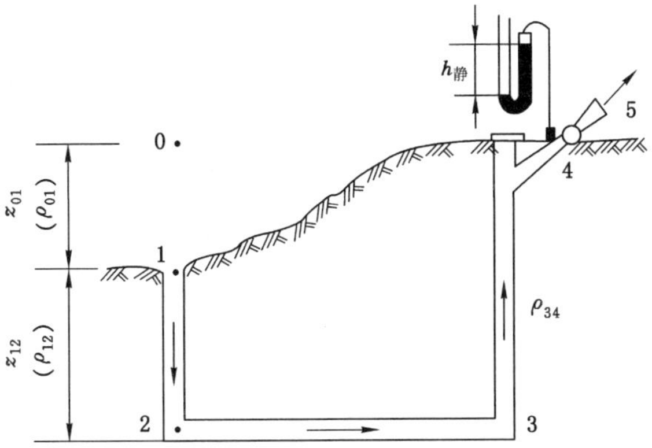

图 5-26 抽出式通风矿井

21. 某抽出式通风矿井，从通风机房的水柱计读得 $h_{静}=1\ 354$ Pa，风硐中测静压断面的风速为 12 m/s，空气密度为 $\rho=1.2\ \mathrm{kg/m^3}$。当停止通风机运转，关上闸板时，在通风机房水柱计上读得的读数为 215.8 Pa，此时水柱计液面移动方向与通风机运转时的移动方向相反。试求该矿井的通风总阻力为多少？

第六章　采煤工作面通风

第一节　采煤工作面通风方式选择

一、采煤工作面通风系统

采煤工作面的通风系统由采煤工作面的瓦斯、温度和煤层自然发火等所确定的，根据采煤工作面进、回风巷道的布置方式和数量，可将工作面通风系统分为以下几种类型：

1. U 形与 Z 形通风系统

该类型的通风系统如图 6-1 所示。工作面通风系统只有一条进风巷道和一条回风巷道。U 形后退式通风系统在我国使用比较普遍。其优点是结构简单，巷道施工维修量小，工作面漏风小，风流稳定，易于管理等；缺点是上隅角瓦斯易超限，工作面进、回风巷要提前掘进，掘进工作量大。

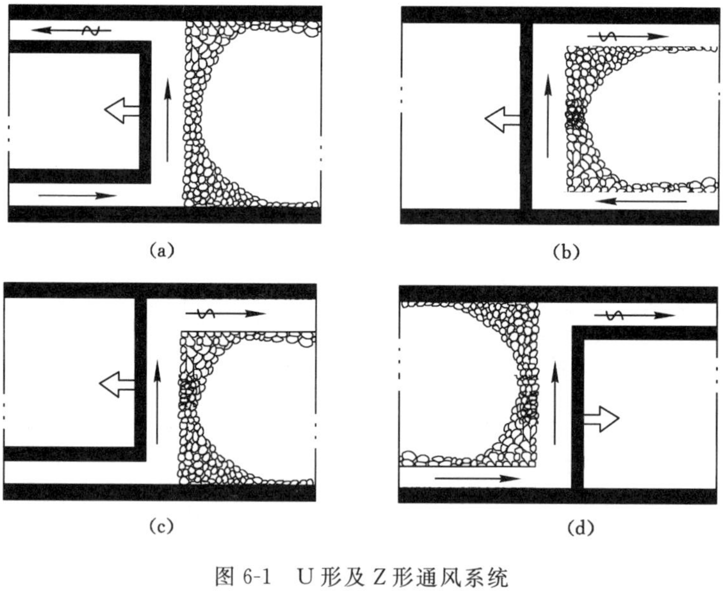

图 6-1　U 形及 Z 形通风系统

(a) U 形后退式通风系统；(b) U 形前进式通风系统；

(c) Z 形后退式通风系统；(d) Z 形前进式通风系统

前进式通风系统的维护工作量小，不存在采掘工作面串联通风问题，在巷旁支护好、漏风不大时，有一定优越性。采用前进式 U 形通风系统的工作面的采空区瓦斯不涌向工作面，而是涌向回风平巷。

采用 Z 形后退式通风系统的工作面的采空区瓦斯不会涌入工作面，而是涌向回风巷，工作面采空区回风侧能用钻孔抽放瓦斯，但进风侧不能抽放瓦斯。采用Z形前进式通风系统的工作面的进风侧沿采空区可以抽放瓦斯，采空区的瓦斯易涌向工作面，特别是上隅角，回风侧不能抽放瓦斯。Z形通风系统的采空区漏风，介于采用U形后退式和U形前进式通风系统之间；该通风系统需沿空支护巷道和控制经过采空区的漏风，其难度较大。

2. Y形、W形及双Z形通风系统

这三种通风系统均为两进一回或一进两回的采煤工作面通风系统。

根据进风巷与回风巷的数量和位置的不同，Y形通风系统可以有多种不同的方式。生产实际中应用较多的是在回风侧加入附加的新鲜风流，与工作面回风汇合后从采空区侧流出的通风系统，如图6-2(a)所示。工作面采用Y形通风系统会使回风道风量加大，但上隅角及回风道的瓦斯不易超限，并可在上部进风道内抽放瓦斯。

后退式W形通风系统如图6-2(b)所示，用于高瓦斯的长工作面或双工作面。该系统的进、回风平巷都布置在煤体中。当由中间及下部平巷进风、上部平巷回风时，上、下段工作面均为上行式通风，但上段工作面的风速高，对防尘不利，上隅角瓦斯可能会超限，所以在瓦斯涌出量很大时，常采用上、下平巷进风，中间平巷回风的W形通风系统，或者反之，采用由中间巷进风，上、下平巷回风的通风系统以增加风量，提高产量。在中间巷内布置抽瓦斯钻孔时，抽放孔由于处于抽放区域的中心，因而抽放率比采用U形通风系统的工作面提高50%。

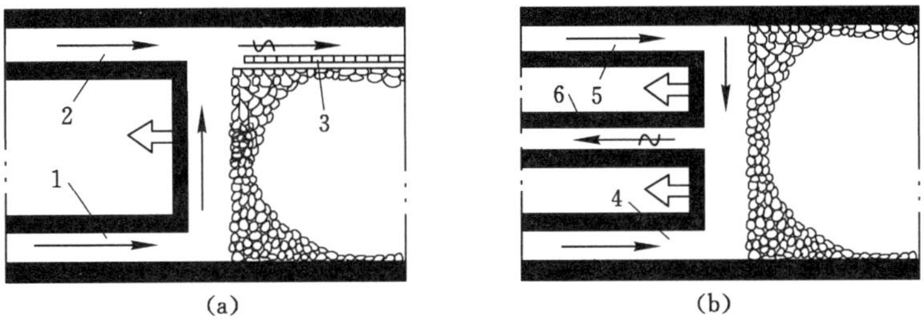

图6-2　Y形及W形通风系统

1——主进风道；2——副进风道；3——沿空巷；4——下部平巷；5——上部平巷；6——中间巷

W形前进式通风系统的巷道维护在采空区内，巷道维护困难，漏风大，采空区涌出的瓦斯量也大。

双Z形通风系统如图6-3所示，其中间巷与上、下平巷分别在工作面的两侧。双Z形前进式通风系统的上、下进风平巷维护在采空区时[图6-3(a)]，漏风携出的瓦斯可能会使工作面超限；双Z形后退式通风系统的上、下进风平巷布置在煤体中[图6-3(b)]，漏风携出的瓦斯不进入工作面，工作面比较安全。双Z形通风系统的工作面有一段是下行通风，并且需设边界上山，维护在采空区的巷道在支护上还要防止漏风，这些特点在采用时应予以注意。

3. H形通风系统

在H形通风系统中，两进两回的通风系统如图6-4(a)所示，三进一回系统如图6-4(b)所示。其特点是：工作面风量大，采空区瓦斯不涌向工作面，气象条件好，增加了工作面的安全出口，工作面机电设备都在新鲜风流巷道中，通风阻力小，在采空区的回风巷道中可抽放瓦斯，易于控制上隅角的瓦斯。但沿空护巷困难；由于有附加巷道，可能影响通风的稳定性，管理复杂。

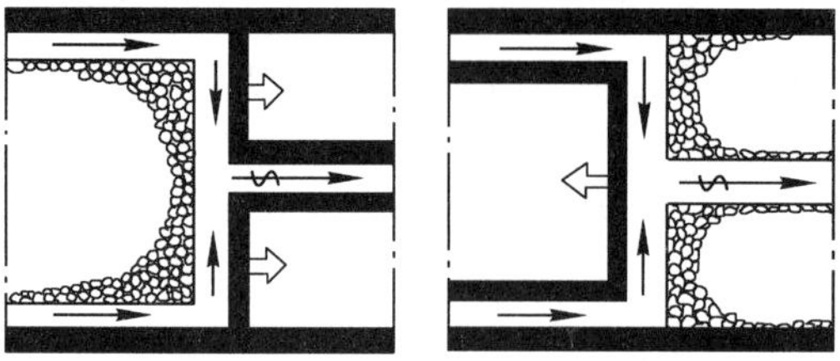

(a)　(b)

图 6-3　双 Z 形通风系统图

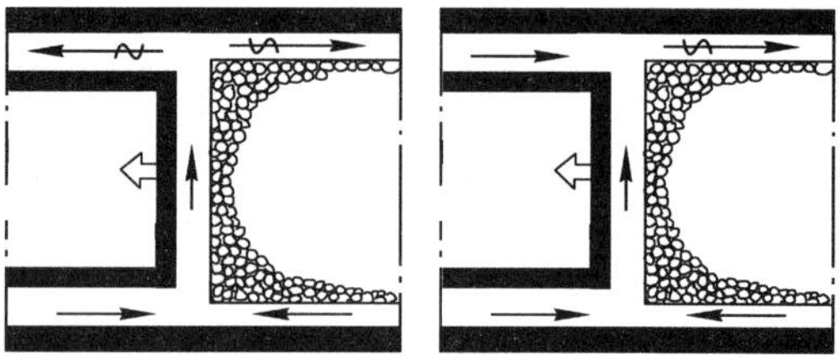

(a)　(b)

图 6-4　H 形通风系统

在工作面和采空区的瓦斯涌出量都较大，在入风侧和回风侧都需增加风量以稀释整个工作面的瓦斯时，可考虑采用 H 形通风系统。

二、采煤工作面上行通风与下行通风的分析

上行通风与下行通风是指进风流方向与采煤工作面的关系而言。风流沿采煤工作面由下向上流动的通风方式，称为上行通风。风流沿采煤工作面由上向下流动的通风方式，称为下行通风。风流方向与煤炭运输方向一致时称为同向通风，否则为逆向通风，如图 6-5 所示。

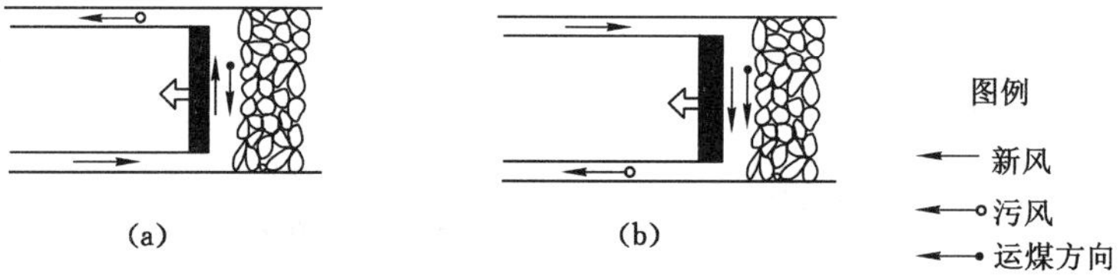

图 6-5　采煤工作面上行风与下行风

(a) 上行通风；(b) 下行通风

1. 上行通风

(1) 上行通风的主要优点：采煤工作面和回风巷道风流中的瓦斯以及从煤壁及采落的煤炭中不断放出的瓦斯，由于其比重小，有一定的上浮力，瓦斯自然流动的方向和通风方向一致，有利于较快地降低工作面的瓦斯浓度，防止在低风速地点造成瓦斯局部积聚。

(2) 上行通风的主要缺点：采煤工作面为逆向通风，容易引起煤尘飞扬，增加了采煤工作面风流中的煤尘浓度；煤炭在运输过程中放出的瓦斯，又随风流带到采煤工作面，增加了采煤工作面的瓦斯浓度；运输设备运转时所产生的热量随进风流散发到采煤工作面，使工作面气温升高。

2. 下行通风

(1) 下行通风的主要优点：采煤工作面进风流中煤尘浓度较小，这是因为工作面内为同向通风，降低了吹起煤尘的能力；采煤工作面的气温可以降低，这是因为风流进入工作面的路线较短，风流与地温热交换作用较小，而且工作面运输平巷内的机械发热量不会带入工作面；不易出现瓦斯局部积聚，因为风流方向与瓦斯轻浮向上的方向相反，当风流保持足够的风速时，就能够对向上轻浮的瓦斯具有较强的扰动、混合能力，使瓦斯局部积聚难以产生，而且煤炭在运输过程中放出的瓦斯不会带入工作面。

(2) 下行通风的主要缺点：工作面运输平巷中设备处在回风流中；一旦工作面发生火灾

时控制火势比较困难；当发生煤与瓦斯突出事故时，下行通风极易引起大量的瓦斯逆流而进入上部进风水平，扩大突出的涉及范围。

经过现场的实践和实验室分析，证明采煤工作面采用下行通风对工作面的煤尘抑制，特别是对急倾斜煤层采煤工作面的煤尘抑制是很有利的；同时对防止采煤工作面顶板瓦斯的成层积聚和采空区的漏风以及抑制煤炭自燃也都是有利的。但是从安全生产理念出发，对矿井采用下行通风仍要审慎，因此，《煤矿安全规程》规定：有突出危险的采煤工作面严禁采用下行通风。

三、采煤工作面通风方式选择

(1) 采煤工作面通风方式的选择由采区瓦斯、粉尘、气温以及自然发火倾向等因素决定。根据采煤工作面进、回风道的数量与位置，将采煤工作面通风方式可选择U形、W形、Y形、Z形及U+L形等。

(2) U形通风方式指采煤工作面与进、回风道构成的形如英文字母"U"的通风方式，包括后退式和前进式两种。U形后退式通风漏风小，上隅角易瓦斯积聚，适用于瓦斯涌出量不大的煤层；U形前进式通风漏风大，不适用于自然发火煤层。

(3) W形通风方式指采煤工作面上、下端的平巷进风（或回风），中间平巷回风（或进风）的布置方式。W形通风采准巷道的开掘和维护量少；风阻小，漏风量少，易于防火；中间及上、下平巷可布置钻孔，利于煤层注水和抽放瓦斯。适用于高瓦斯、易自燃的煤层。

(4) Y形通风方式指在采煤工作面上、下端各设一条进风道，另在采空区一侧设回风道的通风方式。Y形通风上隅角不易积聚瓦斯，且其上、下两端处于进风流中，可布置抽放钻孔；采空区漏风多，易引起采空区煤炭自燃。适用于瓦斯涌出量大、发火不严重的煤层。

(5) Z形通风方式指采煤工作面、进风道和回风道构成的形如英文字母"Z"的通风方式，其中一条进风道（或回风道）的一侧为采空区，分为前进式和后退式。前进式上隅角易积聚瓦斯，不适用于瓦斯涌出大的工作面；后退式当采空区的瓦斯涌出量很大时，其回风巷中会出现瓦斯超限现象。Z形通风采空区内漏风大，易引起煤炭自燃，不适用于发火严重的工作面。

(6) U+L形通风方式即U形通风+尾巷的通风方式，俗称尾巷通风方式。风流通过上隅角经联络横巷进入上部回风巷，上隅角不易瓦斯积聚，但是大部分瓦斯涌向尾巷，易发生瓦斯事故，因此尾巷不得兼作其他用途，不得敷设电缆、金属管道，并须设栅栏、安装安全监测系统。适用于瓦斯涌出量大的工作面。

(7) 有煤（岩）与瓦斯（二氧化碳）突出危险的采煤工作面不得采用下行通风。

第二节　采煤工作面通风管理

(1) 装有矿井安全监控系统的机械化采煤工作面、水采和煤层厚度小于0.8 m的保护层的采煤工作面，经抽放瓦斯（抽放率25%以上）和增加风量已达到最高允许风速后，其回风巷风流中瓦斯浓度仍不能降低到1.0%以下时，回风巷风流中瓦斯最高允许浓度为1.5%，但应符合下列要求：

① 工作面的风流控制必须可靠。

② 必须保持通风巷的设计断面。

③ 必须配有专职瓦斯检查工。

(2) 采煤工作面及其他作业地点风流中瓦斯浓度达到 1.0%时,必须停止用电钻钻眼;爆破地点附近 20 m 以内风流中瓦斯浓度达到 1.0%时,严禁爆破。

(3) 采煤工作面及其他作业地点风流中、电动机或其开关安设地点附近 20 m 以内风流中的瓦斯浓度达到 1.5%时,必须停止工作,切断电源,撤出人员,进行处理。

(4) 采煤工作面及其他巷道内,体积大于 0.5 m^3 的空间内积聚的瓦斯浓度达到 2.0%时,附近 20 m 内必须停止工作,撤出人员,切断电源,进行处理。

(5) 采煤工作面风流中二氧化碳浓度达到 1.5%时,必须停止工作,撤出人员,查明原因,制定措施,进行处理。

(6) 采煤工作面绝对瓦斯涌出量大于或等于 20 m^3/min,进、回风巷道净断面 8 m^2 以上,经抽放瓦斯(抽放率 25%以上)和增大风量已达到标准规定最高允许风速后,其回风巷风流中瓦斯浓度仍不符合规定时,由企业主要负责人审批后,可采用专用排瓦斯巷,但该巷回风流中的瓦斯浓度不得超过 2.5%,并遵守下列规定:

① 工作面风流控制必须可靠。

② 专用排瓦斯巷内不得进行生产作业和设置电气设备;进行巷道维修工作时,瓦斯浓度必须低于 1.5%。

③ 专用排瓦斯巷内风速不得低于 0.5 m/s。

④ 专用排瓦斯巷内必须用不燃性材料支护,并应有防止产生静电、摩擦和撞击火花的安全措施。

⑤ 专用排瓦斯巷必须贯穿整个工作面推进长度且不得留有盲巷。

⑥ 专用排瓦斯巷内必须安设甲烷传感器,甲烷传感器应悬挂在距专用排瓦斯巷回风口 15 m 处,当甲烷浓度达到 2.5%时,能发出报警信号并切断工作面电源,工作面必须停止工作,进行处理。

⑦ 煤层的自燃倾向性为不易自燃。

(7) 开采容易自燃和自燃的煤层(薄煤层除外)时,采煤工作面必须采用后退式开采。

(8) 矿井在同一煤层、同翼、同一采区相邻正在开采的采煤工作面沿空送巷时,采掘工作面严禁同时作业。

(9) 水采工作面由采空区回风时,工作面必须有足够的新鲜风流,工作面及其回风巷的风流中的瓦斯和二氧化碳浓度必须符合《煤矿安全规程》相关规定。

(10) 采空区必须及时封闭。必须随采煤工作面推进逐个封闭与采空区连通的巷道。采区开采结束后 45 天内,必须在所有与已采区相连通的巷道中设置防火墙,全部封闭采区。

习　题

1. 分析 U 形与 Z 形通风系统的优缺点。
2. 分析采煤工作面上行通风的优缺点。
3. 分析采煤工作面下行通风的优缺点。
4. 分析论述如何选择采煤工作面的通风系统。
5. 如何进行采煤工作面的通风管理?

第七章　掘进工作面通风

无论在新建、扩建或生产矿井中，都需开掘大量的井巷工程，以便准备新的采区和采煤工作面。在开掘井巷时，为了稀释和排除自煤（岩）体涌出的有害气体、爆破产生的炮烟和矿尘，保持良好的气候条件，必须进行不间断的通风。这种井巷只有一个出口（称独头巷道），不能形成贯穿风流，故必须采用导风设施，使新鲜风流与污浊风流隔开。这种利用局部通风机或主要通风机产生的风压对井下独头巷道进行通风的方法称为局部通风（又称掘进通风）。

本章讨论局部通风方法，局部通风需风量计算，局部通风设备及其选型，局部通风技术管理及其安全技术装备系列化内容。

第一节　局部通风方法

向井下局部地点进行通风的方法，按通风动力形式不同，可分为局部通风机通风、矿井全风压通风和引射器通风。其中又以局部通风机通风最为常用。

一、局部通风机通风

利用局部通风机做动力，通过风筒导风的通风方法称为局部通风机通风，它是目前局部通风最主要的方法。局部通风机的常用通风方式有压入式、抽出式和混合式。

（一）压入式通风

压入式通风布置如图 7-1 所示，局部通风机及其附属装置安装在离掘进巷道口 10 m 以外的进风侧，将新鲜风流经风筒输送到掘进工作面，污风沿掘进巷道排出。新风流出风筒形成的射流属末端封闭的有限贴壁射流，如图 7-2 所示。气流贴着巷壁射出风筒后，由于吸卷作用，射流断面逐渐扩张，直至射流的断面达到最大值，此段称为扩张段，用 $L_{扩}$ 表示；然后，射流断面逐渐减少，直到为零，此段称收缩段，用 $L_{收}$ 表示，在收缩段，射流一部分经巷道排走，另一部分又被扩张段射流所卷吸。从风筒出口至射流反向的最远距离（即扩张段和收缩段总长）称射流有效射程，以 $L_{射}$ 表示。在巷道边界条件下，一般有：

$$L_{射} = (4 \sim 5)\sqrt{S} \tag{7-1}$$

式中　S——巷道断面，m^2。

在有效射程以外的独头巷道中会出现循环涡流区，如图 7-3 所示。

压入式通风排污过程如图 7-4 所示，当工作面爆破或掘进落煤（岩）后，烟尘充满迎头形成一个炮烟抛掷区和粉尘分布集中带。风流由风筒射出后，由于射流的紊流扩散和卷吸作用，使迎头炮烟与新风发生强烈掺混，沿着巷道向外推移。为了能有效地排出炮烟，风筒出口与工作面的距离应不超过有效射程。否则会出现图 7-3 中的污风（烟流）停滞区 $L_{滞}$。

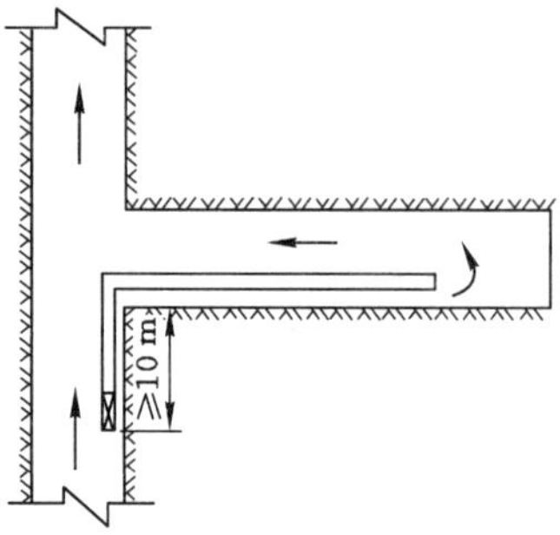

图 7-1　压入式通风

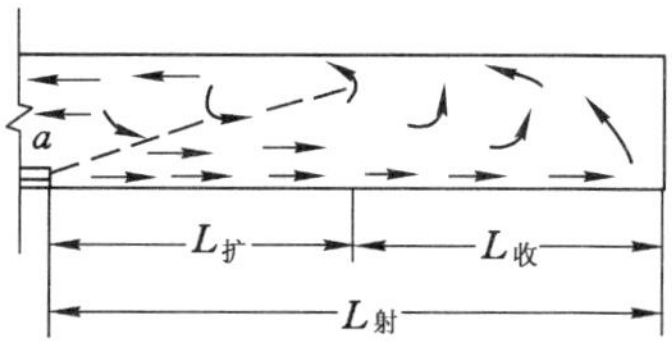

图 7-2　有限贴壁射流

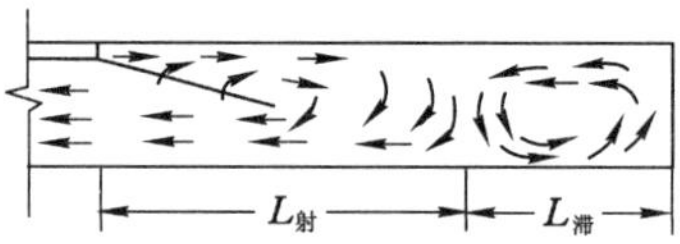

图 7-3　有效射程示意图

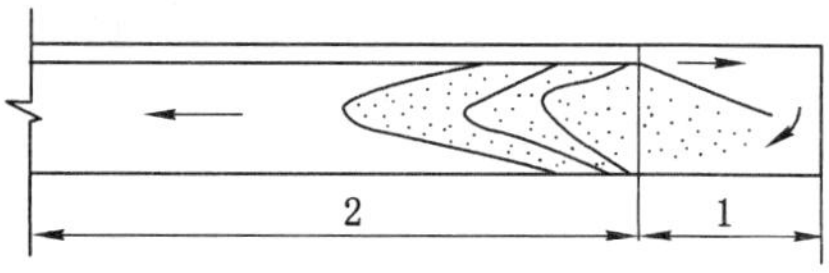

图 7-4　压入式通风排炮烟过程

1——迎头区;2——巷道排烟

（二）抽出式通风

抽出式通风布置如图 7-5 所示。局部通风机安装在离掘进巷道 10 m 以外的回风侧。新风沿巷道流入,污风通过风筒由局部通风机抽出。风机工作时风筒吸口吸入空气的作用范围,称其为有效吸程 $L_{吸}$。在巷道边界条件下,其一般计算式为:

$$L_{吸} = 1.5\sqrt{S} \tag{7-2}$$

式中　S——巷道断面,m^2。

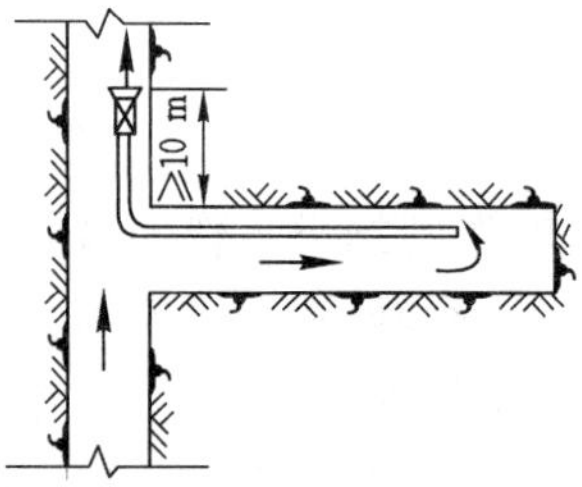

图 7-5　抽出式通风布置

抽出式通风排除污风过程如图 7-6 所示,当工作面掘进爆破煤(岩)后,形成一个污染物分布集中带,在抽出式通风的有效吸程范围内,借紊流扩散作用使污染物与新风掺混并被吸出。实践证明,只有当吸风口离工作面距离小于有效吸程 $L_{吸}$ 时,才有良好的吸出炮烟的效果。在有效吸程以外的独头巷道中会出现循环涡流区,如图 7-7 所示,理论和实践都证明,抽出式通风的有效吸程比压入式通风的有效射程要小。

（三）压入式和抽出式通风的比较

(1) 压入式通风时,局部通风机及其附属电气设备均布置在新鲜风流中,污风不通过局部通风机,安全性好;而抽出式通风时,含瓦斯的污风通过局部通风机,若局部通风机不具备

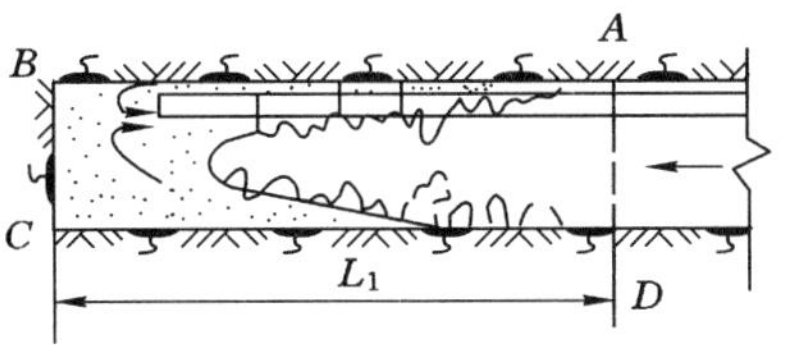

图 7-6　抽出式通风排污风过程

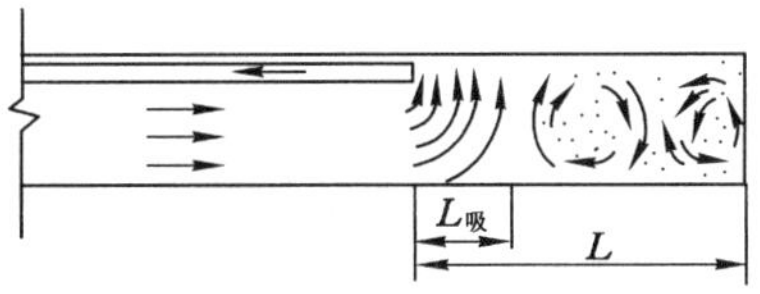

图 7-7　循环涡流区示意图

防爆性能，则是非常危险的。

(2) 压入式通风风筒出口风速和有效射程均较大，可防止瓦斯层状积聚，且因风速较大而提高散热效果。然而，抽出式通风有效吸程小，掘进施工中难以保证风筒吸入口到工作面的距离在有效吸程之内。与压入式通风相比，抽出式风量小，工作面排污风所需时间长、速度慢。

(3) 压入式通风时，掘进巷道涌出的瓦斯向远离工作面方向排走，而用抽出式通风时，巷道壁面涌出的瓦斯随风流流向工作面，安全性较差。

(4) 抽出式通风时，新鲜风流沿巷道进入工作面，整个井巷空气清新，劳动环境好；而压入式通风时，污风沿巷道缓慢排出，当掘进巷道越长，排污风速度越慢，受污染时间越久。这种情况在大断面长距离巷道掘进中尤为突出。

(5) 压入式通风可用柔性风筒，其成本低、重量轻，便于运输，而抽出式通风的风筒承受负压作用，必须使用刚性或带刚性骨架的可伸缩风筒，成本高，重量大，运输不便。

基于上述分析，当以排除瓦斯为主的煤巷、半煤岩巷掘进时应采用压入式通风，而当以排除粉尘为主的井筒掘进时，宜采用抽出式通风。

(四) 混合式通风

混合式通风是压入式和抽出式两种通风方式的联合运用，兼有压入式和抽出式两者优点，其中压入式向工作面供新风，抽出式从工作面排出污风。其布置方式取决于掘进工作面空气中污染物的空间分布和掘进、装载机械的位置。按局部通风机和风筒的布设位置，分为长压短抽、长抽短压和长抽长压三种；按抽压风筒口的位置关系，每种方式又有前抽后压和前压后抽两种方式。

1. 长抽短压(前压后抽)

其布置如图 7-8(a)所示。工作面的污风由压入式风筒压入的新风予以冲淡和稀释，由抽出式主风筒排出，抽出式风筒吸风口与工作面的距离应不小于污染物分布集中带长度，与压入式风机的吸风口距离应大于 10 m 以上；抽出式风机的风量应大于压入式风机的风量；压入式风筒的出口与工作面间的距离应在有效射程之内。采用长抽短压式通风时，其中抽出式风筒须用刚性风筒或带刚性骨架的可伸缩风筒；若采用柔性风筒，则可将抽出式局部通风机移至风筒入风口，改为压出式，由里向外排出污风，如图 7-8(b)所示。

2. 长压短抽(前抽后压)

其布置如图 7-9 所示。新鲜风流经压入式长风筒送入工作面，工作面污风经抽出式通风除尘系统净化，被净化后的风流沿巷道排出。抽出式风筒吸风口与工作面的距离应小于有效吸程，对于综合机械化掘进，应尽可能靠近最大产尘点。压入式风筒出风口应超前抽出式出风口 10 m 以上，它与工作面的距离应不超过有效射程。压入式风机的风量应大于抽出式风机的风量。

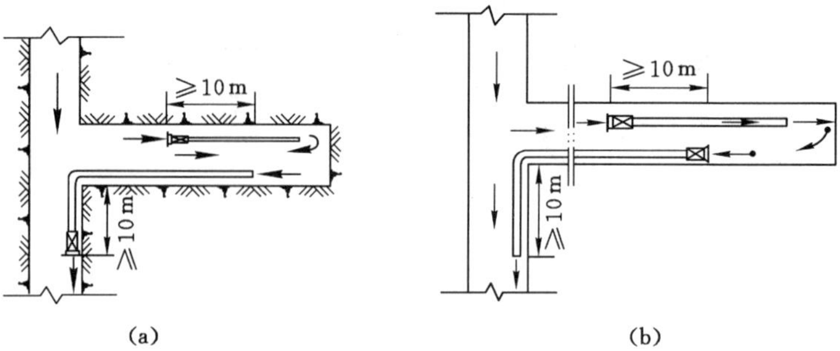

图 7-8　长抽短压通风方式

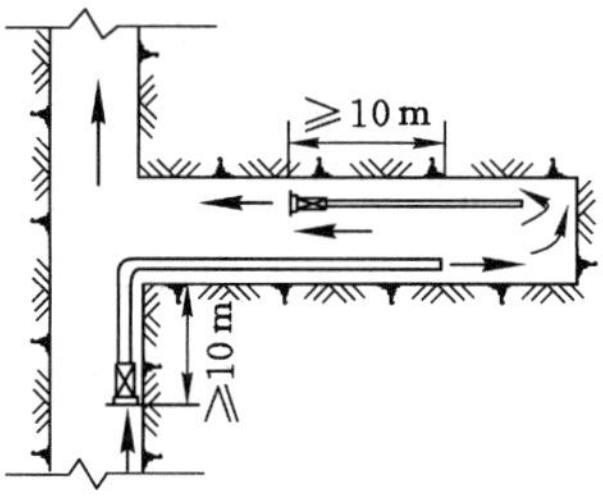

图 7-9　长压短抽通风方式

混合式通风兼有抽出式通风和压入式通风的优点，通风效果好。混合式通风的主要缺点是降低了压入式与抽出式两列风筒重叠段巷道内的风量，当掘进巷道断面大时，风速就更小，则此段巷道顶板附近易形成瓦斯层状积聚。因此，两台风机之间的风量要合理匹配，以免发生循环风，并使风筒重叠段内风速大于最低风速。

基于上述分析，混合式通风是大断面、长距离岩巷掘进通风的较好方式。机掘工作面多采用与除尘风机配套的长压短抽混合式，如图 7-10 所示。目前应用的 AM-50 型综掘机即采用了此种方式。

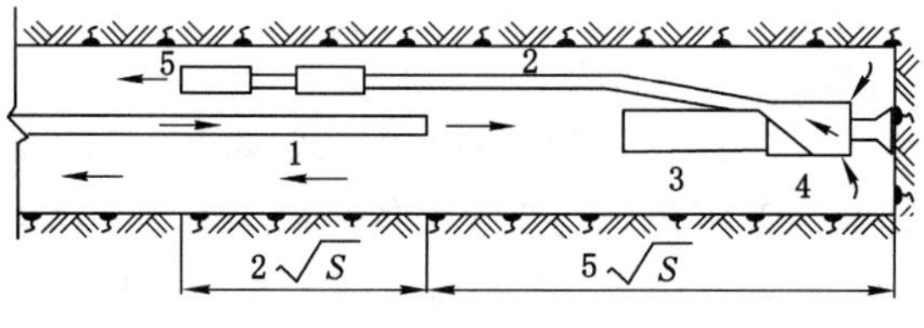

图 7-10　机掘工作面长压短抽通风方式

1——压入式风筒；2——除尘风机；3——转载机；
4——掘进机；5——除尘器；S——巷道断面

（五）可控循环通风

当局部通风机的吸入风量大于全风压供给设置通风机巷道的风量时，则部分由局部用风地点排出的污浊风流，会再次经局部通风机送往用风地点，故称其为循环风。

循环通风分为掺有适量外界新风的循环通风和不掺有外界新风的循环通风。前者即为可控循环通风，也称为开路循环通风；后者称为闭路循环通风。如图 7-11 所示，除尘器出口送出的新鲜风流清洗工作面粉尘之后，风机1又把含尘的污浊风流吸入到除尘器中，经除尘器净化后，再送到掘进工作面重复使用，使工作面粉尘浓度达到卫生标准。爆破后，同时开动风机1和3，用很短的时间把炮烟排走，这种平时只开一台风机，排炮烟时才开两台风机的闭路循环通风方式，能节约电能。它仅适用于需要除尘和排炮烟的掘进巷道通风，故在冶金矿山中应用较多。在煤矿掘进通风中，工作面连续不断地涌出瓦斯等有害气体，当使用闭路循环系统时，因既无任何出口，也无法除去这些气体，在封闭的循环区域中的污染物浓度必然会越来越大。因此，《煤矿安全规程》规定：严禁采用循环通风。如果循环通风是在一个敞开的区域内，并且连续不断地有适量的新鲜风流掺入到重新返回的循环风流中，经理论与实践证明，这部分有控制的循环风流中的污染物浓度仅仅取决于该地区内污染物的产生率及流过该地区的新鲜风量的大小，故循环区域中任何地点的污染物浓度，都不会无限制地增大，而是经循环一定次数后趋于某一限值。

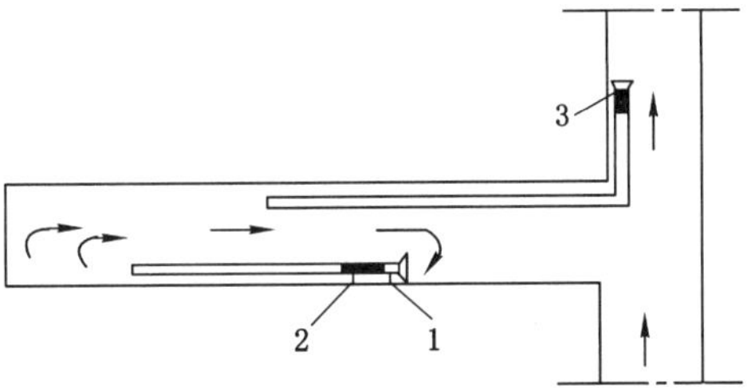

图7-11 闭路循环通风方式
1——压入式风机；2——除尘器；3——抽出式风机

在某些情况下，用常规的局部通风方法要达到掘进通风的基本要求就会有困难，例如前进式采煤工作面的超前平巷掘进头，如图7-12(a)所示，若要采用常规的压入式通风，它虽能有效地解决瓦斯和气候条件问题，但无法控制掘进巷道内的矿尘浓度，并且对采煤工作面进风流的矿尘浓度也会产生影响；若要采用常规的抽出式通风，由于采煤工作面内无法安设局部通风机，故只能安装在工作面外部，当工作面平巷很长时，这样做是很困难的。在回风巷一侧，如图7-12(b)所示，情况正好相反，采用抽出式通风采煤工作面含尘风流直接进入掘进头，采用压入式通风则需把局部通风机置于采场通风系统之外。另一种方法是混合式，但因超前掘进巷道长度一般很短，难以布置两台局部通风机，另外掘进巷道内的风速也会很低，因此都非最佳方案。如果采用可控循环通风，进风侧采用抽出式通风，局部通风机安在进风巷内，如图7-12(a)所示，经风机前置除尘器过滤后，流出局部通风机与外部新风混合，其中一部分会再次进入掘进头循环使用。由于污风在与新风混合前经过了过滤，因而可以减轻或消除掘进头产生的矿尘对采、掘工作面进风流的污染。在回风侧采用压入式通风，局部通风机安在回风巷内，如图7-12(b)所示，风流过滤后再经局部通风机压入掘进头，清洗掘进头后与采煤工作面回风流混合，其中一部分流入回风道，另一部分再次进入掘进头循环使用。用这种方法可减轻或消除采煤工作面产生的矿尘对掘进头进风的污染。

可控循环通风除了在压入式和抽出式通风中应用外，在长距离巷道掘进的混合式通风中也有采用。在长抽短压式通风中，如图7-12(c)所示，先启动抽出式风机后启动压入式风机，外部进入的新风先清洗掘进头，其中一部分污风经风筒，由抽出式风机排出，另一部分污

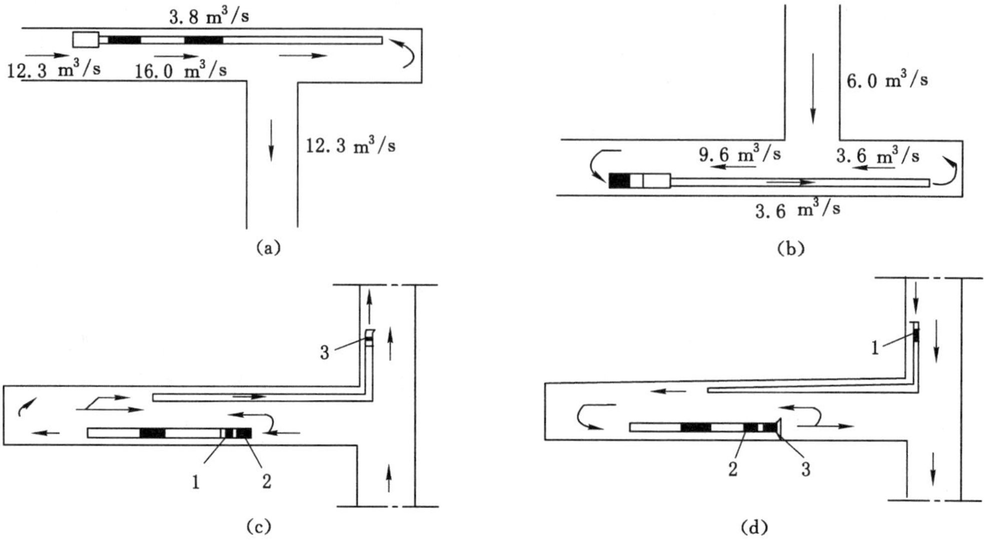

图 7-12 可控循环通风布置示意图

1——压入式风机；2——除尘器；3——抽出式风机

风在压入式局部通风机的作用下，流过两列风筒重叠段巷道，再次与外部新风混合经风机前置除尘器过滤后，由局部通风机压入掘进头循环使用，从而形成可控循环通风。

在长压短抽式通风中，如图 7-12(d)所示，当抽出式风机风量大于压入式风机风量时也能产生循环风。先启动压入式风机后启动抽出式风机，新风由压入式风机和风筒送入掘进头，污风全部通过抽出风筒，经前置除尘器过滤后，由抽出式风机排出，其中一部分风流(其量约等于压入式风机风量)沿掘进巷道排入外部贯穿风流中，另一部分风流(其数量等于两风机风量差)在抽出式风机的作用下通过两列风筒重叠段巷道，再次与压入风筒流出的新风混合进入掘进头循环使用，从而形成可控循环通风。

可控循环局部通风具有下列优点：

(1) 采用混合式可控循环通风时，掘进巷道风流循环区内(即从后置风筒口至掘进工作面)的风速较高，避免了瓦斯层状积聚，同时也降低了等效温度，改善了掘进巷道中的气候条件。

(2) 当在局部通风机前配置除尘器时，可降低矿尘浓度。

(3) 在供给掘进工作面相同风量条件下，可降低通风能耗。

可控循环局部通风的缺点是：

(1) 由于流经局部通风机的风流中含有一定浓度的瓦斯和粉尘，因此，必须研制新型防爆除尘风机。

(2) 循环风流通过运转风机的加热，再返回掘进工作面，使风温上升。

(3) 当工作面附近发生火灾时，烟流会返回掘进工作面，故安全性差，抗灾能力弱，灾变时有循环风流通过的风机应立即进行控制，停止循环通风，恢复常规通风。

因此，对使用可控循环通风提出下列要求：

(1) 在可控循环通风系统中，必须装有瓦斯、风量、粉尘自动监测装置及可靠的报警装置，同时还必须进行常规环境检测分析。

(2) 对循环风机实现自动开关和风量控制。对使用可控循环风的混合式通风，抽出式与压入式的两台风机间须设闭锁装置，保证主要的局部通风机启动后，有循环风通过的风机再启动，以免形成闭路循环风流。同时必须适当地控制抽出式与压入式两台局部通风机的风量比，以获得可控循环通风的最佳除尘和降温效果。

二、矿井全风压通风

全风压通风是利用矿井主要通风机的风压，借助导风设施把主导风流的新鲜空气引入掘进工作面。其通风量取决于可利用的风压和风路风阻。按其导风设施不同可分为：

1. 风筒导风

如图 7-13 所示，在巷道内设置挡风墙截断主导风流，用风筒把新鲜空气引入掘进工作面，污浊空气从独头掘进巷道中排出。此种方法辅助工程量小，风筒安装、拆卸比较方便，通常用于需风量不大的短巷掘进通风中。

2. 平行巷道导风

如图 7-14 所示，在掘进主巷的同时，在附近与其平行掘一条配风巷，每隔一定距离在主、配巷间开掘联络巷，形成贯穿风流，当新的联络巷沟通后，旧联络巷即封闭。两条平行巷道的独头部分可用风障或风筒导风，巷道的其余部分用主巷进风、配巷回风。此方法常用于煤巷掘进，尤其是厚煤层的采区巷道掘进中。当运输、通风等需要开掘双巷时，此法也常用于解决长巷掘进独头通风的困难。

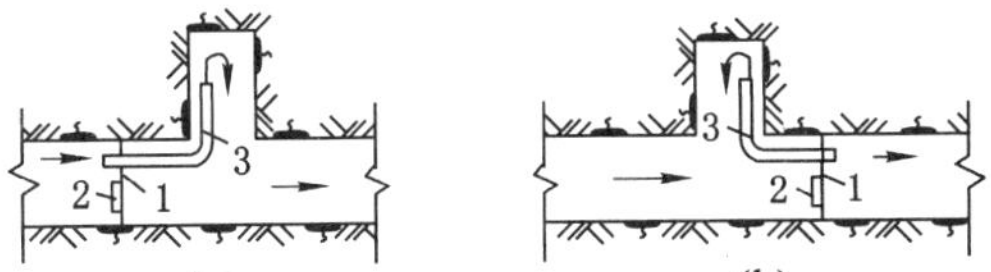

(a)　(b)

图 7-13　风筒导风

1——密闭墙；2——风窗；3——风筒

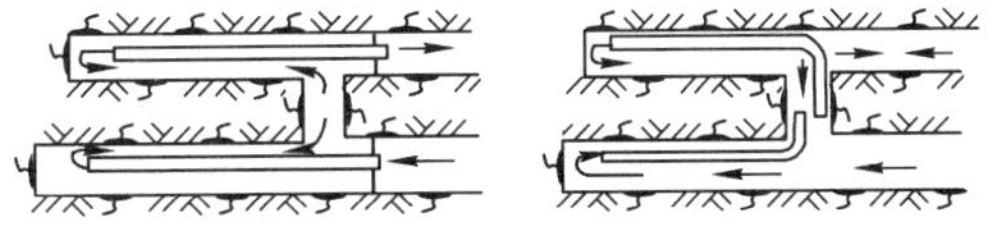
(a)　(b)

图 7-14　平行巷道导风

3. 钻孔导风

如图 7-15 所示，离地表或邻近水平较近处掘进长巷反眼或上山时，可用钻孔提前沟通掘进巷道，以便形成贯穿风流。为克服钻孔阻力，增大风量，可用大直径钻孔（300～400 mm）或在钻孔口安装风机。这种通风方法曾被应用于煤层上山的掘进通风，取得了良好的排瓦斯效果。

4. 风障导风

如图 7-16 所示，在巷道内设置纵向风障，把风障上游一侧的新风引入掘进工作面，清洗后的污风从风障下游一侧排出。在短巷掘进时，可用木板、竹、帆布；长巷掘进时，可用砖、石、混凝土等材料构筑风障。这种导风方法，构筑和拆除风障的工程量大。适用于短距离或无其他好方法可用时采用。

在主要通风机正常运转，并有足够的全风压克服导风设施的阻力时，全风压通风能连续供给掘进工作面所需风量，而无须附加通风动力，管理方便，但其工程量大、使用风障有碍运输。因此在瓦斯涌出量大、使用通风设备不安全或技术不可行的局部地点，可以使用全风压通风。但是，如果全风压通风在技术上不可行或经济上不合理，则必须借助专门的通风动力设备，对掘进工作面进行局部通风。

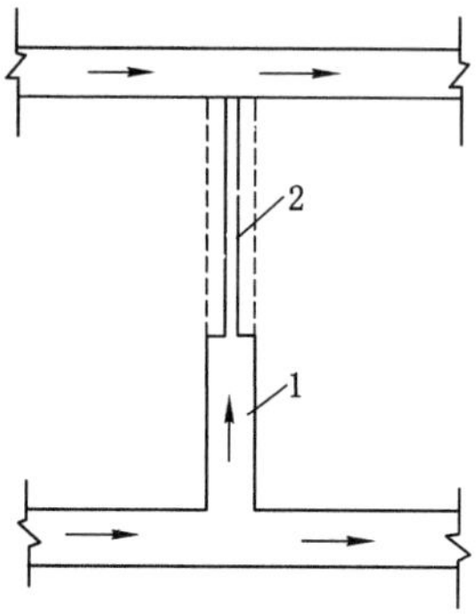

图 7-15 钻孔导风

1——上山；2——钻孔

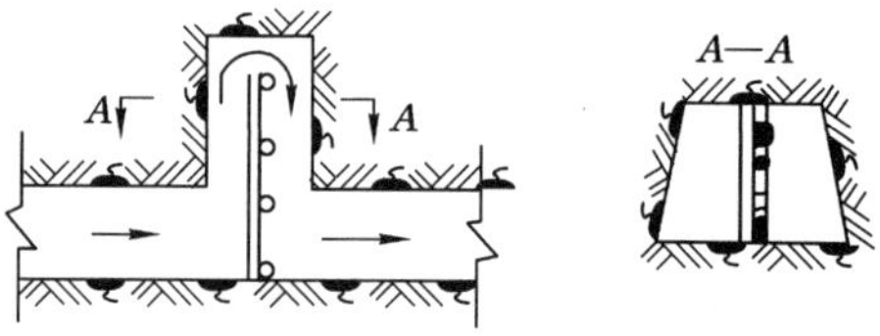

图 7-16 风障导风

三、引射器通风

利用引射器产生的通风负压，通过风筒导风的通风方法称引射器通风。引射器通风一般都采用压入式，其布置如图 7-17 所示。水力引射器在某些用水砂充填管理顶板的矿区如抚顺、鹤岗等应用较广。

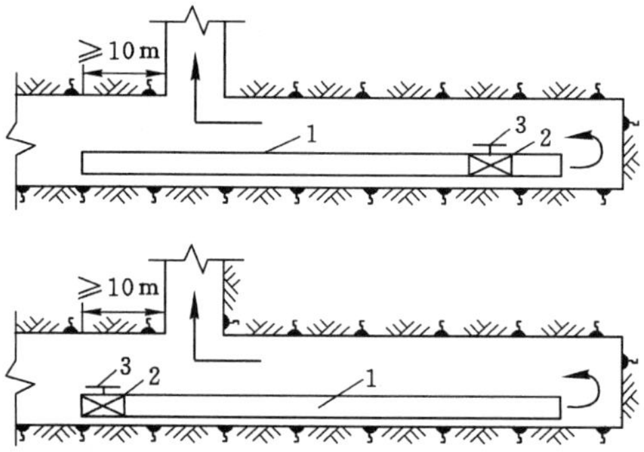

图 7-17 引射器通风

1——风筒；2——引射器；3——水管(或风管)

引射器通风的优点是无电气设备，无噪声，还具有降温、降尘作用。在煤与瓦斯突出严重的煤层掘进时，用它代替局部通风机通风，设备简单，安全性较高。其缺点是风压低、风量小、效率低，并存在巷道积水问题。故这种方法适用于需风量不大的短距离巷道掘进通风。在含尘大、气温高的采掘机械附近，采取水力引射器与其他通风方法(全风压或局部通风机)联合使用形成混合式通风，使用的前提条件是有高压水源或气源。

第二节 掘进工作面通风系统设计

掘进工作面通风的主要目的是排出炮烟、稀释瓦斯和供给人员呼吸。因此，掘进工作面需风量应按以上三个条件分别计算，取其中最大值作为供风标准。

一、掘进需风量计算

(一) 按排出炮烟计算

掘进工作面爆破后产生的炮烟，其主要有毒气体有一氧化碳和氮氧化物。氮氧化物有几种组合形式(NO、NO_2、N_2O_4、N_3O_5)，且很不稳定，因此规定将氮氧化物折算成一氧化碳(一份氮氧化物相当于6.5份一氧化碳)，而以此二者之和称为当量一氧化碳，作为爆破后有毒气体生成量指标。爆破后，独头巷道内有毒气体浓度大大超过允许浓度，有害于人体健康，甚至会发生炮烟熏人事故。因此，掘进通风的主要任务之一就是迅速将巷道内的当量一氧化碳浓度降低到允许浓度以下。

1. 压入式通风的风量计算

压入式通风的风量我国多采用苏联B.H.沃洛宁公式，当风筒出口到工作面的距离 $L_{压} \leqslant L_{射}=4\sim5$ m时，工作面所需风量或风筒出口的风量应为：

$$Q_{需}=\frac{0.465}{t_{通}}\left(\frac{GbS^2L_{掘}{}^2}{P_{漏}^2\ c_p}\right)^{1/3} \tag{7-3}$$

式中　$Q_{需}$——压入式通风所需风量，m^3/min；

$t_{通}$——通风时间(min)，一般取20～30 min；

G——同时爆破的炸药量，kg；

b——每千克炸药生成的当量一氧化碳，煤巷爆破取100 L/kg，岩巷爆破取40 L/kg；

S——掘进巷道净断面积，m^2；

$L_{掘}$——掘进巷道通风长度，m；

$P_{漏}$——风筒进出风量比，即局部通风机风量与风筒末端风量之比；

c_p——一氧化碳浓度的容许值(%)，$c_p=0.02\%$。

若取 $b=100$ L/kg 作为通风的初步要求以计算所需风量，通风时间到了后还要继续通风，使一氧化碳浓度降至卫生标准 $c_p=0.02\%$ 时，式(7-3)可以写成：

$$Q_{需}=\frac{7.8}{t_{通}}\left(\frac{GS^2L_{掘}{}^2}{P_{漏}{}^2}\right)^{1/3} \tag{7-4}$$

当掘进巷道距离较短时，爆破后炮烟浓度可能在没被稀释到允许浓度就排出掘进巷道，此时，上式中的掘进巷道通风长度 $L_{掘}$ 取该巷道的长度。当掘进巷道较长，炮烟在巷道中向前推移的过程中，由于巷道断面上风速分布不均产生的紊流变形，以及炮烟前部在推移过程中不断被巷道中的新鲜空气稀释，炮烟浓度可能在被排出掘进巷道以前就已降到允许浓度以下，掘进工作面至稀释炮烟到允许浓度的距离称作炮烟稀释安全长度($L_{稀}$)。此时，掘进巷道通风长度应取炮烟稀释安全长度，$L_{稀}$ 可按式(7-5)计算：

$$L_{稀}=400\frac{G}{S} \tag{7-5}$$

式中　G——同时爆破的炸药量，kg；

S——掘进巷道净断面积，m^2。

2. 抽出式通风的风量计算

当风筒吸风口离工作面距离小于有效吸程、爆破后立即进行通风时，抽出式通风的风量 $Q_{需}$ 可按式(7-6)计算：

$$Q_{需}=\frac{0.254}{t_{通}}\sqrt{\frac{GbSL_{掘}}{c_p}} \tag{7-6}$$

式中　符号含义同前。

在巷道掘进通风中，如果风筒吸风口距工作面的长度超过有效吸程时，尽管风量充足，但排烟效果仍然很差。实际生产中风筒吸风口距工作面长度一般都大于有效吸程，否则，爆破时易将风筒崩破。为提高抽出式通风效果，设一套爆破后使风筒前移的装置是有很大实际意义的。

3. 混合式通风的风量计算

采用混合式通风时，抽出式装置的作用如同使压入式通风的巷道长度缩短，因此，掘进工作面所需风量可按式(7-4)计算。式中 $L_{掘}$ 取抽出式风筒口到工作面的距离。

为防止循环风，让抽出式风筒吸风口与压入式局部通风机之间有新鲜风流通过，抽出式风筒口的吸风量应大于压入式局部通风机通过的风量。抽出式风筒口的吸风量可按式(7-7)或式(7-8)计算：

$$Q_{抽} = (1.2 \sim 1.25) Q_{压} \tag{7-7}$$

或

$$Q_{抽} = Q_{压} + 60vS \tag{7-8}$$

式中　$Q_{压}$——压入式局部通风机通过的风量，m^3/min；

v——掘进巷道规定的最低风速，岩巷取 0.15 m/s，煤巷取 0.25 m/s；

S——掘进巷道净断面积，m^2。

（二）按瓦斯涌出量计算

在有瓦斯涌出的巷道掘进工作面内，其所需风量应保证巷道内任何地点瓦斯浓度不超限，其值可按式(7-9)计算：

$$Q_{需} = \frac{100Q_{CH_4}}{c - c_k} \cdot K_{瓦} \tag{7-9}$$

式中　$Q_{需}$——按瓦斯涌出量计算掘进工作面所需的风量，m^3/min；

Q_{CH_4}——巷道中平均瓦斯涌出量，m^3/min；

c——掘进巷道回风流中瓦斯的允许浓度，按体积计算，1%；

c_k——掘进巷道进风流中瓦斯浓度，%；

$K_{瓦}$——瓦斯涌出不均衡系数，应根据实测资料确定，无实测资料时，取 1.5～2，煤炭科学研究总院抚顺分院建议取 1.6。

（三）按同时工作最多人数计算

《煤矿安全规程》规定：按井下同时工作的最多人数计算，每人每分钟供给风量不得少于 4 m^3。所以掘进工作面风量可用式(7-10)计算：

$$Q = 4N \tag{7-10}$$

式中　Q——掘进工作面所需风量，m^3/min；

N——掘进巷道内同时工作最多人数。

掘进工作面的风量应同时满足上述三个条件，因此，应从以上计算结果中取其中最大值作为掘进工作面所需风量。由于井巷中的风速过低或过高，都会影响人体健康和安全生产，所以必须按风速进行验算。

按《煤矿安全规程》规定，掘进工作面风速应符合下列条件：

$$Sv_{min} \leqslant Q_{需} \leqslant Sv_{max} \tag{7-11}$$

式中　S——掘进巷道净断面积，m^2。

$Q_{需}$——掘进工作面风量，m^3/min。

v_{min}、v_{max}——掘进巷道最低、最高允许风速(m/s)，一般 v_{min} 岩巷取 0.15 m/s，煤巷、半煤岩巷取 0.25 m/s；v_{max} 各种巷道均取 4 m/s。

如果掘进巷道内有瓦斯涌出，因瓦斯较轻而有上浮的特性，当巷道中风速低于一定值，将会形成顶板瓦斯层状积聚，一般认为排除瓦斯最低风速为 0.5～1 m/s。

二、掘进工作面通风设备的选择

掘进通风设备的选择是否合理，是能否很好地完成通风任务的关键。其主要设备是局部通风机和风筒。

(一) 风筒选择

风筒是最常见的导风装置。对风筒的基本要求是漏风小、风阻小、重量轻、拆装简便。

1. 风筒种类

掘进通风使用的风筒有金属风筒和帆布、胶布、人造革等柔性风筒。

柔性风筒只适用于压入式通风。为了满足抽出式通风的要求，目前有用金属整体螺旋弹簧钢丝为骨架的塑料布风筒。常用的风筒直径有 300 mm、400 mm、500 mm、600 mm 和 800 mm 等。

刚性风筒是用金属板或玻璃钢材制成。玻璃钢风筒比金属风筒轻便，抗酸，碱腐蚀性强，摩擦阻力系数小。

柔性风筒是应用更广泛的一种风筒，通常用橡胶、塑料制成。其最大优点是轻便，可伸缩，拆装运搬方便。如图 7-18 所示。

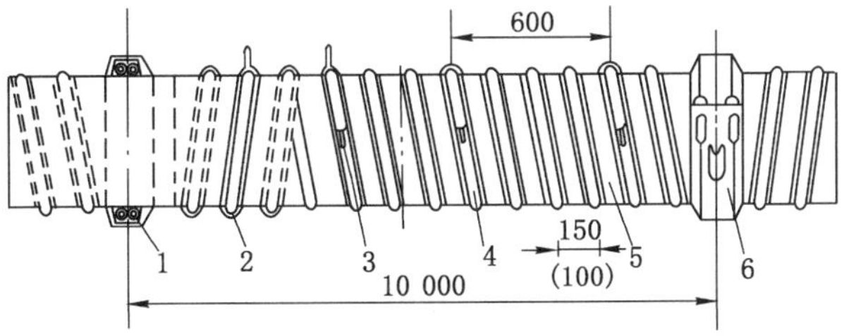

图 7-18 柔性风筒

2. 风筒的接头

风筒的接头方法与接头质量直接影响风筒的漏风和风筒的风阻。

铁风筒不易破损。一般只有在接头处才会产生漏风。铁风筒用法兰盘和螺栓连接，法兰盘之间要加垫圈，垫圈可用石棉绳、毛毡等材料制作。对使用期限较长，遇过风量较大的风筒，常采用橡胶垫圈。为减少漏风，全部螺栓必须拧紧。

柔性风筒主要是接头和针眼漏风。其中接头漏风程度主要取决于接头形式。常用的接头形式有如下几种：

(1) 插接

柔性风筒的两端都有供连接用的铁环。插接是把前一节风筒末端的铁环顺风流方向插入下一节风筒的铁环中，然后拉紧风筒使铁环靠紧，最后用铁丝将两环之间扎紧。这种接头方式操作简便，但不牢固，漏风量也比较大，故不能用于长距离通风。

(2) 反边连接

反边连接具有严密、牢固、漏风量小等优点，是目前各矿采用最广泛的一种接头方式。反边接头有单反边、双反边和多反边。

① 单反边连接，如图 7-19 所示。其连接程序是：首先将铁环 1 套入风筒一端并留 200～300 mm 的反边，然后将留出的反边折回后将铁环 1 缝牢，如图 7-19(a)所示；再将风流方向有铁环 1 的风筒插入有铁环 2 的风筒内，拉紧风筒，使两铁环靠紧，如图 7-19(b)所示；将风筒 1 留出的那段反边翻套在两个铁环上，如图 7-19(c)所示；最后用铁丝在两铁环之间将反边绑紧即成。

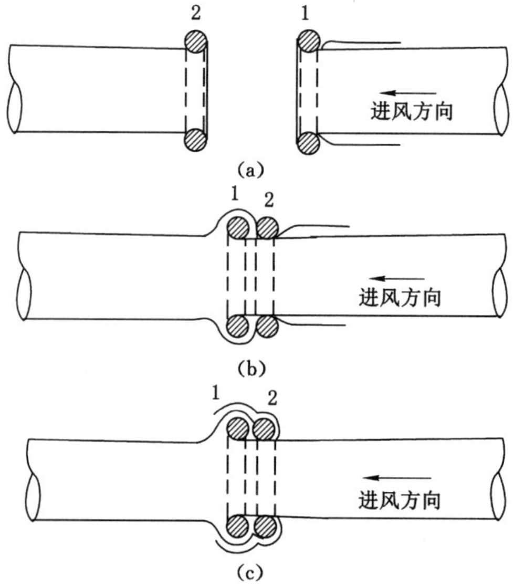

图 7-19　单反边接头

1，2——缝有铁环的风筒接头

② 双反边连接。在两节风筒接头端各留出一段反边的长度，在前述单反边的基础上，将风筒 2 留出的反边再翻套一次即可。

③ 多反边连接。在双反边连接时，如果增加预留的反边长度。在双反边连接的基础上，再多翻套几次即为多反边连接。

(3) 罗圈连接

罗圈连接又较反边连接漏风少、阻力小，而且更牢固。图 7-20 所示为罗圈连接法的连接程序。罗圈是用 1.5 mm 厚、100 mm 宽的铁板做成，其直径稍小于风筒直径，在铁圈外面焊上两个直径为 6～7 mm 钢筋做成的铁环，以便接好风筒后用铁丝绑紧。连接时，先将风筒一端伸入铁圈内，之后将风筒翻套在罗圈上，翻套长度约为 250 mm，如图 7-20(a)所示；再将另一节风筒套在前一节风筒外面，套入长度约为 200 mm，如图 7-20(b)所示；然后将两个接头翻套于罗圈上。如图 7-20(c)所示，最后用铁丝在罗圈上的两个铁环之间将翻套部分绑紧即成。

(4) 胶粘连接

罗圈连接法仍有漏风，且接头处有局部风阻。为杜绝接头漏风和接头的局部风阻，可采用胶粘连接法。即将 10 m 一节的胶皮风筒 5～10 节胶粘在一起，使每节风筒的节长为 50～

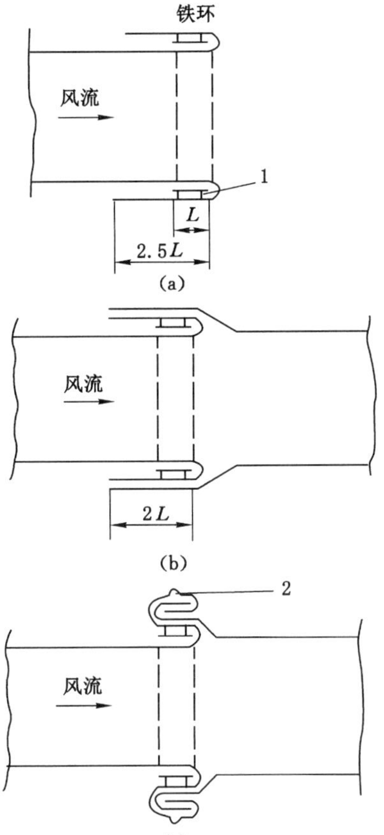

图 7-20 罗圈连接

1——罗圈;2——铁丝

100 m,从而减少了接头数,也减少了漏风和接头的局部风阻。

图 7-21 所示为枣庄矿胶粘风筒采用的圆胎支撑粘接法。圆胎由 1.5 mm 厚的铁板做成宽 300 mm 的两个半圆铁胎,其中一头用螺钉连接,另一头则能灵活张开,如图 7-21(a)所示。粘接方法如图 7-21(b)所示,将一节风筒的一端穿过圆胎并留出 450～500 mm 的边,反边包上圆胎后再将余下的边反褶过来;然后将另一节风筒的一端反边 150～200 mm 套在圆胎上,并在两个半圆铁胎接合处加木楔;最后,在两节风筒反边处涂上胶浆,并将未穿过铁胎那节风筒的反边翻过来,贴在前一节风筒涂胶浆的地方,压实粘接处,取下圆胎即成。

这种连接方法粘合处光滑平整,无褶皱和卡腰,相当于增加了风筒的节长。

(5) 缝合粘接

缝合粘接法是增加风筒节长的另一种连接形式。它也能够消除接头漏风和接头的局部风阻。缝合粘接方法如图 7-22 所示,先将两节风筒首尾相接缝合在一起,然后在风筒接头处内外皆用胶布粘贴起来。

上述各种不同的接头方式,它们接头处的漏风和局部风阻差别很大,具体见表 7-1。

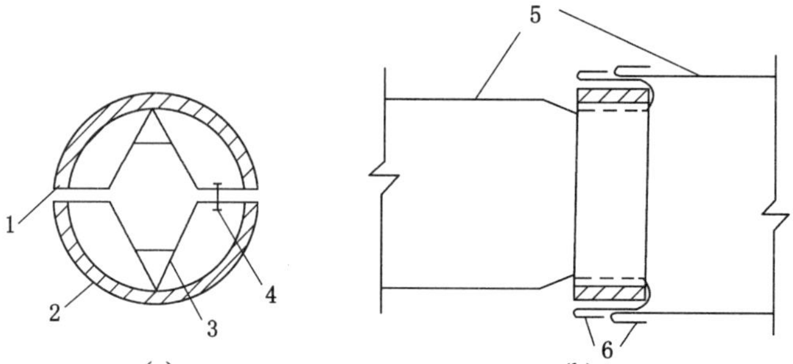

图 7-21 圆胎支撑粘接法

1——加木楔处;2——半圆胎具;3——拉杆;4——螺钉;5——风筒;6——涂胶浆处

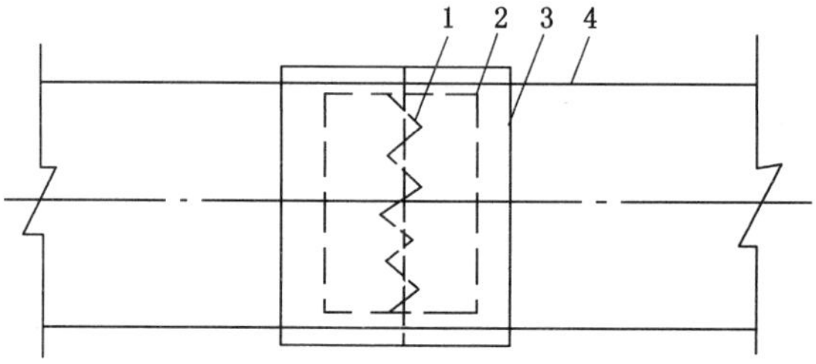

图 7-22 缝合粘接法

1——缝接线;2——内贴胶布;3——外贴胶布;4——风筒

表 7-1 **各种接头的漏风量和风阻**

接头方式	平均每个接头漏风量 /(m^3/min)	平均每个接头风阻 /($N \cdot s^2/m^8$)	接头方式	平均每个接头漏风量 /(m^3/min)	平均每个接头风阻 /($N \cdot s^2/m^8$)
插接	0.86	2.6	罗圈接头	0.10	0.17
双反边接头	0.46	3.4	胶粘接头	0.00	0.000

3. 风筒漏风的计算

实践证明,影响掘进通风效果的主要因素之一是风筒漏风。通常用下述指标来衡量风筒的漏风状况:

漏风系数 $P_{漏}$:局部通风机工作风量与风筒出风口风量的比值,即:

$$P_{漏}=\frac{Q_{通}}{Q_{出}} \tag{7-12}$$

漏风率($C_{漏}$):风筒漏风量与局部通风机工作风量之比的百分数,即:

$$C_{漏}=\frac{Q_{通}-Q_{出}}{Q_{通}}\times 100\% \tag{7-13}$$

有效风量率($P_{有效}$):掘进工作面有效风量与局部通风机工作风量之比的百分数,即:

$$P_{有效}=\frac{Q_{出}}{Q_{通}}\times 100\% \tag{7-14}$$

百米漏风率(P_{100}):平均每百米风筒漏风量与通风机工作风量之比的百分数,即:

$$P_{100}=\frac{Q_{通}-Q_{出}}{Q_{通}L_{筒}}\times 100\times 100\% \tag{7-15}$$

式中 $Q_{通}$——局部通风机工作风量，m^3/min；

$Q_{有效}$——工作面有效风量，m^3/min；

$L_{筒}$——风筒全长，m。

在风筒一定条件下，风筒的漏风率与长度有密切关系。为了对不同通风长度的风筒管理便于比较其漏风情况，一般常用百米漏风率来衡量风筒漏风程度。对柔性风筒，百米漏风率的一般要求见表 7-2。

表 7-2　　柔性风筒百米漏风率

风筒全长/m	<200	200～500	500～1 000	1 000～2 000	>2 000
限定最大百米漏风率/%	<15	<10	<3	<2	<1.5

（二）风筒风阻的计算

风筒的风阻包括摩擦风阻与接头、拐弯等局部风阻。风筒的摩擦风阻计算方法与井巷摩擦风阻计算方法相同。但因风筒断面多为圆形，故 $U=\pi D$，$S=1/4\pi D^2$，所以风筒的摩擦风阻可用式(7-16)计算：

$$R_{摩}=6.5\frac{\alpha L_{筒}}{D^5} \tag{7-16}$$

式中 $R_{摩}$——风筒的摩擦风阻，$N\cdot s^2/m^8$；

α——风筒的摩擦阻力系数，$N\cdot s^2/m^4$；

$L_{筒}$——风筒全长，m；

D——风筒直径，m。

柔性风筒的摩擦风阻与风筒内静压有关。静压大，风筒绷得很紧，摩擦阻力系数变小，如图 7-23 曲线 Ⅰ 所示，静压大，风筒向外膨胀，接头的钢圈相对内陷，因此接头的局部风阻(ΔR)和局部阻力系数(ξ)都变大，如图 7-23 曲线 Ⅱ、Ⅲ 所示。

风筒的接头、拐弯、变径或分岔、汇合等局部风阻均可按式(7-17)计算：

$$R_{局}=\xi\frac{\rho}{2S^2} \tag{7-17}$$

式中 $R_{局}$——风筒局部风阻，$N\cdot s^2/m^8$；

ξ——与其对应的局部阻力系数；

ρ——空气密度，kg/m^3；

S——风筒断面积，m^2。

风筒的总风阻可用式(7-18)计算：

$$R=6.5\frac{\alpha L_{筒}}{D^5}+n_{筒}\xi_{接}\frac{\rho}{2S^2}+\sum\xi_{弯}\frac{\rho}{2S^2}+R_0 \tag{7-18}$$

式中 R——风筒全长的总风阻，$N\cdot s^2/m^8$；

$n_{筒}$——风筒的接头数，个；

R_0——其他局部风阻，$N\cdot s^2/m^8$；

其余符号意义同前。

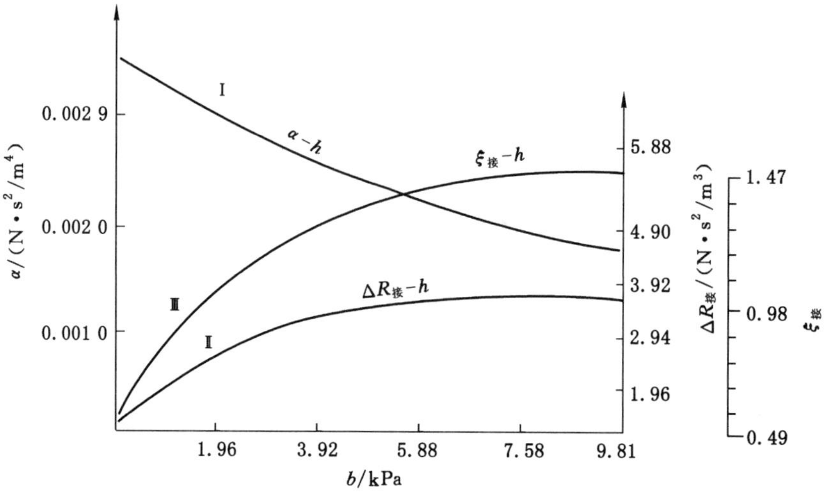

图 7-23 柔性风筒的摩擦阻力系数、接头局部阻力系数与风压的关系

由于柔性风筒的摩擦阻力系数和局部阻力系数受诸多因素的影响，都不是常数，而且变化幅度又很大，因此难以求得风筒总风阻的精确值。而且风筒的风阻值与风筒维护和管理也有着密切关系。现场常根据实测的风阻求出平均百米风筒的风阻值，称为百米风阻，其中包括摩擦风阻和接头等局部风阻。以百米风阻值作为衡量通风管理质量的指标之一，也可作为局部通风的设计依据。

在实际工作中，柔性风筒的摩擦阻力系数和接头局部风阻值最好通过实测确定。无实测资料时，柔性风筒的摩擦阻力系数与接头局部风阻值 $R_{局}$ 可按表 7-3 取值。

表 7-3　柔性风筒的摩擦阻力系数与接头局部风阻值 $R_{局}$

风筒直径/mm	摩擦阻力系数 $\alpha\times10^4$ /(N·s²/m⁴)	每个接头风阻 $R_{局}$ /(N·s²/m⁸)	备注
<400	29.4	3.136	接头为插接、反边接头
400～600	24.5～29.4	294～2.45	
700～1 000	24.5～19.6	2.45～1.96	

（三）风筒直径的确定

确定风筒直径的主要依据是造风量的大小和送风距离的长短。当通过风量较大，且送风距离较长时，应选用大直径风筒。因风筒风阻与风筒直径的 5 次方成反比，假定直径 300 mm 和直径 1 000 mm 风筒的摩擦阻力系数相同，前者的摩擦风阻力是后者的 411.5 倍。所以选用大直径风筒可以减少通风阻力，保证工作面的风量，又能使风筒中的风速适中（风筒内的风速一般以 10～20 m/s 为宜）。还应考虑巷道断面及运输条件，如果大直径风筒影响运输，小直径风筒又不能满足通风要求时，可以考虑双风筒并联供风，如图 7-24 所示。

选择风筒除考虑技术可行外，还要考虑经济合理。风筒直径小成本低，但耗电量大；风筒直径大成本高，但耗电量小。选择风筒时应根据具体条件综合考虑，但必须保证在送风达

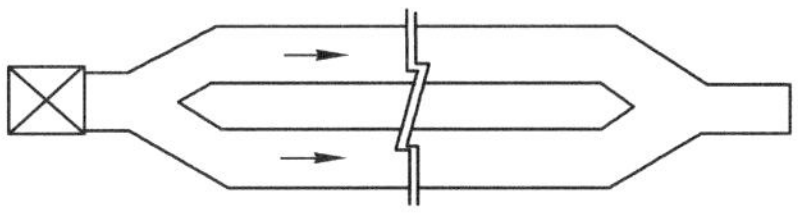

图 7-24　双风筒并联供风示意图

最大距离时，与局部通风机相配合能满足工作面所需风量，且通风机工况点在合理工作范围。

根据实际经验，井巷施工，非抽出式通风时，应尽量选用柔性风筒，通风距离在 200 m 以内可选用直径为 400 mm 的风筒；通风距离在 200～500 m 时，可选用直径为 500 mm 的风筒；通风距离在 500～1 000 m 时，可选用直径为 600～800 mm 的风筒；通风距离在 1 000 m 以上，应选用直径为 800～1 000 mm 的风筒。

（四）局部通风机选择

局部通风机应根据局部通风机的工作风量和工作风压来选择。

1. 局部通风机风量的确定

局部通风机工作风量可用下式计算：

$$Q_{通} = P_{漏} Q_{出} \tag{7-19}$$

柔性风筒的漏风系数 $P_{漏}$，可根据所在矿区的实测数据确定。若无实测数据时，可按表 7-4 选取。

表 7-4 中数据是风筒接头方式为插接，风筒节长为 20 m，在安装管理良好的条件下测得的，应用时可根据实际情况选取。

表 7-4　　柔性风筒的漏风系数 $P_{漏}$

风筒长/m	50	100	150	200	250	300	400	500	600	700	800
漏风系数	1.04	1.08	1.11	1.14	1.16	1.19	1.25	1.30	1.35	1.38	1.43
有效风量率/%	96	93	90	88	86	84	80	77	74	72	70
漏风率/%	4	7	10	12	14	16	20	23	26	28	30

2. 局部通风机风压的确定

局部通风机的工作风压是由风筒总风阻和风筒中通过风量决定的。风筒的平均风量可由式(7-20)求得：

$$Q_{均} = \sqrt{Q_{出} \cdot Q_{通}} \tag{7-20}$$

式中　$Q_{均}$——风筒平均风量，m^3/min；

$Q_{出}$——风筒末端风量，m^3/min；

$Q_{通}$——局部通风机工作风量，m^3/min。

风筒中的风量，由于风筒漏风，应求其平均值。一般认为风筒漏风为连续性均匀漏风，故采用几何平均值法求平均风量较合理，又较简便。

由于我国局部通风机实际运转特性曲线为全压特性曲线，且多用压入式通风，所以应计算局部通风机的全压 $h_{通全}$：

$$h_{通全} = RQ_{均}^{2} + h_{速} \tag{7-21}$$

即：

$$h_{通全} = RQ_{出}Q_{通} + h_{速} \tag{7-22}$$

$$h_{速} = \frac{1}{2}\rho v^2 = \frac{\rho Q_{出}^2}{2S^2} \tag{7-23}$$

式中 R——风筒总风阻，$N \cdot s^2/m^8$；

$h_{速}$——风筒出口速压，Pa；

S——风筒出口断面积，m^2；

其余符号意义同前。

3. 局部通风机选择

根据局部通风机工作风压和工作风量，即可选取局部通风机，也可根据局部通风机特性曲线按通风机合理工作范围的要求选取局部通风机。如果选用单台局部通风机不能满足通风要求时，可考虑选用两台或多台局部通风机联合作业。

由于轴流式局部通风机体积小，在井下使用安装方便，并且便于串联通风，因此，井下掘进通风多选用轴流式局都通风机。对于大断面、长距离巷道掘进，以及开凿井筒时的通风，选用离心式通风机较为合理。因为离心式风机效率高、噪声低，且电机在机壳外面，乏风不经过电机，故安全性好。

由于目前我国对不同送风距离的各种风筒的阻力系数、风阻和漏风率还未做系统的标准测定，因此，按上述步骤计算的局部通风机工作风压，工作风量和风筒风阻等都有一定误差，在选择局部通风设备时仅供参考。

在实际工作中，通常不进行局部通风机和风筒的选择计算，而是根据原有设备情况，按各矿的实际经验配套选用。对无瓦斯及煤尘爆炸危险的井巷掘进通风，可考虑选用无声对旋式通风机或低噪声混流式通风机。

（五）通风设备的安装与管理

在掘进通风管理中，要严格执行局部通风机通风设备的安装、维护与管理制度。合理安装和使用局部通风机通风设备不仅是提高掘进通风效果的重要措施，也是防止瓦斯、煤尘爆炸事故的重要环节。

1. 局部通风机安装

（1）压入式通风

为防止循环风，压入式局部通风机和启动装置必须安装在进尺巷道中，距回风口不得小于10 m。局部通风机的吸入风量必须小于全风压供给该处的风量。为使局部通风机至巷道口一段巷道有新鲜风流通过，安装局部通风机处巷道的风量和局部通风机工作风量应符合下式：

$$Q_{入} = Q_{出} + 60vS \tag{7-24}$$

式中 $Q_{入}$——安装局部通风机处巷道的风量，m^3/min；

$Q_{出}$——局部通风机的工作风量，m^3/min；

v——局部通风机至掘进巷道口的最低允许风速，取 0.15～0.25 m/s；

S——安装局部通风机巷道的断面积，m^2。

（2）抽出式通风

抽出式局部通风机应安设在掘进巷道口的回风侧，距掘进巷道口不得小于 10 m，局部通风机风量亦应小于全风压供给该巷道的风量。

(3) 混合式通风

抽出式风筒吸风口与工作面距离应大于炮烟抛掷区长度，并且要超前压入式局部通风机 10 m 以上。为防止循环风，保证该段巷道通过新鲜风流，抽出式风筒口的吸风量应大于压入式局部通风机的工作用量。压入式局部通风机要随工作面的推进而前移，抽出式风筒也要相应地接长。

2. 风筒的安装与管理

为保证掘进工作面的通风效果，及时排出炮烟，风筒口距工作面不得超过有效射程(或有效吸程)。

在长距离通风中，由于风筒长、阻力大，局部通风机启动时易将柔性风筒鼓破或烧毁电动机，应采用“三启三停”操作方法，使柔性风筒逐渐张开，然后再让局部通风机正常运转。

三、掘进工作面局部通风设计

掘进工作面是瓦斯煤尘燃爆事故的多发地点，也是矿井通风管理的核心地点之一，因此，在矿井开拓或准备采区时，应编制巷道掘进时的局部通风设计。

局部通风设计是煤矿开采和矿井通风设计的重要组成部分。因为掘进工作面的供风量和瓦斯涌出的大小，是关系到能否发生瓦斯超限和积聚乃至燃爆事故的两个至关重要的参数，所以，在设计中必须根据该处全风压供风量和瓦斯涌出量编制通风设计。而巷道掘进时采用何种通风方式(压入式、抽出式、混合式)、局部通风机安全的设置(必须安设在新鲜风流中且距回风口不得小于 10 m)、风筒的接设与吊挂等，都是严重影响局部通风机能否发生循环风、能否供给有效风量和使掘进工作面及其回风巷道内的风流瓦斯浓度达到《煤矿安全规程》规定以下的重要因素，关系到局部通风的稳定、可靠性。因此，掘进巷道的通风方式、局部通风及风筒的安设和使用等均应在作业规程中明确规定。

(一) 掘进工作面局部通风设计编制原则和要求

(1) 掘进巷道必须采用全风压或局部通风机通风，不得采用扩散通风。深度不超 6 m、入口宽度不小于 1.5 m、无瓦斯涌出的硐室，可采用扩散通风。

(2) 机电硐室必须设在进风流中，若设在回风流中，则必须制定安全措施，并在其入风口安设瓦斯自动报警断电装置(瓦斯浓度不超过 0.5%)。

(3) 掘进工作面的通风方式，必须符合《煤矿安全规程》的规定。

(4) 每个独立通风的掘进工作面的需要风量，应按瓦斯涌出量、炸药用量、作业人数等分别计算，用风速进行验算，并取其最大值。

(5) 局部通风设计必须履行审批程序。

(二) 局部通风设计及其说明书要包含的内容

(1) 掘进工作面的地点、名称、煤岩层别、最大送风距离。

(2) 施工队组名称、作业方式和劳工组织情况。

(3) 巷道设计断面、净断面大小和支护形式。

(4) 采区通风系统、局部通风方式和通风机安装地点，并附系统图。

(5) 掘进煤层的瓦斯参数及依据。

(6) 掘进工作面所需风量计算。

(7) 局部通风机及其设备选择。

(8) 明确瓦斯监测装置的安装、吊挂、断电浓度和断电范围，并附安装布置图。

(9) 掘进工作面供电设计报告,其中必须包括局部通风机和动力设备的供电系统图、“三专两闭锁”接线原理图、设备布置平面图以及风电闭锁试验和电气设备管理安全措施。

(10) 采取“边抽边掘”瓦斯措施时,要有瓦斯抽放设计报告,其中包括预计瓦斯涌出量、风排瓦斯量、边抽瓦斯量、边抽瓦斯工程量、钻孔布置及有关参数等,并附有抽放系统图。

第三节　掘进工作面通风管理

在新建、扩建或生产矿井中,要经常开掘大量的井巷工程。掘进工作面是矿井事故多发地点,由于掘进通风管理不善等造成瓦斯事故发生次数和死亡人数占整个瓦斯事故的80%左右。因此,对掘进通风及安全进行科学管理,不仅是提高掘进通风效果的重要环节,而且是防止瓦斯、煤尘爆炸事故的重要措施。

一、掘进通风管理的一般要求和措施

(1) 巷道掘进之前必须编制有关局部通风机和风筒的选择、安装及使用等的专门通风设计,报矿总工程师批准。掘进巷道不得采用扩散通风,在突出煤层中不得采用混合式通风。

(2) 局部通风机的安装和使用,必须符合《煤矿安全规程》和《矿井通风质量标准与检查评定办法》的要求,杜绝不合理的串联通风。对于通风距离超过 500 m 且停风不致形成瓦斯积聚的掘进工作面,应把过去按最远距离一次设计的方法,改为分二次或三次设计,分期选择局部通风机,但所需要的风筒的规格按最远距离一次选定,这样有利于提高经济效益。

(3) 局部通风机必须指定专人进行管理,不得随意停开。在高瓦斯矿井、煤与瓦斯突出矿井,所有掘进工作面的局部通风机都应装设“三专两闭锁”设施(“三专”:专用变压器、专用开关、专用电缆;“两闭锁”:风电闭锁和甲烷电闭锁即停风或瓦斯超限时均要切断掘进工作面电气设备电源),保证局部通风机连续可靠运转。在低瓦斯矿井中,掘进工作面与采煤工作面的电气设备可分开供电。

(4) 局部通风机应装在专用台架上或采取吊挂,距巷道底板高度应大于 0.3 m 为宜,以防底板杂物粉尘飞扬起来,并提高入口流场的均匀性,减少入口局部阻力。掘进工作面的风筒吊挂必须符合通风质量要求,责任到人,严格管理,采掘工作面的生产班组要管好、用好局部通风设备。

(5) 局部通风机和启动装置要安设在进风巷中,距回风流不得小于 10 m;局部通风机的吸风量要小于矿井总风压所供给该处的风量,以免发生循环风。

(6) 使用局部通风机的掘进工作面,不准无故停风。如因检修、停电等原因停风时,都要撤出人员,切断电源。在恢复通风工作前,必须检查瓦斯,压入式局部通风机和开关地点附近 10 m 内,风流中瓦斯浓度不超过 0.5%时,方可开动局部通风机。注意局部通风机不得自行启动,必须人工开启。

二、特殊情况下的通风管理

(1) 巷道贯通时的掘进通风管理。掘进巷道贯通时,由于采取安全技术措施不及时而造成瓦斯爆炸、爆破崩人或冒顶事故,因而应注意;接到贯通书面通知后,通风区要编制调整通风系统计划,做好通风设施与调风准备工作。贯通时通风部门指派主管通风人员统一指挥,贯通后按规定立即调整通风系统,防止瓦斯积聚。瓦斯浓度保持在 1%以下时,方可恢复工作。

(2) 在瓦斯大、无安全措施，又不能形成全负压通风系统，不采用局部通风机通风时，坚决禁止扩散通风、老塘通风等不安全的通风方式。

(3) 无特殊情况中途不得停止巷道掘进，非停不可的，短时间的停掘不得停风，长时间停掘的巷道要及时封闭。

(4) 煤巷机械化掘进通风安全管理。综合机械化掘进煤巷时，除尘任务非常重要。采用喷雾洒水等综合防尘措施不能适应综合机械化掘进的防尘要求，要采用混合式除尘通风。采用长压短抽掘进通风布置方式时，应注意下列问题：

① 保证工作面的风速大于最低排尘风速 0.15 m/s。

② 压入式风筒出口应在机组转载点后面一定距离，以减少二次煤尘飞扬。当采用小直径风筒辅助通风时，其出风口距工作面不超过 5 m，抽出式的风筒吸入口距工作面不超过 5 m，而且吸入的风量要大，并配备除尘装置，以便及时吸入含尘风流，经除尘器除尘后再排出。

③ 加强风筒重叠段的瓦斯管理，在风筒重叠段巷道风速很小，在顶板附近易形成瓦斯层，故通常规定此处风速应大于 0.5 m/s，或采用康达风筒，且应安装瓦斯浓度的监测装置。

三、保证局部通风机安全可靠运转

为保证局部通风机安全可靠运转，必须加强局部通风机使用过程的检查和维修工作，严禁带“病”运行；严格执行局部通风机的安装、使用、停开等管理制度。按照《煤矿安全规程》有关规定，要求如下：

(1) 掘进巷道必须采用矿井全风压通风或局部通风机通风。

(2) 掘进通风分为压入式、抽出式、混合式三种。掘进巷道中瓦斯涌出量、掘进距离、巷道断面积是选择掘进通风方式的依据。

(3) 压入式通风指用局部通风设备向掘进工作面输送空气的通风方式。压入式通风安全性好，风流有效射程远，工作面通风效果好，可使用普通柔性风筒，但作业环境差，适用于有瓦斯涌出的巷道。

(4) 抽出式通风指通过局部通风设备从掘进工作面抽出污浊空气的通风方式。抽出式通风巷道作业环境好，但安全性较差，需用刚性风筒或带金属骨架的可伸缩柔性风筒。

(5) 混合式通风指装备的两套局部通风设备，一套做压入式通风、另一套做抽出式通风的联合通风方式。混合式通风巷道作业环境好，通风效果好，但使用设备多，管理复杂。适用于长距离、大断面的掘进巷道。

(6) 煤巷、半煤岩巷和有瓦斯涌出的岩巷的掘进通风方式应采用压入式，不得采用抽出式(压气、水力引射器不受此限)。如果采用混合式，必须制定安全措施。

(7) 瓦斯喷出区域和煤(岩)与瓦斯(二氧化碳)突出煤层的掘进通风方式必须采用压入式。

(8) 煤矿井下使用的局部通风机必须性能良好，运转超过 6 个月应上井检修。

(9) 局部通风机设备要齐全，吸风口有风罩和整流器，高压部位(包括电缆接线盒)有衬垫，通风机必须吊挂或垫高，离地面高度大于 0.3 m；11 kW 及以上功率的局部通风机要装有消声器(低噪声局部通风机、除尘风机除外)。

(10) 局部通风机必须由指定人员负责管理，保证正常运转。

(11) 压入式局部通风机和启动装置，必须安装在进风巷道中，距掘进巷道回风口不得小于 10 m;全风压供给该处的风量必须大于局部通风机的吸入风量,局部通风机安装地点到回风口间的巷道中的最低风速不能低于 0.15 m/s。

(12) 矿井使用局部通风机通风时,压入式风筒的出风口或抽出式风筒的吸风口与掘进工作面的距离,应在风流的有效射程或有效吸程范围内,并在作业规程中明确规定。

(13) 使用混合式通风时,短抽或短压风筒与主导风筒的重叠段长度应大于 10 m,风筒重叠段的掘进巷道中的风速和瓦斯浓度,应满足标准有关规定。

(14) 高瓦斯、突出矿井的煤巷、半煤岩巷和有瓦斯涌出的岩巷掘进工作面正常工作的局部通风机必须配备安装同等能力的备用局部通风机,并能自动切换。正常工作的局部通风机必须采用“三专”供电,专用变压器最多可向 4 个不同掘进工作面的局部通风机供电;备用局部通风机电源必须取自同时带电的另一电源,当正常工作的局部通风机故障时,备用局部通风机能自动启动,保持掘进工作面正常通风。

(15) 其他掘进工作面和通风地点正常工作的局部通风机可不配备备用局部通风机,但正常工作的局部通风机必须采用“三专”供电;或者正常工作的局部通风机配备安装一台同等能力的备用局部通风机,并能自动切换。正常工作的局部通风机和备用局部通风机的电源必须取自同时带电的不同母线段的相互独立的电源,保证正常工作的局部通风机故障时,备用局部通风机能投入正常工作。

(16) 严禁使用 3 台及以上局部通风机同时向 1 个掘进工作面供风。不得使用 1 台局部通风机同时向 2 个及以上作业的掘进工作面供风。

(17) 使用局部通风机供风的地点必须实行风电闭锁和甲烷电闭锁,保证当正常工作的局部通风机停止运转或者停风后能切断停风区内全部非本质安全型电气设备的电源。正常工作的局部通风机故障,切换到备用局部通风机工作时,该局部通风机通风范围内应当停止工作,排除故障;待故障被排除,恢复到正常工作的局部通风后方可恢复工作。使用 2 台局部通风机同时供风的,2 台局部通风机都必须同时实现风电闭锁和甲烷电闭锁。

(18) 使用混合式通风时,安设在掘进巷道中的局部通风机(或湿式除尘通风机)必须与掘进巷道中的主导局部通风机联动闭锁。当主导通风机停止运转时,掘进巷道中的局部通风机能自动停止运转;主导局部通风机未启动时,掘进巷道中的局部通风机不能启动。

(19) 当使用混合式通风时,位于掘进巷道中的局部通风机的吸风口必须安装瓦斯自动断电装置,保证吸入风流的瓦斯浓度不超过 1.0%,超过时自动切断局部通风机的电源。

(20) 用局部通风机通风的掘进工作面,不得停风;因检修、停电等原因停风时,必须撤出人员,切断电源。恢复通风前,必须检查瓦斯。只有在局部通风机及其开关附近 10 m 以内风流中的瓦斯浓度都不超过 0.5%时,方可人工开启局部通风机。

(21) 每 15 天至少进行一次风电闭锁和甲烷电闭锁试验,每天应当进行一次正常工作的局部通风机与备用局部通风机自动切换试验,试验期间不得影响局部通风,试验记录要存档备查。

(22) 巷道贯通必须遵守下列规定:

① 综合机械化掘进巷道在相距 50 m 前,其他巷道在相距 20 m 前,必须停止一个工作面作业,做好调整通风系统的准备工作。

② 掘进巷道贯通时,必须由专人在现场统一指挥,停掘的工作面必须保持正常通风,设置栅栏及警标,经常检查风筒的完好状况和工作面及其回风流中瓦斯浓度,瓦斯浓度超限

时，必须立即处理。掘进的工作面每次爆破前，必须派专人和瓦斯检查工共同到停掘的工作面检查工作面及其回风流中的瓦斯浓度，瓦斯浓度超限时，必须先停止在掘工作面的工作，然后处理瓦斯，只有在2个工作面及其回风流中的瓦斯浓度都在1.0%以下时，掘进的工作面方可爆破。每次爆破前，2个工作面入口必须有专人警戒。

③ 掘进巷道贯通后，必须停止采区内的一切工作，立即调整通风系统，风流稳定后，方可恢复工作。

(23) 在突出矿井的突出危险区，掘进工作面进风侧必须设置至少2道牢固可靠的反向风门。反向风门距工作面的距离，应根据掘进工作面的通风系统和预计的突出强度确定。

(24) 掘进工作面及其他作业地点风流中瓦斯浓度达到1.0%时，必须停止用电钻钻眼；爆破地点附近20 m以内风流中瓦斯浓度达到1.0%时，严禁爆破。

(25) 掘进工作面及其他作业地点风流中、电动机或其开关安设地点附近20 m以内风流中的瓦斯浓度达到1.5%时，必须停止工作，切断电源，撤出人员，进行处理。

(26) 掘进工作面及其他巷道内，体积大于0.5 m^3的空间内积聚的瓦斯浓度达到2.0%时，附近20 m内必须停止工作，撤出人员，切断电源，进行处理。

(27) 掘进工作面风流中二氧化碳浓度达到1.5%时，必须停止工作，撤出人员，查明原因，制定措施，进行处理。

四、降低风筒的风阻和提高掘进工作面有效风量的措施

为了减少风筒阻力，必须做到确保风筒吊挂质量和风筒不被压弯、变形。具体要求是：

(1) 逢环必挂、逢缺必补、吊挂平直、拉紧吊稳。

(2) 局部通风机要用托架抬高，并与风筒保持一条直线。

(3) 风筒拐弯应圆缓，避免直角拐弯，勿使风筒褶皱。

(4) 同一台局部通风机应尽量使用同一规格的风筒，如使用不同直径的风筒时，应使用异径风筒连接。

(5) 加强维护，及时放掉风筒中的积水，以防风筒被压弯、变形而增加阻力。放水方法是在有积水处安设自行车气门嘴，放水时拧开，放完水后再拧紧，以防漏风。

影响风筒漏风的主要因素有接头方法、接头数目、缝合针眼和风筒破口等，可采取以下方法和措施减少风筒漏风。

(1) 改进接头方法。风筒的接头方法有插接法、反边法和胶粘接法等。插接法操作简单，但不牢固、漏风大。目前广泛采用的是反边接头法。反边接头法的翻压层数多，漏风越少。胶粘接法操作较复杂，较少使用。

(2) 减少接头数目。无论采用哪种接头方法，均不可杜绝漏风。因此，应尽量选用节长的风筒，减少接头数目。胶粘接法是柔性风筒增大节长、减少接头数目以及减少漏风的有效措施。

(3) 减少针眼漏风。胶布风筒是用线缝制而成的，在风筒吊环和其他缝合处都有针眼。根据现场观测，当风压达到1 kPa时，针眼即普遍漏风。因此，在风筒的针眼处应用胶布粘补，以减少漏风。

(4) 防止风筒破口漏风。柔性风筒靠近工作面的前端接上一段3～4 m的金属风筒，随工作面推进而前移，以防爆破崩坏风筒；加强支护，防止冒顶片帮砸坏风筒；风筒要悬挂在巷道上帮的顶角处，防止矿车刮破风筒；加强检查，发现风筒破口、裂缝及时粘补；损坏严重的风筒及时更换。

习　题

1. 全风压通风有哪些布置方式？试简述其优缺点及适用条件。

2. 简述引射器通风的原理、优缺点及适用条件。

3. 简述压入式通风的排烟过程及其技术要求。

4. 试述压入式、抽出式通风的优缺点及其适用条件。

5. 试述混合式通风的特点与要求。

6. 有效射程、有效吸程、炮烟抛掷长度及稀释安全长度的含义是什么？

7. 可控循环通风的含义及其优缺点、适用条件是什么？

8. 长距离独头巷道通风在技术上有何困难？应如何克服？

9. 试述局部通风机串联及并联的目的、方式和使用条件。

10. 试述风筒有效风量率、漏风率、漏风系数的含义及其相互关系。

11. 试述局部通风设计步骤。

12. 局部通风装备选型的一般原则是什么？

13. 掘进通风安全装备系列化包括哪些内容？有何安全作用？

14. 某岩巷掘进长度为 300 m，断面为 8 m^2，风筒漏风系数为 1.19，一次爆破炸药量为 10 kg，采用压入式通风，通风时间为 20 min，求该掘进工作面所需风量。若该岩巷掘进长度延至 700 m，漏风系数为 1.38，再求工作面所需风量。

15. 某岩巷掘进长度为 400 m，断面为 6 m^2，一次爆破最大炸药量为 10 kg，采用抽出式通风，通风时间为 15 min，求该掘进面所需风量。

16. 某岩巷掘进长度为 1 000 m，用混合式(长抽短压)通风，断面为 8 m^2，一次爆破炸药量 10 kg，抽出式风筒距工作面 40 m，通风时间为 20 min。试计算工作面需风量和抽出式风筒的吸风量。

17. 某煤巷掘进长度为 500 m，断面为 7 m^2，采用爆破掘进方法，一次爆破炸药量为 6 kg，若最大瓦斯涌出量为 2 m^3/min，求工作面所需风量。

18. 柔性与刚性风筒的风阻有何异同点？两者的漏风状况有何不同？

19. 风筒的选择与使用中应注意哪些问题？

20. 某风筒长 1 000 m，直径 800 mm，接头风阻 $R_j = 0.2\ N \cdot s^2/m^8$，节长 50 m，风筒摩擦阻力系数 0.003 $N \cdot s^2/m^4$，风筒拐两个 90°弯，试计算风筒的总风阻。

21. 为开拓新区而掘进的运输大巷，长度为 1 800 m，断面为 12 m^2，一次爆破炸药量为 15 kg，若风筒为直径 600 mm 的胶布风筒，双反边连接，风筒节长 50 m，风筒百米漏风率为 1%。试进行该巷道掘进局部通风设计：

(1) 计算工作面需风量；

(2) 计算局部通风机工作风量和风压；

(3) 选择局部通风机型号、规格和台数；

(4) 若风筒直径选 800 mm 的胶布风筒，其他条件不变时，再重新选择局部通风机的型号、规格和台数。

第八章 矿井风量分配与调节

第一节 矿井风量分配

矿井空气在井巷中流动时,风流分岔、汇合线路的结构形式称为通风网络。用直观的网络图形来表示通风网络就得到通风网络图。通风网络中各风路的风量是按各自风阻的大小自然分配的,改变各风路的风阻,则会调整通风网络中的风量分配。本章将介绍矿井通风网络图的绘制、通风网络的基本形式与特性、风量分配的基本定律、复杂通风网络解算的方法、通风设施的风类与管理、矿井漏风表示方法和矿井风量的调节等内容。

一、通风网络的基本术语和概念

在通风网络中,常用到以下一些术语:

1. 分支

分支是指表示一段通风井巷的有向线段,线段的方向代表井巷风流的方向。每条分支可有一个编号,称为分支号。如图 8-1 中的每一条线段就代表一条分支。用井巷的通风参数如风阻、风量和风压等,可对分支赋权。不表示实际井巷的分支,如图 8-1 中的连接进、回风井口的地面大气分支 8,可用虚线表示。

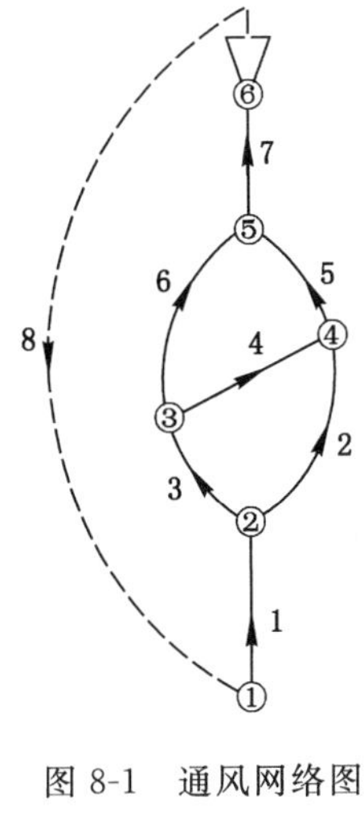

图 8-1 通风网络图

2. 节点

节点是指两条或两条以上分支的交点。每个节点有唯一的编号,称为节点号。在网络图中用圆圈加节点号表示节点,如图 8-1 中的①～⑥均为节点。

3. 回路

由两条或两条以上分支首尾相连形成的闭合线路，称为回路。单一个回路(其中没有分支)，该回路又称网孔。在图 8-1 中，1—2—5—7—8、2—5—6—3 和 4—5—6 等都是回路，其中 4—5—6 是网孔，而 2—5—6—3 不是网孔，因为其回路中有分支 4。

4. 树

由包含通风网络图的全部节点且任意两节点间至少有一条通路和不形成回路的部分分支构成的一类特殊图，称为树；由网络图余下的分支构成的图，称为余树。如图 8-2 所示各图中的实线图和虚线图就分别表示图 8-1 的树和余树。可见，由同一个网络图生成的树各不相同。组成树的分支称为树枝，组成余树的分支称为余树枝。一个节点数为 m，分支数为 n 的通风网络的余树枝数为 $n-m+1$。

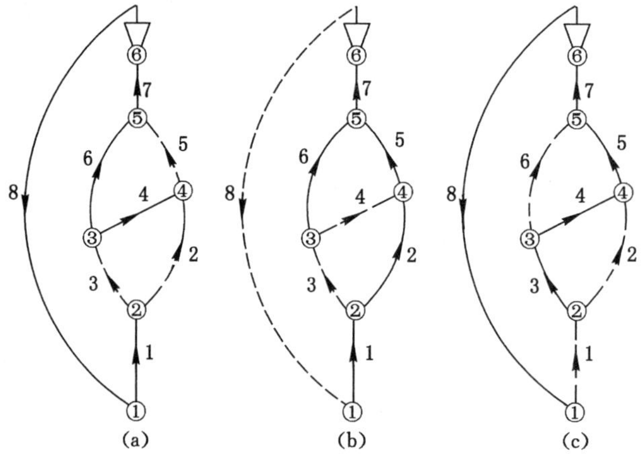

图 8-2　树和余树

5. 独立回路

由通风网络图的一棵树及其余树中的一条余树枝形成的回路，称为独立回路。如图 8-2 中的树与余树枝 5、2、3 可组成的三个独立回路分别是：5—6—4、2—4—6—7—8—1 和 3—6—7—8—1。由 $n-m+1$ 条余树枝可形成 $n-m+1$ 个独立回路。

二、通风网络图的绘制

不按比例、不反映空间关系的矿井通风网络图，能清楚地反映风流的方向和分合关系，便于进行通风网络解算和通风系统分析，是矿井通风管理的重要图件之一。

通风网络图的形状是可以改变的。为了更清晰地表达通风系统中各井巷间的连接关系及其通风特点，通风网络图的节点可以移位，分支可以曲直伸缩。通常，习惯上把通风网络图总的形状画成“椭圆”形。

绘制矿井通风网络图，一般可按如下步骤进行：

(1) 节点编号。在矿井通风系统图上，沿风流方向将井巷风流的分合点加以编号。编号顺序通常是沿风流方向从小到大，亦可按系统、按翼分开编号。节点编号不能重复且要保持连续性。

(2) 分支连线。将有风流连通的节点用单线条(直线或弧线)连接。

(3) 图形整理。通风网络图的形状不是唯一的。在正确反映风流分合关系的前提下，把图形画得简明、清晰、美观。

(4) 标注。除标出各分支的风向、风量外，还应将进、回风井和用风地点、主要漏风地点及主要通风设施等加以标注，并以图例说明。

绘制通风网络图的一般原则如下：

(1) 某些距离相近的节点，其间风阻很小时，可简化为一个节点。

(2) 风压较小的局部网络，可并为一个节点，如井底车场等。

(3) 同标高的各进风井口与回风井口可视为一个节点。

(4) 用风地点并排布置在网络图的中部；进风系统和回风系统分别布置在图的下部和上部；进、回风井口节点分别位于图的最下端和最上端。

(5) 分支方向(除地面大气分支)基本应由下而上。

(6) 分支间的交叉尽可能少。

(7) 节点间应有一定的间距。

【例 8-1】 如图 8-3 所示为某矿通风系统示意图，试绘出该矿的通风网络图。

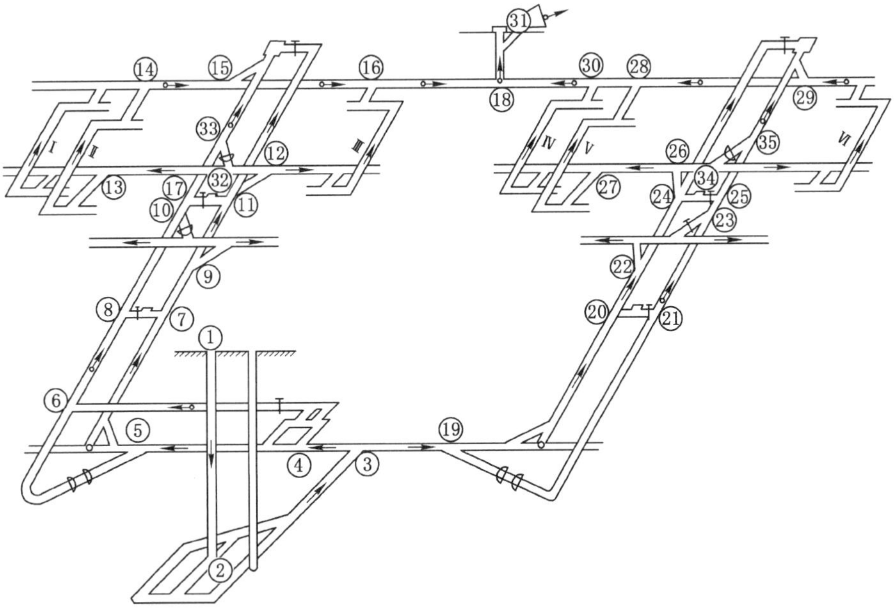

图 8-3　某矿通风系统示意图

解　图中所示矿井两翼各布置一个采区，共有 6 个采煤工作面和 4 个掘进头，独立通风硐室共有 7 个。矿井漏风主要考虑 4 处风门漏风。根据上述绘制网络图的一般步骤与一般原则，绘制的矿井通风网络图如图 8-4 所示。

绘制过程简述如下：

(1) 在通风系统示意图上标注节点。距离较近且无通风设施等处可并为一个节点，如图 8-3 中的 5、13、14 等处；1 和 3 之间也可不取节点 2；进、回风井口可视为一个节点。

(2) 确定主要用风地点。在网络图中可用长方形方框表示用风点，框内填写相应的名称，如图 8-4 中所示的采(掘)工作面、独立通风各硐室等。将它们在网络图中部“一”字形排开。

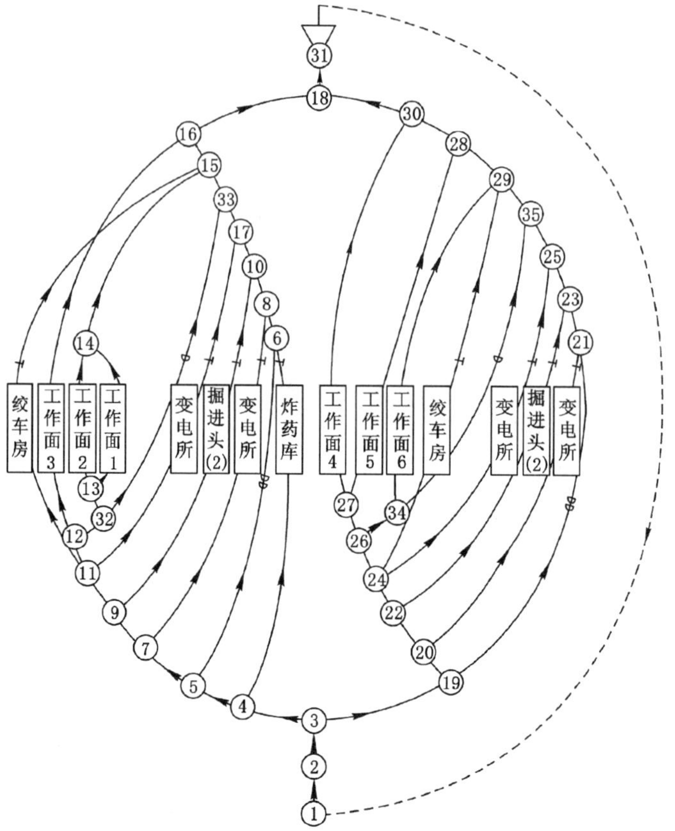

图 8-4　矿井通风网络图

(3) 确定进风节点。根据用风地点的远近，布置在用风点的下部并一一标明清楚。

(4) 确定回风节点。根据用风地点的远近，布置在用风点的上部并一一标明清楚。

(5) 节点连线。连接风流相通的节点，可先连进风节点至用风点；再连回风节点至用风点；然后连各进、回风节点间的线路。各步连线方向基本一致，总体方向从下向上。

(6) 按(2)～(5)绘出网络图草图，检查分合关系无误后，开始整理图形。调整好各节点与用风地点的位置，使整体布局趋于合理。此步需耐心反复修改直至满意为止。

(7) 最后标注主要通风设施。主通风机和局部通风机型号及其他通风参数等本图不作标示。

三、网络中风流流动的基本定律

风流在通风网络中流动时，都遵守风量平衡定律、风压平衡定律和阻力定律。它们反映了通风网络中三个最主要通风参数——风量、风压和风阻间的相互关系，是解算复杂通风网络的理论基础。

(一) 通风阻力定律

井巷中的正常风流一般均为紊流。因此，通风网络中各分支都遵守紊流通风阻力定律，即：

$$h_i = R_i Q_i^2 \tag{8-1}$$

式中　h_i——网络中任一风路的通风阻力，Pa；

R_i——网络中该风路的风阻，$N \cdot s^2/m^8$；

Q_i——网络中该风路的风量，m^3/s。

（二）风量平衡定律

风量平衡定律是指在通风网络中，流入与流出某节点或闭合回路的各分支的风量的代数和等于零，即：

$$\sum Q_i = 0 \tag{8-2}$$

若对流入的风量取正值，则流出的风量取负值。如图 8-5(a)所示，节点⑥处的风量平衡方程见式(8-3)：

$$Q_{1-6} + Q_{2-6} + Q_{3-6} - Q_{6-4} - Q_{6-5} = 0 \tag{8-3}$$

如图 8-5(b)所示，回路②—④—⑤—⑦—②的风量平衡方程见式(8-4)：

$$Q_{1-2} + Q_{3-4} - Q_{5-6} - Q_{7-8} = 0 \tag{8-4}$$

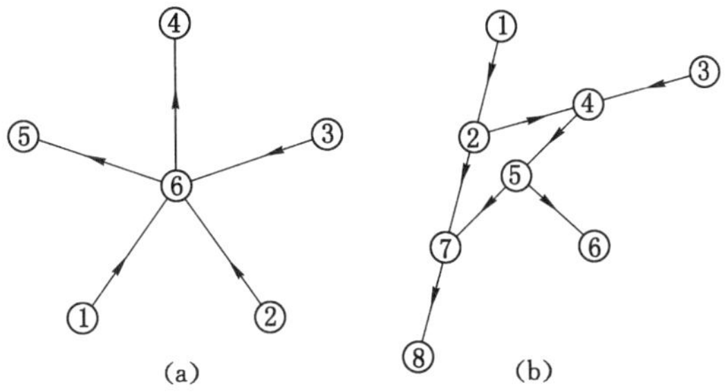

图 8-5　节点和闭合回路

（三）风压平衡定律

风压平衡定律是指在通风网络的任一闭合回路中，各分支的风压（或阻力）的代数和等于零，即：

$$\sum h_i = 0 \tag{8-5}$$

若回路中顺时针流向的分支风压取正值，则逆时针流向的分支风压取负值。如图 8-5(b)中的回路②—④—⑤—⑦—②，见式(8-6)：

$$h_{2-4} + h_{4-5} + h_{5-7} - h_{2-7} = 0 \tag{8-6}$$

当闭合回路中有通风机风压及自然风压作用时，各分支的风压代数和等于该回路中通风机风压与自然风压的代数和，见式(8-7)：

$$H_{通} \pm H_{自} = \sum h_i \tag{8-7}$$

式中，$H_{通}$ 和 $H_{自}$ 分别为通风机风压和自然风压，其正负号取法与分支风压的正负号取法相同。

四、通风网络形式及其特性

通风网络可分为简单通风网络和复杂通风网络两种。仅由串联和并联组成的网络，称为简单通风网络。含有角联分支，通常是包含多条角联分支的网络，称为复杂通风网络。通风网络中各分支的基本连接形式有串联、并联和角联三种，不同的连接形式具有不同的通风特性和安全效果。

（一）串联通风及其特性

两条或两条以上风路彼此首尾相连在一起，中间没有风流分合点时的通风，称为串联通风，如图8-6所示。串联通风也称为“一条龙”通风，其特性如下：

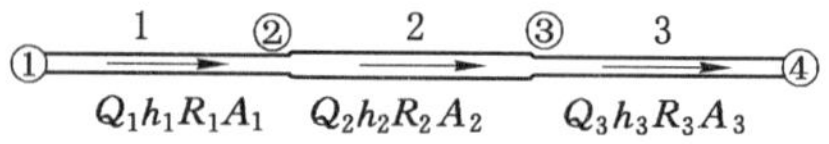

图8-6　串联风路

（1）串联风路的总风量等于各段风路的分风量，即：

$$Q_{串}=Q_1=Q_2=\cdots=Q_n \tag{8-8}$$

（2）串联风路的总风压等于各段风路的分风压之和，即：

$$h_{串}=h_1+h_2+\cdots+h_n=\sum_{i=1}^{n}h_i \tag{8-9}$$

（3）串联风路的总风阻等于各段风路的分风阻之和。根据通风阻力定律 $h=RQ^2$，式(8-9)可写成：

$$R_{串}Q_{串}^2=R_1Q_1^2+R_2Q_2^2+\cdots+R_nQ_n^2$$

因为

$$Q_{串}=Q_1=Q_2=\cdots=Q_n$$

所以

$$R_{串}=R_1+R_2+\cdots+R_n=\sum_{i=1}^{n}R_i \tag{8-10}$$

（4）串联风路的总等积孔平方的倒数等于各段风路等积孔平方的倒数之和。由 $A=\dfrac{1.19}{\sqrt{R}}$，得 $R=\dfrac{1.19^2}{A^2}$，将其代入式(8-10)并整理得：

$$\frac{1}{A_{串}^2}=\frac{1}{A_1^2}+\frac{1}{A_2^2}+\cdots+\frac{1}{A_n^2} \tag{8-11}$$

或

$$A_{串}=\frac{1}{\sqrt{\dfrac{1}{A_1^2}+\dfrac{1}{A_2^2}+\cdots+\dfrac{1}{A_n^2}}} \tag{8-12}$$

（二）并联通风及其特性

两条或两条以上的分支在某一节点分开后，又在另一节点汇合，其间无交叉分支时的通风，称为并联通风，如图8-7所示。并联网络的特性如下：

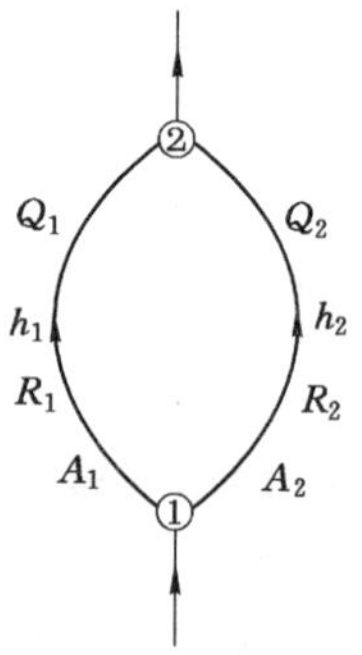

图8-7　并联网络

（1）并联网络的总风量等于并联各分支风量之和，即：

$$Q_{并}=Q_1+Q_2+\cdots+Q_n=\sum_{i=1}^{n}Q_i \tag{8-13}$$

（2）并联网络的总风压等于任一并联分支的风压，即：

$$h_{并}=h_1=h_2=\cdots=h_n \tag{8-14}$$

（3）并联网络的总风阻平方根的倒数等于并联各分支风阻平方根的倒数之和。由 $h=RQ^2$，得 $Q=\sqrt{\dfrac{h}{R}}$，将其代入式(8-13)得：

$$\sqrt{\frac{h_{并}}{R_{并}}}=\sqrt{\frac{h_1}{R_1}}+\sqrt{\frac{h_2}{R_2}}+\cdots+\sqrt{\frac{h_n}{R_n}}$$

因为
$$h_{并}=h_1=h_2=\cdots=h_n$$

所以
$$\frac{1}{\sqrt{R_{并}}}=\frac{1}{\sqrt{R_1}}+\frac{1}{\sqrt{R_2}}+\cdots+\frac{1}{\sqrt{R_n}} \tag{8-15}$$

或

$$R_{并}=\frac{1}{\left(\frac{1}{\sqrt{R_1}}+\frac{1}{\sqrt{R_2}}+\cdots+\frac{1}{\sqrt{R_n}}\right)^2} \tag{8-16}$$

当 $R_1=R_2=\cdots=R_n$ 时，则：

$$R_{并}=\frac{R_1}{n^2}=\frac{R_2}{n^2}=\cdots=\frac{R_n}{n^2} \tag{8-17}$$

(4) 并联网络的总等积孔等于并联各分支等积孔之和。由 $A=\frac{1.19}{\sqrt{R}}$，得 $\frac{1}{\sqrt{R}}=\frac{A}{1.19}$，将其代入式(8-15)，得：

$$A_{并}=A_1+A_2+\cdots+A_n \tag{8-18}$$

(5) 并联网络的风量自然分配：

① 风量自然分配的概念

在并联网络中，其总风压等于各分支风压，即：

$$h_{并}=h_1=h_2=\cdots=h_n \tag{8-19}$$

亦即：
$$R_{并}Q_{并}^2=R_1Q_1^2=R_2Q_2^2=\cdots=R_nQ_n^2$$

由上式可以得出如下各关系式：

$$Q_1=\sqrt{\frac{R_{并}}{R_1}}Q_{并} \tag{8-20}$$

$$Q_2=\sqrt{\frac{R_{并}}{R_2}}Q_{并} \tag{8-21}$$

……

$$Q_n=\sqrt{\frac{R_{并}}{R_n}}Q_{并} \tag{8-22}$$

上述关系式表明：当并联网络的总风量一定时，并联网络的某分支所分配得到的风量取决于并联网络总风阻与该分支风阻之比。风阻大的分支自然流入的风量小，风阻小的分支自然流入的风量大。这种风量按并联各分支风阻值的大小自然分配的性质，称之为风量的自然分配，也是并联网络的一种特性。

② 自然分配风量的计算

根据并联网络中各分支的风阻，计算各分支自然分配的风量。可将式(8-16)依次代入前述关系式(8-20)、式(8-21)和式(8-22)中，整理后得各分支分配的风量计算公式如下：

$$Q_1=\frac{Q_{并}}{1+\sqrt{\frac{R_1}{R_2}}+\sqrt{\frac{R_1}{R_3}}+\cdots+\sqrt{\frac{R_1}{R_n}}} \tag{8-23}$$

$$Q_2=\frac{Q_{并}}{\sqrt{\frac{R_2}{R_1}}+1+\sqrt{\frac{R_2}{R_3}}+\cdots+\sqrt{\frac{R_2}{R_n}}} \tag{8-24}$$

……

$$Q_n=\frac{Q_{并}}{\sqrt{\frac{R_n}{R_1}}+\sqrt{\frac{R_n}{R_2}}+\cdots+\sqrt{\frac{R_n}{R_{n-1}}}+1} \tag{8-25}$$

当 $R_1=R_2=\cdots=R_n$ 时，则：

$$Q_1=Q_2=\cdots=Q_n=\frac{Q_{并}}{n} \tag{8-26}$$

计算并联网络各分支自然分配的风量，也可根据并联网络中各分支的等积孔进行计算。将$\sqrt{R}=\frac{1.19}{A}$依次代入前述关系式(8-23)、式(8-24)和式(8-25)中，整理后可得各分支分配的风量计算公式如下：

$$Q_1=\frac{A_1}{A_{并}}Q_{并}=\frac{A_1}{A_1+A_2+\cdots+A_n}Q_{并} \tag{8-27}$$

$$Q_2=\frac{A_2}{A_{并}}Q_{并}=\frac{A_2}{A_1+A_2+\cdots+A_n}Q_{并} \tag{8-28}$$

……

$$Q_n=\frac{A_n}{A_{并}}Q_{并}=\frac{A_n}{A_1+A_2+\cdots+A_n}Q_{并} \tag{8-29}$$

综合上述，在计算并联网络中各分支自然分配的风量时，可根据给定的条件选择公式，以方便计算。

（三）串联与并联的比较

在矿井通风网络中，既有串联通风，又有并联通风。矿井的进、回风风路多为串联通风，而工作面与工作面之间多为并联通风。从安全、可靠和经济角度看，并联通风与串联通风相比，具有明显优点：

(1) 总风阻小，总等积孔大，通风容易，通风动力费用少。现举例分析：

假设有两条风路 1 和 2，其风阻 $R_1=R_2$，通过的风量 $Q_1=Q_2$，故有风压 $h_1=h_2$。现将它们分别组成串联风路和并联网络，如图 8-8 所示。各参数比较如下：

① 总风量比较

串联时：

$$Q_{串}=Q_1=Q_2 \tag{8-30}$$

并联时：

$$Q_{并}=Q_1+Q_2=2Q_1 \tag{8-31}$$

故：

$$Q_{并}=2Q_{串} \tag{8-32}$$

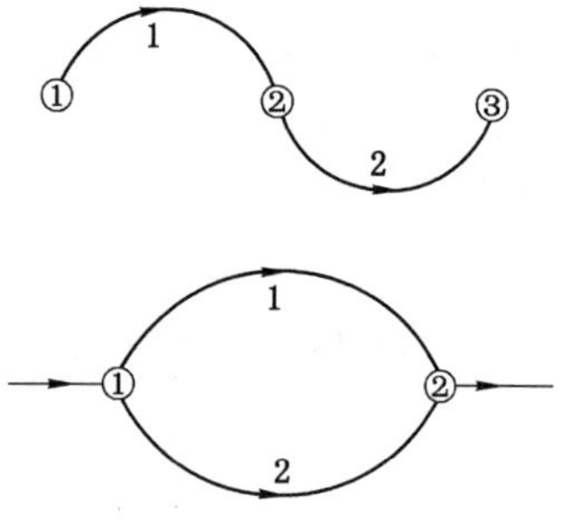

图 8-8　串联与并联通风比较

② 总风阻比较

串联时：

$$R_{串}=R_1+R_2=2R_1 \tag{8-33}$$

并联时：

$$R_{并}=\frac{R_1}{n^2}=\frac{R_1}{4} \tag{8-34}$$

故：

$$R_{并}=\frac{1}{8}R_{串} \tag{8-35}$$

③ 总风压比较

串联时：

$$h_{串}=h_1+h_2=2h_1 \tag{8-36}$$

并联时：

$$h_{并}=h_1=h_2 \tag{8-37}$$

故：

$$h_{并}=\frac{1}{2}h_{串} \tag{8-38}$$

通过上述比较可明显看出：在两条风路通风条件完全相同的情况下，并联网络的总风阻仅为串联风路总风阻的 1/8；并联网络的总风压为串联风路总风压的 1/2，也就是说，并联通风比串联通风的通风动力要节省一半，而总风量却大了一倍。这充分说明了并联通风比串联通风经济得多。

(2) 并联各分支独立通风，风流新鲜，互不干扰，有利于安全生产；而串联时，后面风路的入风是前面风路排出的污风，风流不新鲜，空气质量差，不利于安全生产。

(3) 并联各分支的风量，可根据生产需要进行调节；而串联各风路的风量则不能进行调节，不能有效地利用风量。

(4) 并联的某一分支风路中发生事故，易于控制与隔离，不致影响其他分支巷道，事故波及范围小，安全性好；而串联的某一风路发生事故，容易波及整个风路，安全性差。

所以，《煤矿安全规程》强调：井下各个生产水平和各个采区必须实行分区通风（并联通风）；各个采、掘工作面应实行独立通风，限制采用串联通风。

（四）角联通风及其特性

在并联的两条分支之间，还有一条或几条分支相通的连接形式称为角联网络（通风），如图 8-9 所示。连接于并联两条分支之间的分支称为角联分支，如图 8-9 中的分支 5 即为角联分支。仅有一条角联分支的网络称为简单角联网络；含有两条或两条以上角联分支的网络称为复杂角联网络，如图 8-10 所示。

角联网络的特性是：角联分支的风流方向是不稳定的。现以图 8-9 所示的简单角联网络为例，分析其角联分支 5 中的风流方向变化可能出现的三种情况：

1. 角联分支 5 中无风流

当分支 5 中无风时，②、③两节点的总压力相等，即：

$$p_{总2}=p_{总3}$$

又①、②两节点的总压力差等于分支 1 的风压，即：

$$p_{总1}-p_{总2}=h_1$$

①、③两节点的总压力差等于分支 3 的风压，即：

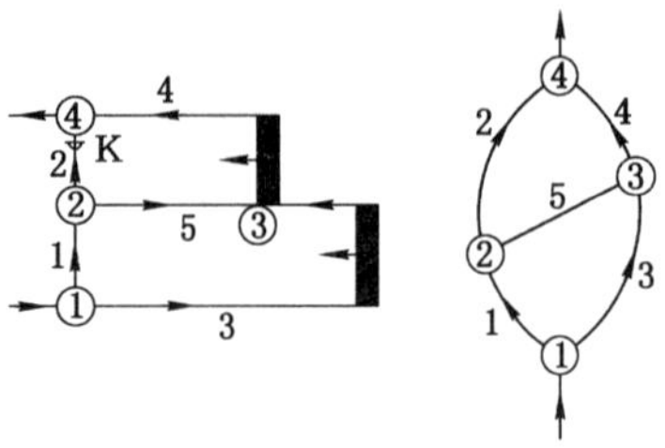

图 8-9　简单角联网络

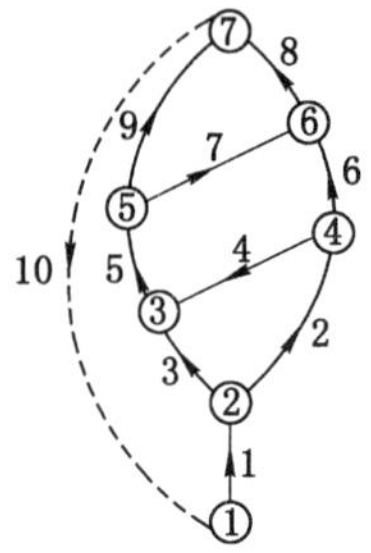

图 8-10　复杂角联网络

$$p_{总1}-p_{总3}=h_3$$

故：
$$h_1=h_3$$

同理可得：
$$h_2=h_4$$

则：
$$\frac{h_1}{h_2}=\frac{h_3}{h_4}$$

亦即：
$$\frac{R_1Q_1^2}{R_2Q_2^2}=\frac{R_3Q_3^2}{R_4Q_4^2}$$

由 $Q_5=0$，得：

$$Q_1=Q_2,\quad Q_3=Q_4$$

所以：

$$\frac{R_1}{R_2}=\frac{R_3}{R_4} \tag{8-39}$$

式(8-39)即为角联分支 5 中无风的判别式。

2. 角联分支 5 中风向由②→③

当分支 5 中风向由②→③时，②节点的总压力大于③节点的总压力，即：

$$p_{总2}>p_{总3}$$

又知：
$$p_{总1}-p_{总2}=h_1$$
$$p_{总1}-p_{总3}=h_3$$

则：
$$h_3>h_1$$

即：
$$R_3Q_3^2>R_1Q_1^2$$

同理可得：
$$h_2>h_4$$

即：
$$R_2Q_2^2>R_4Q_4^2$$

将上述两不等式相乘，并整理得：

$$\frac{R_1R_4}{R_2R_3}<\left(\frac{Q_2Q_3}{Q_1Q_4}\right)^2$$

又知：
$$Q_1>Q_2,\quad Q_3<Q_4$$

所以：
$$\frac{R_1R_4}{R_2R_3}<1$$

即：
$$\frac{R_1}{R_2}<\frac{R_3}{R_4} \tag{8-40}$$

式(8-40)即为角联分支5中风向由②→③的判别式。

3. 角联分支5中风向由③→②

同理可推导出角联分支5中风向由③→②的判别式：

$$\frac{R_1}{R_2} > \frac{R_3}{R_4} \tag{8-41}$$

由上述三个判别式可以看出，简单角联网络中角联分支的风向完全取决于两侧各邻近风路的风阻比，而与其本身的风阻无关。通过改变角联分支两侧各邻近风路的风阻，就可以改变角联分支的风向。

可见，角联分支一方面具有容易调节风向的优点，另一方面又有出现风流不稳定的可能性。角联分支风流的不稳定不仅容易引发矿井灾害事故，而且可能使事故影响范围扩大。如图8-9所示，当风门K未关上使R_2减小，或分支巷道4中某处发生冒顶或堆积材料过多使R_4增大，这时因改变了巷道的风阻比，可能会使角联分支5中无风或风流由③→②，从而导致两工作面完全串联通风或上工作面风量不足而使其瓦斯浓度增加造成瓦斯事故。此外，在发生火灾事故时，由于角联分支的风流反向易使火灾烟流蔓延而扩大灾害范围。因此，保持角联分支风流的稳定性是安全生产所必须的。

角联网络中，对角分支风流存在着不稳定现象，对简单角联网络来说，角联分支的风向可由上述判别式确定；而对于复杂角联网络，其角联分支的风向的判断，一般通过通风网络解算确定。在生产矿井，也可以通过测定风量确定。

五、复杂通风网络解算

复杂通风网络是由众多分支组成的包含串、并、角联在内结构复杂的网络。其各分支风量分配难以直接求解。通过运用风量分配的基本定律建立数学方程式，然后用不同的数学手段，可求解出网络内各分支自然分配的风量。这种以网络结构和分支风阻为条件，求解网络内风量自然分配的过程，称为通风网络解算，也称为自然分风计算。

目前解算通风网络使用较广泛的是回路法，即首先根据风量平衡定律假定初始风量，由回路风压平衡定律推导出风量修正计算式，逐步对风量进行校正，直至风压逐渐平衡，风量接近真值。

下面主要介绍回路法中使用最多的斯考德-恒斯雷法。

（一）解算通风网络的数学模型

斯考德-恒斯雷法是由英国学者斯考德和恒斯雷对美国学者哈蒂·克劳斯提出的用于水管网的迭代计算方法进行改进并用于通风网络解算的。

对节点为m、分支为n的通风网络，可选定$N=n-m+1$个余树枝和独立回路。以余树枝风量为变量，树枝风量可用余树枝风量来表示。根据风压平衡定律，每一个独立回路对应一个方程，这样建立起一个由N个变量和N个方程组成的方程组，求解该方程组的根即可求出N个余树枝的风量，然后求出树枝的风量。

斯考德-恒斯雷法的基本思路是：利用拟定的各分支初始风量，将方程组按泰勒级数展开，舍去二阶以上的高阶量，简化后得出回路风量修正值的一般数学表达式为：

$$\Delta Q = -\frac{\sum R_i Q_i^2 \mp H_{通} \mp H_{自}}{2\sum |R_i Q_i|} \tag{8-42}$$

式中 $\sum R_iQ_i^2$—— 独立回路中各分支风压(或阻力)的代数和,分支风向与余树枝同向时其风压取正值,反之为负值;

$\sum |R_iQ_i|$ ——独立回路中各分支风量与风阻乘积的绝对值之和;

$H_{通}$——独立回路中的通风机风压,其作用的风流方向与余树枝同向时取负值,反之为正值;

$H_{自}$——独立回路中的自然风压,其作用的风流方向与余树枝同向时取负值,反之为正值。

按式(8-42)分别求出各回路的风量修正值 ΔQ_i,由此对各回路中的分支风量进行修正,求得风量的近似真实值,即:

$$Q'_{ij} = Q_{ij} \pm \Delta Q_i \tag{8-43}$$

式中,Q_{ij} 和 Q'_{ij} 分别为修正前、后分支风量。ΔQ_i 的正负按所修正分支的风向与余树枝同向时取正值,反之取负值。

如此经过多次反复修正,各分支风量接近真值。当达到预定的精度时计算结束。此时所得到的近似风量,即可认为是要求的自然分配的风量。式(8-42)和式(8-43)即为斯考德-恒斯雷法的迭代计算公式。

当独立回路中既无通风机又无自然风压作用时,式(8-42)可简化为

$$\Delta Q = -\frac{\sum R_iQ_i^2}{2\sum |R_iQ_i|} \tag{8-44}$$

为便于理解,下面以并联网络来解释回路风量修正值 ΔQ 的计算公式。

如图 8-11 所示为由两个分支 1 和 2 组成的并联网络,其总风量为 Q,风阻分别为 R_1 和 R_2。设两个分支自然分配的真实风量分别为 $Q_{真1}$ 和 $Q_{真2}$,拟定的初始风量分别为 Q_1 和 Q_2,则初拟风量与真实风量的差值即为回路风量修正值 ΔQ。

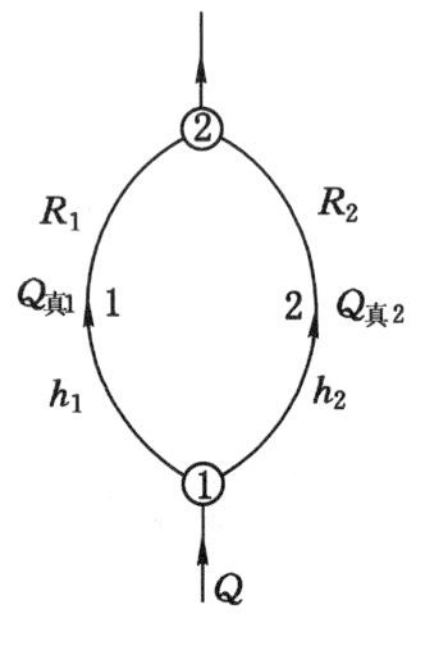

图 8-11 并联网络

若: $Q_1 < Q_{真1}$

必有: $Q_2 > Q_{真2}$

则: $Q_{真1} = Q_1 + \Delta Q$

$Q_{真2} = Q_2 - \Delta Q$

根据 $\sum Q_i = 0$,得:

$$Q_{真1} + Q_{真2} = Q_1 + Q_2 = Q$$

根据 $h = RQ^2$ 和 $\sum h_i = 0$,得:

$$h_{真1} = R_1Q_{真1}^2 = R_1(Q_1 + \Delta Q)^2 = R_1Q_1^2 + 2R_1Q_1\Delta Q + R_1\Delta Q^2$$

$$h_{真2} = R_2Q_{真2}^2 = R_2(Q_2 - \Delta Q)^2 = R_2Q_2^2 - 2R_2Q_2\Delta Q + R_2\Delta Q^2$$

$$h_{真1} = h_{真2}$$

忽略二次微量 ΔQ^2,整理得近似式:

$$(2R_1Q_1 + 2R_2Q_2)\Delta Q = -(R_1Q_1^2 - R_2Q_2^2)$$

故:

$$\Delta Q=-\frac{R_1Q_1^2-R_2Q_2^2}{2(R_1Q_1+R_2Q_2)}$$

将上式写成一般形式，即可得式(8-42)与式(8-44)：

$$\Delta Q=-\frac{\sum R_iQ_i^2\mp H_{通}\mp H_{自}}{2\sum|R_iQ_i|}$$

或

$$\Delta Q=-\frac{\sum R_iQ_i^2}{2\sum|R_iQ_i|}$$

修正风量的计算公式即式(8-43)：

$$Q'_{ij}=Q_{ij}\pm\Delta Q_i$$

（二）解算步骤

使用斯考德-恒斯雷法，一般经过以下步骤：

(1) 绘制通风网络图，标定风流方向。

(2) 输入网络结构及数据。

(3) 确定独立回路数，选择并确定独立回路的分支构成。

(4) 拟定初始风量。通常，先给余树枝赋一组初值，再计算各树枝初始风量。

(5) 计算回路风量修正值，及时修正回路中各分支的风量。

(6) 检查精度是否满足要求。

每修正完一次网络中所有分支的风量，称为迭代一次。每次迭代后应判断是否满足给定的精度要求，当某次迭代中各独立回路风量修正值均小于预定精度 ε，迭代计算结束，即：

$$\max|\Delta Q_i|<\varepsilon\quad(1\leqslant i\leqslant N)\tag{8-45}$$

精度 ε 一般取 0.01～0.001 m^3/s。

(7) 计算通风网络总阻力、总风阻。

在斯考德-恒斯雷法中，其核心是每次迭代中各回路风量修正值的计算。按上述步骤编写的计算机解算通风网络的应用软件较多。此外，因该算法的回路修正值可逐个回路独立计算，简化了计算，因而也可以手算。手算时要注意：拟定的初始风量应尽量接近真实风量，以加快计算速度；独立回路中分支的风压和回路风量修正值的符号也可按顺时针流向取正值，逆时针流向取负值确定，通风机风压和自然风压的符号按“顺负逆正”确定；某分支风量，如在其他回路和后面的计算中再次出现，其风量的取值和风向应以最末一次渐近风量为准，而不再用初始值或前面的渐近值。

【例 8-2】 某通风网络图如图 8-12 所示，已知总风量为 $Q=25$ m^3/s，各分支风阻分别为：$R_1=0.487$，$R_2=0.652$，$R_3=0.860$，$R_4=0.984$，$R_5=0.465$，单位为 $N\cdot s^2/m^8$。试用斯考德-恒斯雷法解算该网络的自然分风，并求其总阻力和总风阻。($\varepsilon\leqslant0.01$ m^3/s)

解　(1) 判断角联分支 3 的风流方向

因：

$$\frac{R_1}{R_4}=\frac{0.487}{0.984}=0.495,\qquad\frac{R_2}{R_5}=\frac{0.652}{0.465}=1.402$$

则：

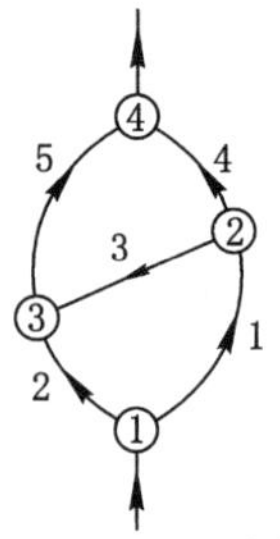

图 8-12　角联通风网络

$$\frac{R_1}{R_4}<\frac{R_2}{R_5}$$

故知角联分支 3 的风向由②→③。

(2) 确定独立回路数

$$N=n-m+1=5-4+1=2$$

选定两个网孔 1—2—3 和 3—4—5 作为两个独立回路。

(3) 拟定各分支的初始风量

可将角联分支 3 的风量初拟为 0，即 $Q_3=0$。

风路①—②—④和①—③—④按两分支并联网络的风量自然分配拟定，具体如下：

$$Q_1=Q_4=\frac{Q}{1+\sqrt{\frac{R_1+R_4}{R_2+R_5}}}=\frac{25}{1+\sqrt{\frac{0.487+0.984}{0.652+0.465}}}=11.64\ (m^3/s)$$

$$Q_2=Q_5=Q-Q_1=25-11.64=13.36\ (m^3/s)$$

(4) 迭代计算

回路 1—2—3 第一次迭代计算：

风量修正值：

$$\Delta Q=-\frac{\sum R_iQ_i^2}{2\sum|R_iQ_i|}=-\frac{(-R_1Q_1^2+R_2Q_2^2-R_3Q_3^2)}{2(R_1Q_1+R_2Q_2+R_3Q_3)}$$

$$=-\frac{(-0.487\times11.64^2+0.652\times13.36^2+0)}{2(0.487\times11.64+0.652\times13.36+0)}=-1.75\ (m^3/s)$$

风量修正：

$$Q'_1=11.64-(-1.75)=13.39\ (m^3/s)$$

$$Q'_2=13.36+(-1.75)=11.61\ (m^3/s)$$

$$Q'_3=0-(-1.75)=1.75\ (m^3/s)$$

回路 3—4—5 第一次迭代计算：

风量修正值：

$$\Delta Q=-\frac{(R_3Q'^2_3-R_4Q_4^2+R_5Q_5^2)}{2(R_3Q'_3+R_4Q_4+R_5Q_5)}$$

$$=-\frac{(0.860\times1.75^2-0.984\times11.64^2+0.465\times13.36^2)}{2(0.860\times1.75+0.984\times11.64+0.465\times13.36)}$$

$$=+1.24\ (m^3/s)$$

风量修正：

$$Q''_3=1.75+1.24=2.99\ (m^3/s)$$
$$Q'_4=11.64-1.24=10.40\ (m^3/s)$$
$$Q'_5=13.36+1.24=14.60\ (m^3/s)$$

按同样的方法，进行第二次、第三次……迭代计算，直到满足精度要求为止。表 8-1 为本题计算过程和结果。

(5) 计算精度校验

本例经过三次迭代计算即能满足指定精度要求，具体见表 8-1。

(6) 计算网络的总阻力与总风阻

$$h_{总}=h_{1-2-4}=h_1+h_4=0.487\times13.16^2+0.984\times10.38^2=190.36\ (Pa)$$

$$R_{总}=\frac{h_{总}}{Q^2}=\frac{190.36}{25^2}=0.305\ (N\cdot s^2/m^8)$$

(三) 计算机解算通风网络软件应用

计算机解算复杂通风网络，速度快、精度高。随着计算机的发展与普及，计算机解算通风网络得到了迅速发展，并已有了一些较成熟的通风网络解算软件。下面介绍一个由安徽理工大学研制开发的通风网络解算软件 MVENT。

1. MVENT 软件的使用方法

在中文 Windows 环境下，启动 MVENT 软件，出现软件运行的主窗口，如图 8-13 所示。

(1) 通风网络原始数据的输入

从“数据”菜单选择“表格式数据”命令后，出现数据输入窗口。选择“新建”命令，在对话框中选择“基本通风网络数据文件”，即出现图 8-14 所示的表格，输入数据并存盘。

表中包括以下内容：

① 分支：是指各分支在网络图中的编号，应为正整数。

② 巷道名称：为不超过 20 个字符的连续字符串，不能有空格。

③ 类：是指分支的类型，用来区别不同类型的井巷。其取值如下：1——一般分支；2——地面大气分支；3——风机分支；4——辅助通风机分支；5——漏风分支。在本软件中，只要将风机分支正确标记，其余都可标为一般分支。

④ 形：是指巷道的断面形状等的标识。其取值如下：1——圆形；2——半圆形；3——三心拱；4——梯形(矩形)；5——已知风阻；6——固定风量。当取值为 1～4 时，分支风阻要根据阻力系数、分支长度、断面等计算；取 5 时，则必须输入风阻值。

⑤ 始点、末点：分别为分支的始节点和末节点号，应为正整数。

⑥ 系数：是分支的摩擦阻力系数乘以 10 000 后的数值。当已知风阻时，可不输入(为 0)。单位可为国际单位或工程单位，注意单位应统一。

⑦ 长度：是分支巷道的长度。当已知风阻时，可不输入(为 0)。单位：m。

⑧ 面积：是分支巷道的平均断面积。当已知风阻时，可不输入(为 0)。单位：m^2。

⑨ 风阻：当已知风阻(形为 5)时输入。单位可为国际单位或工程单位，注意单位应统一。

⑩ 需风：当分支为固定风量分支(形为 6)时输入，否则无效。单位：m^3/s。

表 8-1 迭代计算表

回路	分支	风阻 R /(N·s²/m⁸)	第一次迭代计算 初始风量 Q /(m³/s)	第一次迭代计算 $2RQ$	第一次迭代计算 RQ^2 /Pa	第一次迭代计算 风量修正值 ΔQ /(m³/s)	第一次迭代计算 渐近风量 Q /(m³/s)	第二次迭代计算 初始风量 Q /(m³/s)	第二次迭代计算 $2RQ$	第二次迭代计算 RQ^2 /Pa	第二次迭代计算 风量修正值 ΔQ /(m³/s)	第二次迭代计算 渐近风量 Q /(m³/s)	第三次迭代计算 初始风量 Q /(m³/s)	第三次迭代计算 $2RQ$	第三次迭代计算 RQ^2 /Pa	第三次迭代计算 风量修正值 ΔQ /(m³/s)	第三次迭代计算 渐近风量 Q /(m³/s)
1—2—3	1	0.487	11.64	11.34	−65.98		13.39	13.39	13.04	−87.32		13.18	13.18	12.84	−84.60		13.16
	2	0.652	13.36	17.42	+116.38		11.61	11.61	15.14	+87.88		11.82	11.82	15.41	+91.09		11.83
	3	0.860	0	0	0		+1.75	2.99	5.14	−7.69		2.78	2.80	4.82	−6.74		2.79
小计				28.76	+50.40	−1.75			33.32	−7.13	+0.21			33.07	−0.25	+0.01	
3—4—5	3	0.860	1.75	3.01	+2.63		2.99	2.78	4.78	+6.65		2.80	2.79	4.80	+6.70		2.79
	4	0.984	11.64	22.91	−133.32		10.40	10.40	20.47	−106.43		10.38	10.38	20.43	−106.02		10.38
	5	0.465	13.36	12.42	+83.00		14.60	14.60	13.58	+99.12		14.62	14.62	13.60	+99.39		14.62
小计				38.34	−47.69	+1.24			38.83	−0.66	+0.02			38.83	+0.07	−0.002	

图 8-13　MVENT 软件主窗口

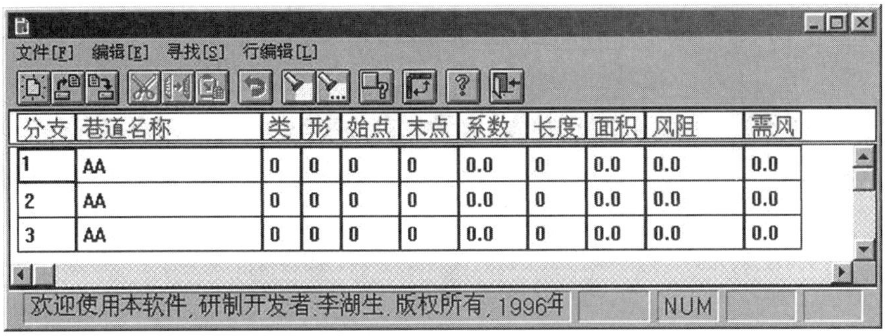

图 8-14　通风网络基础数据输入窗口

(2) 通风网络各分支位能差的输入

如果需要考虑通风网络中的自然风压时，应准备本文件。通过给定各分支的位能差，软件将根据所选择的独立回路计算各回路的自然风压，并且在网络解算时起作用。解算前应在“选项”菜单中选择“读入分支位能差”。

从数据输入窗口的“文件”菜单下选择“新建”命令，选择对话框中“分支位能差数据文件”，即出现图 8-15 所示的表格，输入数据并存盘。

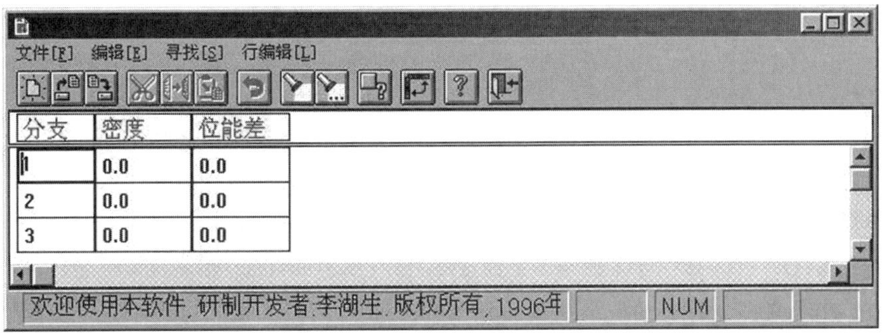

图 8-15　通风网络分支位能差数据输入窗口

表中包括以下内容：

① 分支：同上。

② 密度：是分支的平均风流密度。如果输入 0 值，则软件自动赋值为 1.2 kg/m^3。

③ 位能差：分支始末节点的位能差。可按公式 $p_{位12}=\rho_{均12}g(z_1-z_2)$ 计算，式中 $\rho_{均12}$ 为分支平均密度，单位：kg/m^3；z_1 和 z_2 分别为分支始末节点的标高，单位：m。

(3) 风机特性数据的输入

从主窗口“数据”菜单中选择“风机数据”命令，即可调出风机特性数据输入对话框，如图 8-16所示，输入数据并存盘。

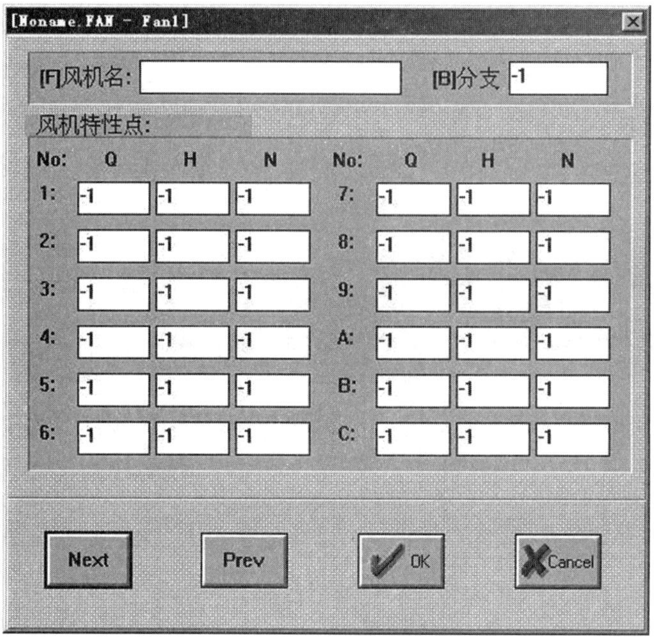

图 8-16　风机特性数据输入对话框

风机数据输入对话框中包括如下数据输入项：

① 风机名：为不超过 20 个字符的连续字符串。

② 风机所在分支：为风机在通风网络中所在的分支号。

③ 风机风量：是风机特性曲线上所取的一些特征点的风量，最多可输入 12 个特征点。

④ 风机风压：是对应于上述风机风量的特征点的风机静压。

⑤ 风机功率：是对应于上述风机风量时的风机输入功率。

(4) 选项设定

在“网络解算”中选择“选项”，即可调出图 8-17 所示的选项设置对话框。可设置独立回路选择方法、网络解算算法、是否读入自然风压文件和独立回路文件。

(5) 网络解算

在“网络解算”中选择“网络解算”命令或单击工具栏上的计算器图标。软件将自动提示输入所需的数据文件。图 8-18 所示为提示输入“通风网络基础数据文件”的对话框。同样按提示可输入“风机数据文件”和“分支位能文件”。

(6) 结果分析

解算结果以表格形式显示，如图 8-19 所示。

2. 网络解算应用

通风网络解算软件可用于解决矿井通风设计和矿井通风管理的实际问题：

(1) 矿井设计时的风量分配、通风总阻力、风机工况点等的计算及风机选型和通风系统优化。

(2) 生产矿井的风量调节计算、通风状态预测及矿井系统改造等。

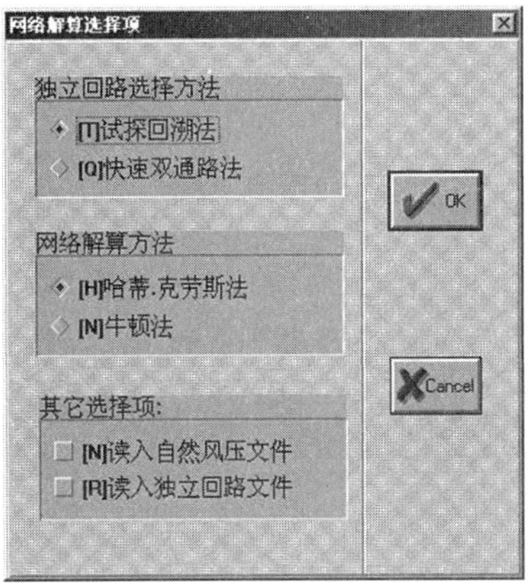

图 8-17　选项设置对话框

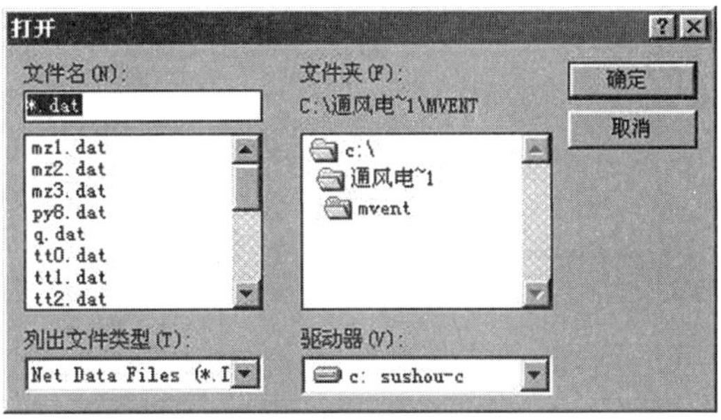

图 8-18　数据文件输入对话框

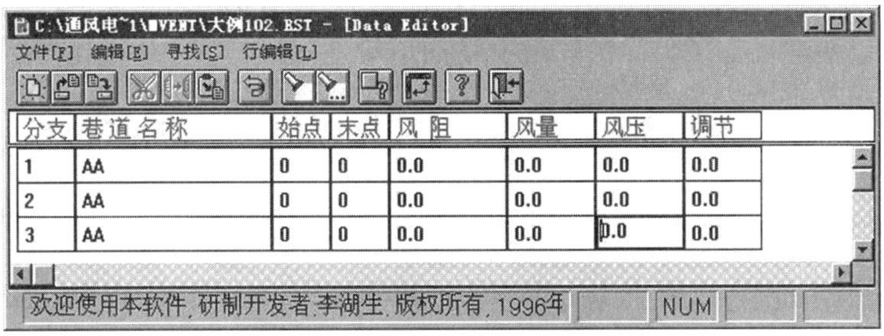

图 8-19　网络解算结果显示窗口

第二节　矿井通风设施及漏风计算

通风设施是控制矿井风流流动的各类设施的总称。为了保证风流按拟定路线流动,使各个用风地点得到所需风量,就必须在某些巷道中设置相应的通风设施对风流进行控制。通风设施必须正确地选择合理位置,按施工方法进行施工,保证施工质量,严格管理制度。否则,会造成大量漏风或风流短路,破坏通风的稳定性。

一、通风设施

矿井通风设施按作用不同可分为两类:一类是引导风流的通风设施,如主要通风机风硐、反风装置、风桥、导风板和调节风窗;另一类是隔断风流的通风设施,如井口密闭、挡风墙、风帘和风门等。

(一) 引导风流的设施

1. 风桥

风桥是将两股平面交叉的新、污风流隔成立体交叉的一种通风设施,污风从桥上通过,新风从桥下通过。

(1) 分类

风桥按其结构不同,可分为以下三种:

① 绕道式风桥

如图 8-20 所示，开凿在岩石中，坚固耐用，漏风小，但工程量较大。主要用于服务年限很长，通过风量在 20 m^3/s 以上的主要风路中。

② 混凝土风桥

如图 8-21 所示，结构紧凑，比较坚固。当服务年限较长，通过风量为 10～20 m^3/s 时可以采用。

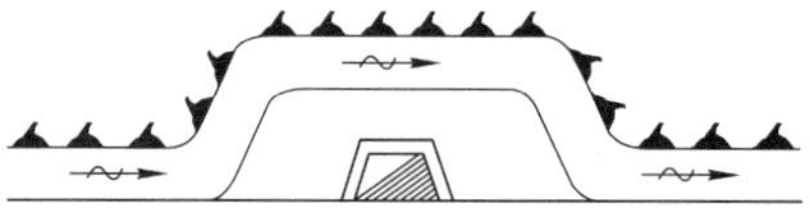

图 8-20　绕道式风桥

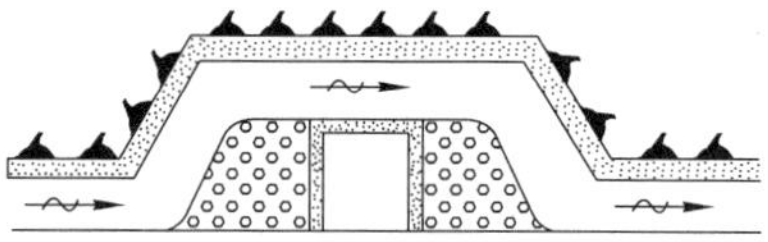

图 8-21　混凝土风桥

③ 铁筒风桥

如图 8-22 所示，由铁筒与风门组成。铁筒直径不小于 0.8～1 m，风筒壁厚不小于 5 mm，每侧应设两道以上风门。一般用于服务年限短，通过风量为 10 m^3/s 的次要风路中使用。

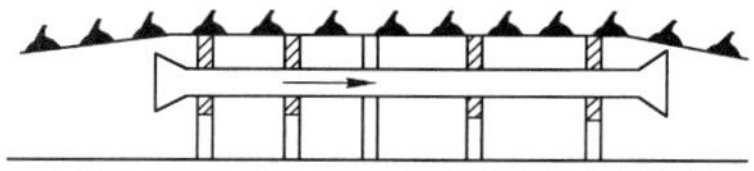

图 8-22　铁筒风桥

(2) 风桥的质量标准

① 用不燃材料建筑。

② 桥面平整不漏风。

③ 风桥前后各 5 m 范围内巷道支护良好，无杂物、积水和淤泥。

④ 风桥的断面不小于原巷道断面的 4/5，成流线型，坡度小于 30°。

⑤ 风桥的两端接口严密，四周实帮、实底，要填实。

⑥ 风桥上下不准设风门。

(3) 风桥施工方法

施工前的准备工作：

① 施工前，必须掌握施工图纸要求和安全技术措施，并按要求施工。

② 施工地点要进行通风，并检查瓦斯、二氧化碳等情况，保证施工安全。

③ 准备好施工所需材料及工具，妥善保护施工地点敷设的管路、电缆等设备，并检查巷道支护情况，发现问题及时处理。

风桥施工操作：

① 两坡挑顶的要求如下：挑顶前先加固顶板及起坡点外 5 m 内的支架；根据施工要求打炮眼，爆破挑顶；装药、爆破必须由专职爆破员按有关规定进行。爆破前必须撤出人员，在巷道交岔口外设好警戒，发出信号后再爆破；爆破后由施工负责人和爆破员共同验炮。验炮后应一人监护，并进行临时支护后再清碴。

② 挑正顶的要求如下：挑正顶前，先将炮眼打好，然后撤回掉原支架；装药时，必须认真检查顶板，并打好临时支柱；爆破只能放小炮；挑正顶时必须先加强下巷支架，必要时可在棚

梁下打临时支柱。

③ 卧底时，应先在附近支架棚梁处打上临时支柱，维护好顶板。

④ 对砌墙的要求如下：可用砖、料石砌墙，风桥两端坡度不能大于 30°，呈流线型；砌墙应先放好中腰线，并按规定掏槽，见实帮实底；墙面要砌平整，勾缝或抹面应符合质量标准要求，顶帮应接严填实；风桥前墙及桥面用水泥预制板铺密，后墙用砖或料石砌筑，墙中加填黄土，层层用木槌捣实，用砂浆将桥面抹平。

⑤上巷支护需要支棚打柱时，必须穿鞋；正顶打的棚腿要打在下巷棚梁上；坡巷的支架必须牢固，起坡处棚柱要与巷道顶部垂直。

⑥ 服务年限短，风量小于 10 m^3/s 时，可采用铁筒式风桥。

⑦ 风桥施工完毕后，要将管路、电缆悬挂整齐，现场清理干净。

风桥施工时的注意事项：

① 用铁筒作风桥时，每个接头均要加衬垫、拧紧，两端应呈流线型。

② 施工时，现场负责人要经常检查支架顶板情况，发现问题应及时处理，并应将人员撤到安全地点，然后向通风调度汇报。

③ 风桥中不准设风门，上、下巷联通的绕道需设风门时，按风门施工的要求进行。

④ 风桥建成后，要将内外墙全面整修勾缝或抹面。竣工后，报通风部门验收，凡不符合质量标准处，必须返工。

2. 导风板

矿井中常用的导风板有以下几种。

(1) 引风导风板

压入式通风的矿井中，为防止井底车场漏风，在进风石门与巷道交叉处，安设引导风流的导风板，以便利用风流流动的方向性，改变风流的分配状况，提高矿井的有效风量率。如图 8-23 所示，是导风板的安装示意图。导风板可用木板、铁板或混凝土板制成。

挡风板要做成圆弧形，与巷道光滑连接。导风板的长度应超过交叉口一定距离，一般为 0.5～1 m。

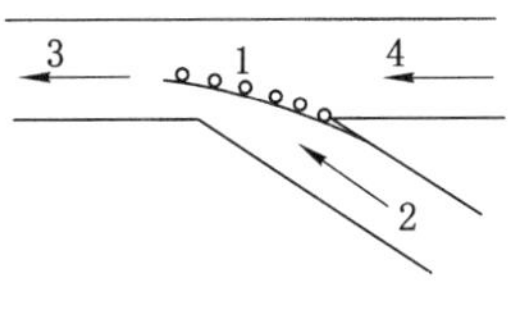

图 8-23　引风导风板

1——导风板；2——进风石门；3——采区巷道；4——车场绕道

(2) 降阻导风板

通过风量较大的巷道直角转弯时，为降低通风阻力，可用铁板制成机翼形或普通弧形导风板，减少风流冲击的能量损失。如图 8-24 所示是直角转弯处导风板的装置图。导风板的敞角 $\alpha=100°$，导风板的安装角 $\beta=45°\sim50°$。安设此种导风板后可使直角导风板的局部阻力系数由原来的 1.4 降低到 0.3～0.4。

(3) 汇流导风板

如图 8-25 所示。在三岔口巷道中，当两股风流对头相遇汇合在一起时，可安设导风板，减少风流相遇时的冲击能量损失。此种导风板由木板制成，安装时应使导风板伸入汇流巷道中，所分成的两个隔间面积与各自所通过的风量成正比。

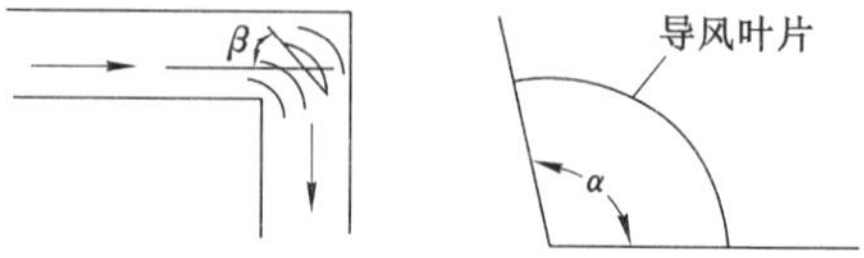

图 8-24　降阻导风板

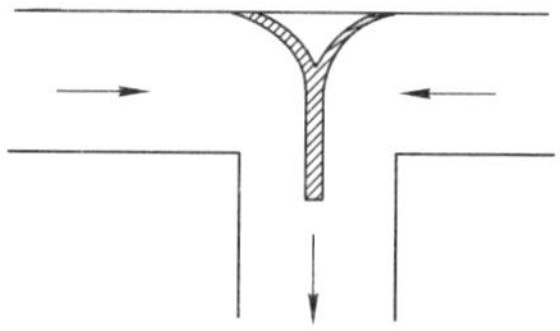

图 8-25　汇流导风板

（二）隔断风流的设施

隔断风流的设施，主要有挡风墙、风门。

1. 密闭（又称挡风墙）

密闭是隔断风流的构筑物。在不允许风流通过也不允许行人行车的井巷，如采空区、旧巷、火区以及进风与回风大巷之间的联络巷道，都必须设置密闭，将风流截断。

(1) 分类

密闭按其结构及服务年限的不同，可分为临时密闭和永久密闭两类。

① 临时密闭。一般是在立柱上钉木板，木板上抹黄泥建成临时性挡风墙。但当巷道压力不稳定，并且挡风墙的服务年限不长(2 年以内)时，可用长度约 1 m 的圆木段和黄泥砌筑成挡风墙。这种挡风墙的特点是：可以缓冲顶板压力，使挡风墙不产生大量裂缝，从而减少漏风。但在潮湿的巷道中容易腐烂。

② 永久密闭。在服务年限长(2 年以上)时使用。挡风墙材料常用砖、石、水泥等不燃性材料修筑，其结构如图 8-26 所示。为了便于检查密闭区内的气体成分及密闭区内发火时便于灌浆灭火，挡风墙上应设观测孔和注浆孔，密闭区内如有水时，应设放水管或反水沟以排出积水。为了防止放水管在无水时漏风，放水管一端应制成 U 形，利用水封防止放水管漏风。

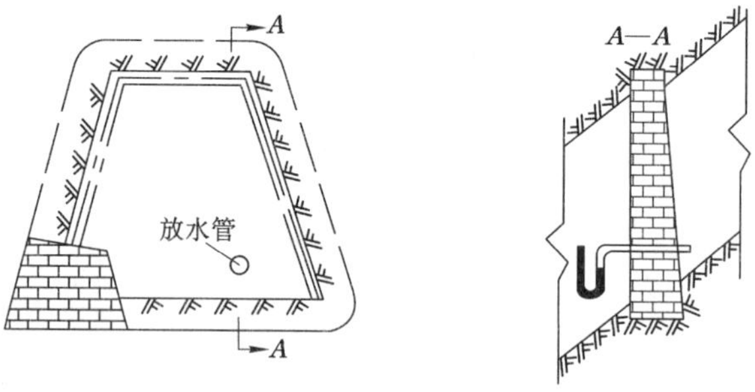

图 8-26　永久密闭

(2) 质量标准

永久密闭的质量标准：

① 用不燃性材料建筑，严密不漏风，墙体厚度不小于 0.5 m。

② 密闭前无瓦斯积聚，5 m 内支架完好，无片帮、冒顶，无杂物、积水和淤泥。

③ 密闭周边要掏槽，见硬底、硬帮，与煤岩接实，并抹有不少于 0.1 m 的裙边。

④ 密闭内有水的要设反水池与反水管；有自然发火的采空区密闭要设观测孔、灌浆孔，孔口要堵严密。

⑤ 密闭前要设栅栏、警标、说明牌板和检查箱。

⑥ 墙面要平整，无裂缝、重缝和空缝。

(3) 密闭施工方法

准备工作：

① 装运材料要有专人负责。各种材料装车后均不要超过矿车高度、宽度，两端要均衡。

② 料车入井前必须与矿井调度室及有关单位联系，运送时应严格遵照运输部门的有关规定。

③ 施工人员随身携带的小型材料和工具要拿稳，利刃工具要装入护套，材料应捆扎牢固，要防止触碰架空线。

④ 井下装卸笨重材料要相互照应，靠巷帮堆放的材料要整齐，不得影响运输、通风、行人。

⑤ 人力运输过溜煤眼时，要注意安全。不准使用刮板输送机及带式输送机运送材料。

⑥ 施工前必须对施工地点、规格、要求了解清楚，掌握有关安全技术措施和施工要求，做到安全施工。

⑦ 密闭位置应选择在顶底帮坚硬、未遭破坏的煤岩巷道内，避免设在动压区。

⑧ 施工地点必须通风良好，瓦斯、二氧化碳等有害气体的浓度不超过《煤矿安全规程》的规定。

⑨ 必须由外向里逐步检查施工地点前后 5 m 的支架、顶板情况，发现问题及时处理，处理时由一人处理、一人监护，处理不完必须及时进行临时支护。

⑩ 拆除密闭地点的支架，必须先加固其附近巷道支架；若顶板破碎，应先用托棚或探梁将梁托住，再拆棚腿，不准空顶作业。

⑪ 掏槽时应注意以下几点：掏槽一般应按先上后下的原则进行，掏出的煤、矸等物要及时运走，巷道应清理干净；掏槽深度必须符合规定要求，见实帮实底；砌碹巷道密闭要拆碹掏槽，并按专门安全措施施工。

永久密闭施工操作：

① 在有水沟的巷道中建筑的永久密闭，要保证水流畅通，但不能漏风。

② 用砖、料石砌墙时，竖缝要错开，横缝要水平，排列必须整齐；砂浆要饱满，灰缝要均匀一致；干砖要浸湿；墙芯逐层用砂浆填实；墙厚要符合标准。

③ 双层砖或料石中间填黄土的密闭，黄土湿度不宜过大，且应随砌随填，层层用木槌捣实。

④ 砌墙到中上部时要预留观测孔及灌浆孔，铁管孔口应伸入密闭内 1 m 以上，外口距密闭墙至少 0.2 m，外口要设阀门，不用时关闭。

⑤ 密闭封顶要与顶帮接实。当顶板破碎时，托棚或探梁上的原支架棚梁应随砌墙进度而逐渐拆下，且应除去浮煤、矸后再掏槽砌墙。

⑥ 密闭墙砌实后要勾缝或抹面，墙四周要包边抹，其宽度不少于 0.2 m。要求抹平，打光压实。

临时密闭施工操作：

① 用砖建筑的临时密闭的厚度不应小于 240 mm，其他质量要求与永久密闭相同。

② 建筑木板临时密闭时应满足以下要求：应根据巷道断面大小，确定打立柱的数量。立柱要打牢固，且与巷道顶、底板接实；木板条采用鱼鳞式搭接方式。自上而下依次压茬排列钉在立柱上，压茬宽度不小于 15 mm，四周木板均要伸入槽内接实；木板钉严实后，必须清除杂物，然后用白石灰加黄泥或水泥加黄泥浆沿木板压茬缝及墙四周抹平。

③ 建木板临时密闭时应满足以下要求：先在巷道底部铺一层黄泥，上铺一层木板，然后依次铺黄泥、木板，层层用锤砸实，木板外露处要排列均匀整齐；墙内有水时，必须预先埋下一根铁管排水，水管外口要装水闸门；木板墙与巷道顶帮之间的缝隙要用黄泥填实，并用黄泥加白灰或水泥把墙面抹平整。

密闭施工中的注意事项：

① 掏槽只能用大锤、钎子、手镐、风镐施工，不准采用爆破方法。

② 在立眼或急倾斜巷道中施工时，必须佩戴保险带，并制定安全措施。

③ 砌墙高度超过 2 m 时，要搭脚手架，保证安全牢靠。

④ 施工完毕后，要认真清理现场，做到密闭前 5 m 支架完好，在距巷道岔口 1～2 m 处应设置栅栏、揭示警标，悬挂说明牌。

2. 风门

在不允许风流通过但需行人或行车的巷道内，必须设置风门。风门的门扇安设在挡风墙墙垛的门框上。墙垛可用砖、石、木材和水泥砌筑。

按其材料的不同，风门的建筑材料有木材、金属材料、混合材料等三种。

按其结构的不同，可分为普通风门和自动风门两种。在行人或通车不多的地方，可设普通风门；而在行人通车比较频繁的主要运输巷道上，则应安设自动风门。

(1) 分类

① 普通风门：用人力开启，一般多用木板或铁皮制成，图 8-27 所示为单扇木质沿口普通风门。这种风门的结构特点是：门扇与门框呈斜面沿口接触，接触处有可缩性衬垫，比较严密、坚固，一般可使用 1.5～2 年。门扇开启方向要迎着风流，使门扇关上后在风压作用下保持风门关闭严密。门框和门扇都要顺风流方向倾斜，与水平面成 80°～85°倾角。门框下设门坎，过车的门坎要留有轨道通过的槽缝，门扇下部要设挡风帘。

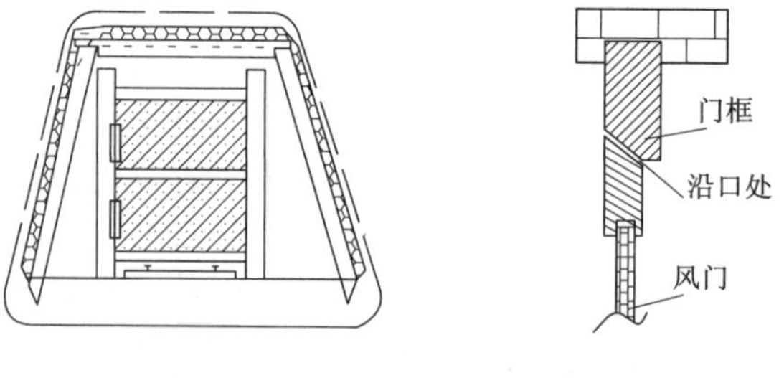

图 8-27　普通风门

② 自动风门：是借助各种动力来开启与关闭的一种风门，按其动力不同分为碰撞式、气动式、电动式和水动式等，如图 8-28 所示。

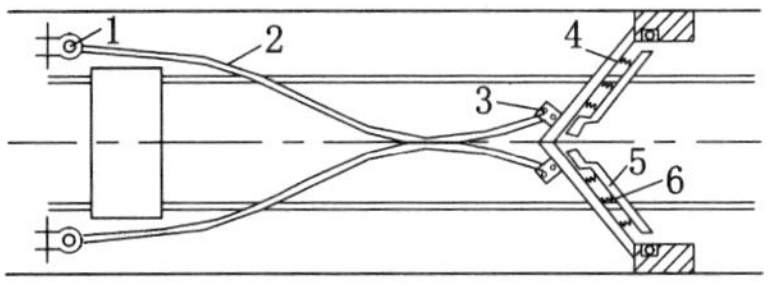

(a) 碰撞式自动风门示意图

1——杠杆回转轴；2——碰撞风门杠杆；3——风耳；4——门板；5——推门弓；6——缓冲弹簧

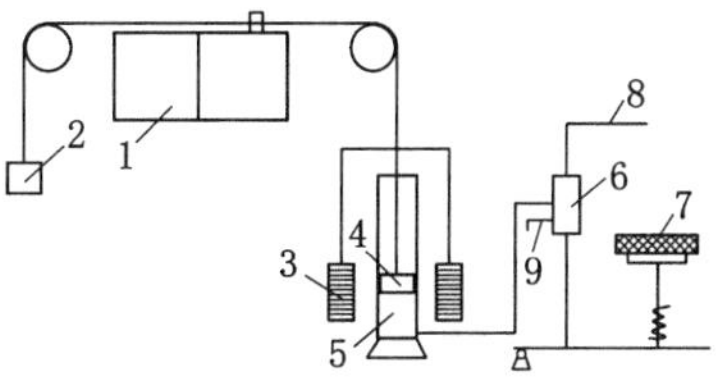

(b) 水力配重自动风门示意图

1——门扇；2——平衡锤；3——重锤；4——活塞；5——水缸；6——三通水阀；7——电磁铁；8——高压水管；9——放水管

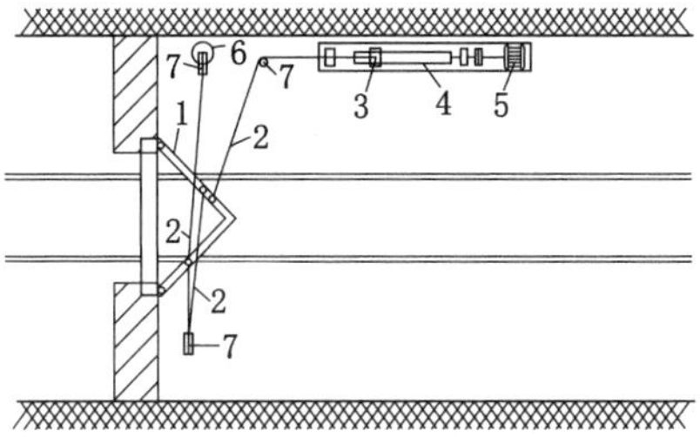

(c) 电动风门示意图

1——门扇；2——牵引绳；3——滑块；4——螺杆；5——电动机；6——配重；7——导向滑轮

图 8-28　自动风门

a. 碰撞式自动风门

由木板、推门杠杆、门耳、缓冲弹簧、推门弓和铰链等组成。门框和门扇倾斜 80°～85°。风门是靠矿车碰撞门板上的门弓和推门杠杆而自动打开、借风门自重而关闭的。这种风门具有结构简单、易于制作和经济实用等优点；缺点是撞击部件容易损坏，需经常维修。故多用于行车不太频繁的巷道中。

b. 气动或水动风门

这种风门的动力来源是压缩空气或高压水。它是由电气触点控制电磁阀，电磁阀控制气缸或水缸的阀门，使气缸或水缸中的活塞做往复运动，再通过联动机构控制风门的开闭。这种风门简单可靠，但只能用于有压缩空气和高压水源的地方。北方矿井严寒易冻的地方不能使用。

c. 电动风门

电动风门是以电动机作动力。电动机经过减速器带动联动机构，使风门开闭。电动机的启动和停止可用车辆触及开关或光电控制器自动控制。电动风门应用广泛，适用性强，只是减速和传动机构稍微复杂些。

(2) 质量标准

永久风门的质量标准：

① 每组风门不少于两道。通车风门间距不小于一列车长度，行人风门间距不少于5 m。进、回风巷道之间需要设风门处同时设反向风门，其数量不少于两道。

② 风门能自动关闭。通车风门实现自动化，矿井总回风和采区回风系统的风门要安装

闭锁装置;风门不能同时敞开(包括反风门)。

③ 门框要包边沿口有垫衬,四周接触严密。门扇平整不漏风,门扇与门框不歪扭。门轴与门框要向关门方向倾斜 80°～85°。

④ 风门墙垛要用不燃性材料建筑,厚度不小于 0.5 m,严密不漏风。墙垛周边要掏槽,见硬顶、硬帮,与煤体接实。墙垛平整,无裂缝、重缝和空缝。

⑤ 风门水沟要设反水池或挡风帘,通车风门要设底坎,电管路孔要堵严。风门前后各 5 m 内巷道支护良好,无杂物、积水和淤泥。

(3) 风门施工方法

施工前的准备工作:

① 装运材料及施工前的准备工作与密闭施工时的相同。

② 在有电缆线、管路处施工时,要妥善保护电缆、管路,防止破坏。需移动高压电缆时,要事先与机电部门取得联系。

③ 墙垛四周要掏槽,其深度必须符合质量要求。

永久风门施工操作:

① 稳门框时应按以下规定进行:先稳下门坎,下坎的上平面要稍微高于轨面,下坎设好后再安装门框及上坎横梁,要求门框与门坎互成直角,上、下坎应互相平行;根据风压大小,门框应朝顺风的方向倾斜一定的角度,一般以 85°左右为宜。调好门框倾角后,用棍棒、铁丝将门框稳固。

② 在有水沟的巷道中砌风门墙垛前,必须先砌反水池;砌墙垛时应按永久施工操作要求施工;两边墙垛施工要平行进行,逐渐把门框牢固嵌入墙垛内。

③ 若需要在风门墙垛中通过电缆线路,在砌墙时要预留孔口孔位。

④ 反向风门要与正向风门同时施工,除门框倾斜角度、开关方向与正向风门相反外,其余要求与正风门相同。

⑤ 风门墙垛砌好后,墙两边均要用细灰砂浆勾缝或满抹平整,做到不漏风。水泥砂浆凝固后,方可施工风门门扇。

⑥ 安装门轴时,应将做好的门轴带螺丝的一端打入在门框上钻取的孔内,并搭正装牢。

⑦ 安装门扇时,应将门带上的圆孔套入门框的轴上,并使门扇与门框四周接触严密,要求风门不坠、不歪,开关自如。

⑧ 风门下部及水沟应钉挡风帘,确保严密不漏风;管线孔应用黄泥封堵严实。

⑨ 安设有自动开关装置的主要通车风门时,应保证其灵敏可靠,开关自如。

临时木板风门的安设操作:

① 立柱安设要牢固,且要有一定倾角;回风侧门要打撑木,风压大时回风侧门上坎过梁上要设横梁,并牢固嵌入巷道两帮。稳门框操作与上述相同。

② 稳框后钉木板时,上、下木板之间要求采用鱼鳞式搭接,且应由上往下钉,其压茬宽度不得小于 20 mm,顶帮及下帮要压边并接触槽内实茬。

③ 木板钉齐后要清渣抹缝,杂物要清除干净,并用黄泥掺水泥或白灰浆勾缝或抹满,保证墙面、四周不漏风。

④ 水泥浆凝固后即可安装风门扇,门扇的安装及调整与永久风门相同。

调节风窗安装操作:

① 密闭墙上需设调节风窗时，窗框预留在墙的正上方；风门上设有调节风窗时，窗框预留在风门扇的上方。

② 当密闭、风门墙砌筑到预留位置时，即可将制好的调节风窗嵌入墙内。调节窗口要备有可调节的插板。

③ 调节风窗除窗口施工外，其余质量标准和施工操作要求与风门密闭的质量标准和施工操作相同。

风门施工安全注意事项：

① 在架线电机车巷道中设风门及进行有关工作时，必须先和有关单位联系，在停电、挂好“有人工作，不准送电”的停电牌、设好临时地线及保护好架空线后方能施工。施工完毕后立即取掉临时地线，摘下停电牌，合闸送电。

② 在运输巷道中设风门时，要注意来往车辆，做到安全施工。

③ 每个风门施工完毕后，其前后 5 m 内的支架要保护完好，并应清理剩余材料，保证清洁、畅通。

二、漏风及有效风量

1. 矿井漏风及其危害性

矿井通风系统中，进入井巷的风流未到达使用地点之前沿途漏出或漏入的现象统称为矿井漏风。在矿井通风中，将流至矿井中各用风地点，起到通风作用的风量称为有效风量；将空气未经用风地点而由采空区、地表塌陷区、通风构筑物和煤柱裂隙等通道直接流(渗)入回风道或排出地表的现象称为漏风，该风量称为漏风风量。

漏风的危害：使工作面和用风地点的有效风量减少，气候和卫生条件恶化，增加无益的电能消耗，并可导致煤炭自燃等事故。

减少漏风、提高有效风量是通风管理部门的基本任务。

2. 漏风的分类及原因

(1) 漏风的分类

矿井漏风按漏风地点可分为：

① 外部漏风(或称井口漏风)：泛指地表附近如箕斗井井口以及地面主要通风机附近的井口、防爆门、反风门、调节闸门等处的漏风。

② 内部漏风(或称井下漏风)：是指井下各种通风构筑物、采空区以及碎裂煤柱等处的漏风。

(2) 漏风的原因

漏风通路两端存在压差时，就可产生漏风。漏风风流通过孔隙的流态，取决于漏风孔隙情况和漏风大小。

3. 矿井漏风率及有效风量率

(1) 矿井有效风量 $Q_{有效}$：风流通过井下各工作地点实际风量的总和。

$$Q_{有效}=\sum Q_{采i}+\sum Q_{掘i}+\sum Q_{硐i}+\sum Q_{其他i} \tag{8-46}$$

式中 $Q_{采i}$、$Q_{掘i}$、$Q_{硐i}$、$Q_{其他i}$——分别是用采煤工作面、掘进工作面、硐室和其他用风地点进(回)风流的实测风量换成标准状态的风量，m^3/s。

(2) 矿井有效风量率 $P_{有效}$：矿井有效风量 $Q_{有效}$ 与各台主要通风机风量总和之比。矿井有效风量率应不低于 85%。

$$P_{有效}=Q_{有效}/\sum Q_{通i}\times 100\% \tag{8-47}$$

式中 $Q_{通i}$——第 i 台主要通风机的实测风量换成标准状态的风量，m^3/s。

(3) 矿井外部漏风量 $Q_{外漏}$：主要通风机装置及其风井附近地表漏失的风量总和，可用各台主要通风机风量总和减去矿井总回(或进)风量来计算。

$$Q_{外漏}=\sum Q_{通i}-\sum Q_{井i} \tag{8-48}$$

式中 $\sum Q_{井i}$——第 i 号回(或进)风井的实测风量换成标准状态下的风量，m^3/s。

(4) 矿井外部漏风率 $P_{外漏}$：矿井外部漏风量 $Q_{外漏}$ 与各台主要通风机风量总和之比。

$$P_{外漏}=Q_{外漏}/\sum Q_{通i}\times 100\% \tag{8-49}$$

(5) 矿井漏风系数 $K_{漏}$：矿井总进风量与矿井总有效风量之比。

$$K_{漏}=Q_{总进}/Q_{有效} \tag{8-50}$$

式中 $Q_{总进}$——矿井实测总进风量换成标准状态下的风量，m^3/s。

矿井主要通风机装置外部漏风率无提升设备时不得超过 5%，有提升设备时不得超过 15%。

4. 减少漏风、提高有效风量的措施

漏风风量受漏风通道两端的压差与漏风风阻的影响。为了矿井生产的安全性和经济性，必须采取措施减少矿井漏风，提高有效风量。

(1) 合理地选择矿井开拓系统和采煤方法。服务年限长的主要巷道应开掘在岩石内；应尽量采用后退式及下行式开采顺序；用冒落法管理顶板的采煤方法应适当增加煤柱尺寸或砌石垛以杜绝采空区漏风。

(2) 合理选择通风系统。应尽量选择漏风小的矿井通风系统和采区通风系统。

(3) 及时封堵漏风通道。及时充填地面塌陷坑洞及裂隙。地表附近的小煤窑和古窑必须查明，标在巷道图上，相关的通道必须修建可靠的密闭，必要时要填砂、填土或注浆。储煤仓中的存煤保持一定的厚度。采空区和不用的通风联络巷必须及时封闭。往采空区注浆、洒水等，可以提高其压实程度，减少漏风。

(4) 减少井口漏风。斜井可多设几道风门并加强其工程质量。立井应加强井盖的密封。此外，也应防止反风装置和闸门等处的漏风。

(5) 防止井下通风设施漏风。通风设施安设位置、类型及质量必须规范化、系列化，保证工程质量；通风设施不应设在有裂隙的地点；压差大的巷道中应采用质量高的通风设施。

第三节 矿井风量调节

在矿井生产中，矿井风网的供风量会因巷道的延伸、工作面的推进等因素不断地发生变化。另外，瓦斯涌出量等发生变化也要引起风网内需风量的变化。这些变化都会导致井下各用风地点的实际供风量与需求风量产生较大差异，甚至引起矿井总风量的供需变化。为了保证井下风流按所需的风量和预定的路线流动，就需要对矿井风量进行调节。这是矿井通风管理的重要内容。通常，在采区内、采区之间和生产水平之间的风量调节称为局部风量调节；对全矿总风量进行增减的调节称为矿井总风量调节。

一、局部风量调节

局部风量调节有三种方法：增加风阻调节法、降低风阻调节法和辅助通风机调节法。

（一）增加风阻调节

1. 增阻法调节原理

图 8-29 所示为某采区两个采煤工作面的通风网络图。已知两风路的风阻值 $R_1 = 0.8\ \mathrm{N \cdot s^2/m^8}$，$R_2 = 1.0\ \mathrm{N \cdot s^2/m^8}$，若总风量 $Q = 12\ \mathrm{m^3/s}$，则该并联网络中自然分配的风量分别为：

$$Q_1 = \frac{Q}{1 + \sqrt{\frac{R_1}{R_2}}} = \frac{12}{1 + \sqrt{\frac{0.8}{1.0}}} = 6.3\ (\mathrm{m^3/s})$$

$$Q_2 = Q - Q_1 = 12 - 6.3 = 5.7\ (\mathrm{m^3/s})$$

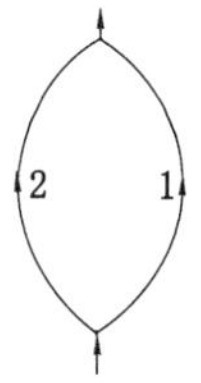

图 8-29　并联通风网络

如按生产要求，1 分支的风量应为 $Q_1 = 4.0\ \mathrm{m^3/s}$，2 分支的风量应为 $Q_2 = 8.0\ \mathrm{m^3/s}$，显然自然分配的风量不符合生产要求。按满足生产要求的风量，两分支的阻力分别为：

$$h_1 = R_1 Q_1^{\,2} = 0.8 \times 42 = 12.8\ (\mathrm{Pa})$$

$$h_2 = R_2 Q_2^{\,2} = 1.0 \times 82 = 64.0\ (\mathrm{Pa})$$

2 风路的阻力大于 1 风路的阻力，这与并联网络两分支分压平衡的规律不符。因此，必须进行调节。采用增阻调节法，即以 h_2 的数值为并联风网的总阻力，在 1 风路上增加一项局部阻力 $h_{窗}$，使两风路的阻力相等，这时进入两风路的风量即为需要的风量。

$$h_1 + h_{窗} = h_2$$

或

$$h_{窗} = h_2 - h_1$$

$$h_{窗} = 64 - 12.8 = 51.2\ (\mathrm{Pa})$$

以上实例说明，增阻调节法的实质就是以并联风网中阻力较大的分支阻力值为依据，在阻力较小的分支中增加一项局部阻力，使并联各分支的阻力达到平衡，以保证风量按需供应。

增阻调节法的主要措施，是在调节支路回风侧设置调节风窗（图 8-30）、临时风帘、风幕等调节装置，如图 8-31 所示。其中，调节风窗由于其调节风量范围大，制造和安装都较简单，在生产中使用的最多。

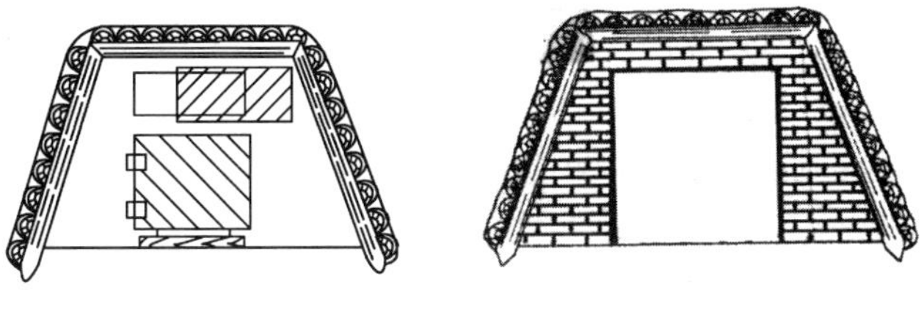

图 8-30　调节风窗

调节风窗的开口断面积计算：

当 $S_{窗}/S \leqslant 0.5$ 时：

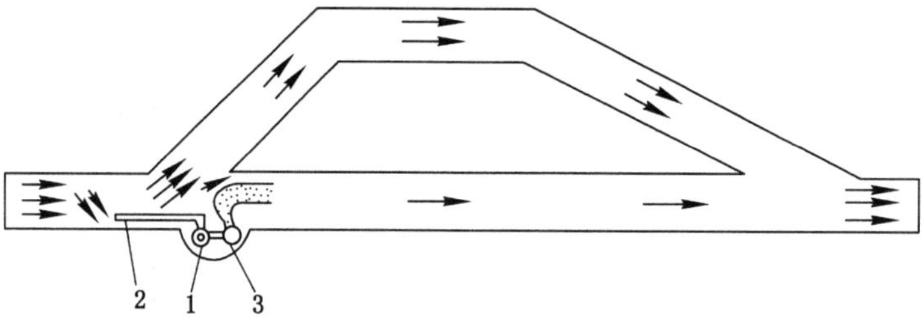

图 8-31　风幕

1——局部通风机；2——吸风管；3——圆筒

$$S_{窗}=\frac{QS}{0.65Q+0.84S\sqrt{h_{窗}}} \tag{8-51}$$

或

$$S_{窗}=\frac{S}{0.65Q+0.84S\sqrt{R_{窗}}} \tag{8-52}$$

当 $S_{窗}/S>0.5$ 时：

$$S_{窗}=\frac{QS}{Q+0.759S\sqrt{h_{窗}}} \tag{8-53}$$

或

$$S_{窗}=\frac{S}{Q+0.759S\sqrt{R_{窗}}} \tag{8-54}$$

式中　$S_{窗}$——调节风窗的断面积，m^2；

S——巷道的断面积，m^2；

Q——通过的风量，m^3/s；

$h_{窗}$——调节阻力，Pa；

$R_{窗}$——调节风窗的风阻，$N\cdot s^2/m^8$，$R_{窗}=h_{窗}/Q^2$。

上例中，若 1 分支回风侧设置调节风窗处的巷道断面 $S_1=4.5\ m^2$，则调节风窗的开口断面积为：

$$S_{窗}/S=\frac{Q}{Q+0.759S\sqrt{h_{窗}}}=\frac{4}{4+0.759\times4.5\sqrt{51.2}}=0.14<0.5$$

$$S_{窗}=\frac{QS}{0.65Q+0.84S\sqrt{h_{窗}}}=\frac{4\times4.5}{0.65\times4+0.759\times4.5\sqrt{51.2}}\approx0.61\ (m^2)$$

2. 增阻法调节的分析

增阻调节法使风网总风阻增加，如果主要通风机特性曲线不变，总风量会减少，在一定条件下，可能达不到调节风量的预期效果。

如图 8-32 所示，已知主要通风机特性曲线Ⅰ和两分支风阻 R_1、R_2。在图上按照“风压相等，风量相加”的原则，绘制并联风网的总风阻曲线 R。R 与曲线Ⅰ的交点 a 即为主要通风机的工作点，a 点的横坐标则为矿井的总风量 Q。从 a 作水平线与 R_1、R_2 交于 b、c 两点，则 b、c 两点的横坐标 Q_1、Q_2 为两风路自然分配的风量。如果在 1 风路中采取增阻法调节，增加的风阻值为 $R_{窗}$，1 风路中的风阻则上升为 R_1'（$R_1'=R_1+R_{窗}$），在图上绘出 R_1' 的曲线，并绘出 R_1' 和 R_2 并联的风阻曲线 R'，由 R' 与曲线Ⅰ的交点 a' 解出调节后的矿井总风量

Q'。由 a' 作水平线交 R_1' 和 R_2 于 b'、c'，则调节后分配在两分支中的风量分别为 Q_1'、Q_2'。可以看出，风量调节后由于矿井总风阻值的增加，使总风量减少，其减少值为 $\Delta Q=Q-Q'$；增阻的 1 分支中风量也减少，其减少值为 $\Delta Q_1=Q_1-Q_1'$；另一支风量增加，其增加值为 $\Delta Q_2=Q_2'-Q_2$。显然减少的多，增加的少，其差值就等于总风量的减少值，即：

$$\begin{aligned}Q&=(Q_1+Q_2)-(Q_1'+Q_2')\\&=(Q_1-Q_1')-(Q_2'-Q_2)\\&=\Delta Q_1-\Delta Q_2\end{aligned}$$

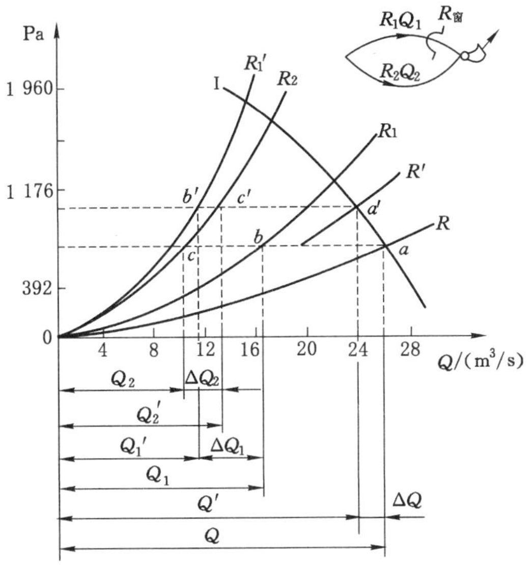

图 8-32　增阻法调节分析

总风量的减少值与主要通风机性能曲线的缓、陡有关。如图 8-33 所示，曲线Ⅰ为轴流式通风机风压特性曲线，曲线Ⅱ为离心式通风机风压特性曲线。R、R' 分别为调节前后的风阻曲线。可以看出，$\Delta Q<\Delta Q'$，表明通风机风压特性曲线越陡，总风量减少值越小，反之则越大。

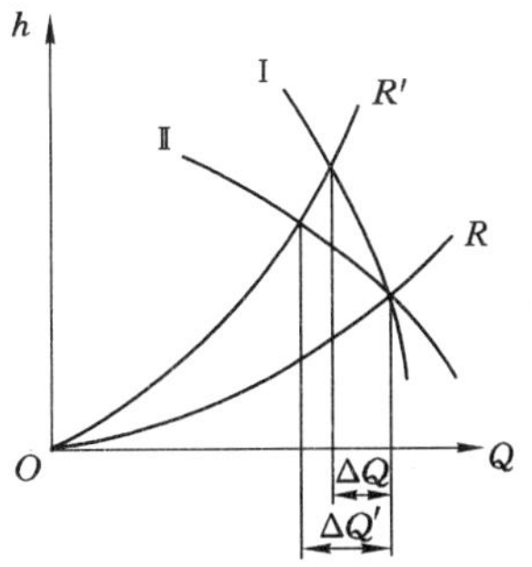

图 8-33　通风机风压曲线缓、陡对调风的影响

3. 增阻调节法的使用

(1) 调节风窗一般安设在回风侧，以免影响运输。当必须安设在运输巷道时，可采取多段调节，即用若干个大面积调节风窗代替一个面积较小的调节风窗，且满足小面积风窗的阻力等于这些大面积风窗的阻力之和。

(2) 在复杂风网中采用增阻法调节时，应按先内后外的顺序逐渐调节。使每个网孔的阻力达到平衡。要合理确定风窗的位置，防止重复设置。例如，图 8-34 所示的复杂网络，若每条风路所需的风压值已确定(图中括号内数值，单位 Pa)，合理的调节顺序应该按 $A\rightarrow B\rightarrow C\rightarrow D\rightarrow E$ 网孔，依次调节，并分别在 ab(10 Pa)支路、cd(50 Pa)支路、ef 支路设置调节风窗，增加的风压值分别为 10 Pa、20 Pa、30 Pa。

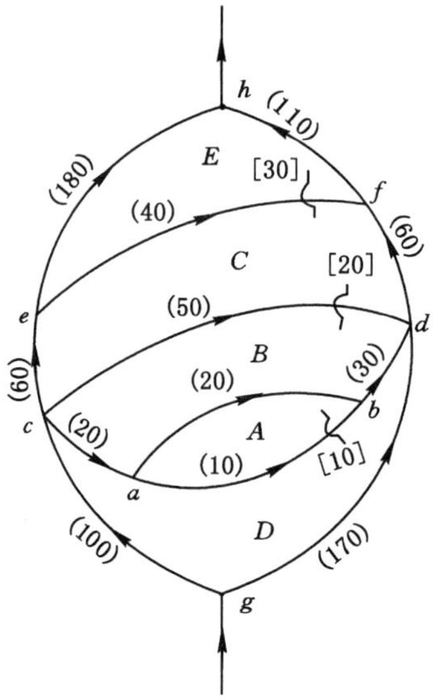

图 8-34　复杂风网中风窗调节的顺序

(3) 风窗一般安设在风桥之后[图 8-35(b)]。如果将风窗安设在风桥之前[图 8-35(a)]，由于风流经风窗后压降很大，造成风桥上、下风流的压差增大，可能导致风桥漏风增大。

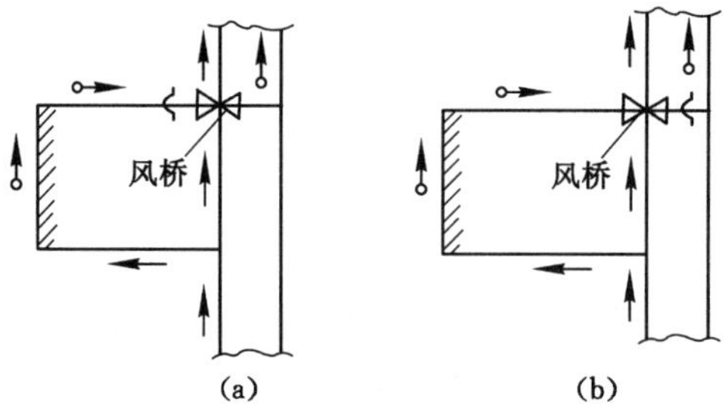

图 8-35　风桥前后风窗的位置

增阻调节法具有简单、易行的优点，是采区内巷道间的主要调节措施。但这种方法会使矿井的总风阻增加，若主要通风机风压特性曲线不变，会导致矿井总风量下降；否则，就得改变主要通风机风压特性曲线，以弥补增阻后总风量的减少。

(二) 降低风阻调节

1. 降阻法调节原理

如图 8-36 所示的并联风网，两分支风路的风阻分别为 R_1 和 R_2 ($N \cdot s^2/m^8$)，所需风量分别为 Q_1 和 Q_2 (m^3/s)，则两条风路产生的阻力分别为：

$$h_1 = R_1 Q_{12}$$

$$h_2 = R_2 Q_{22}$$

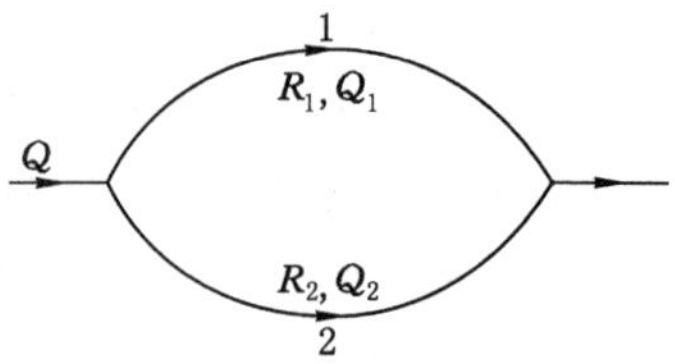

图 8-36　并联风网

如果 $h_2 > h_1$，采用降阻调节法调节时，则以 h_1 的数值为依据，使 h_2 减少到 $h_2' = h_1$。为此，需把 R_2 降

到 R_2'，即：

$$h_2' = R_2'Q_{22} = h_1$$

$$R'_2 = \frac{h_1}{Q_2^2} \tag{8-55}$$

以上表明，降阻调节法与增阻调节法相反。为了保证风量的按需分配，当两并联巷道的阻力不相等时，以小阻力分支为依据，设法降低大阻力巷道的风阻，使风网达到阻力平衡。

2. 降阻调节法的分析

降低风阻值的方法可根据所需降阻数值的大小和矿井通风状况而定。当所需降阻值不大时，首先应考虑减小局部阻力，还可以在阻力大的巷道旁侧开掘并联巷道（可利用废旧巷），也可以改变巷道壁面平滑程度或支架形式，通过减少摩擦阻力系数降低风阻；当所需降阻值较大时，可采用扩大巷道断面的方法，条件允许时，也可缩短通风路线总长度降低风阻。

如果将图 8-36 中 2 支路巷道全长 L_2(m)的断面扩大到 S_2'(m^2)，则：

$$R_2' = \frac{\alpha'_2 L_2 U'_2}{S''^3_2} \tag{8-56}$$

式中　α'_2——扩大后断面的摩擦阻力系数，$N \cdot s^2/m^4$；

U'_2——2 分支巷道扩大后的断面周长，m。

$$U'_2 = K\sqrt{S'_2} \tag{8-57}$$

式中　K——巷道断面形状系数。梯形巷道：$K=4.03 \sim 4.28$，一般取 4.16；三心拱巷道：$K=3.8 \sim 4.06$，一般取 3.85；半圆拱巷道：$K=3.78 \sim 4.11$，一般取 3.90。

将式(8-57)式代入式(8-56)，得出巷道 2 扩大后的断面积公式为：

$$S'_2 = \left(\frac{\alpha'_2 L_2 K}{R'_2}\right)^{\frac{2}{5}} \tag{8-58}$$

如果采用改变摩擦阻力系数降阻时，减小后的摩擦阻力系数公式为：

$$\alpha'_2 = \frac{R'_2 S_2^3}{L_2 U_2} \tag{8-59}$$

降阻调节法可使矿井总风阻减少，若主要通风机风压特性曲线不变，矿井总风量会增加。但这种方法工程量大、投资多、施工时间较长，所以降阻调节法多在矿井增产、老矿挖潜改造或某些主要巷道年久失修的情况下，用来降低主要风路中某一段巷道的通风阻力。

（三）辅助通风机调节

1. 辅助通风机调节法原理

如图 8-37 所示，如果按需要风量 Q_1、Q_2 计算出两风路的阻力 $h_2 > h_1$ 时，可在风路 2 中安装一台辅助通风机，用辅助通风机的风压来克服该风网的阻力差，使其符合风压平衡，即：

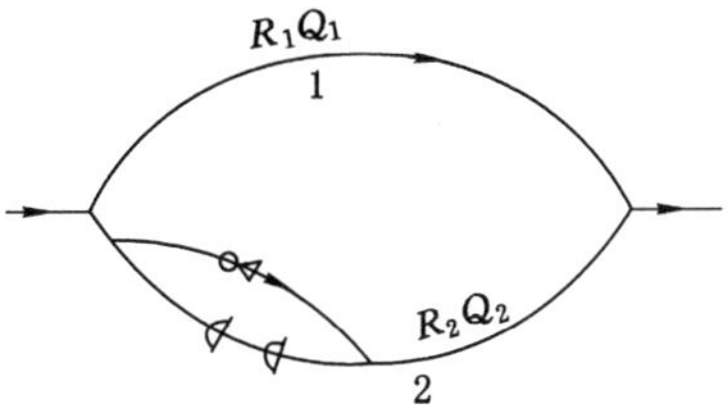

图 8-37　辅助通风机调节法原理

$$h_2 - h_{辅} = h_1 \tag{8-60}$$

式中　$h_{辅}$——辅助通风机风压，Pa；

h_1——1风路按需风量(Q_1)计算的阻力，Pa；

h_2——2风路按需风量(Q_2)计算的阻力，Pa。

可以看出，辅助通风机调节就是以阻力小的风路阻力为依据，在阻力较大的风路中安装一台辅助通风机，利用辅助通风机的风压克服一部分通风阻力，使并联风网阻力达到平衡，从而实现风量调节的目的。

2. 辅助通风机的选择

辅助通风机的选择方法有多种，这里只介绍一种简单方法。

(1) 辅助通风机的风压

辅助通风机的风压，就是并联风网的两分支的阻力差。由式(8-60)可知：

$$h_{辅} = R_2 Q_2^2 - R_1 Q_1^2 \tag{8-61}$$

式中　R_1、R_2——1、2两分支的风阻，$N \cdot s^2/m^8$；

Q_1、Q_2——1、2两分支的需要风量，m^3/s。

(2) 辅助通风机的风量

辅助通风机的风量，就是该巷道的需风量，即：

$$Q_{辅} = Q_2 \tag{8-62}$$

通过计算出的辅助通风机的风压和风量，就可选择合适的通风机。

3. 辅助通风机的安装和使用

(1) 为了保证新鲜风流通过辅助通风机而又不致妨碍运输，一般把辅助通风机安设在进风流的绕道中，如图8-38所示，但在进风巷道中至少要安设两道自动风门，其间距必须满足运输的要求，风门必须向压力大的方向开启。如果把辅助通风机安设在回风流中，安设方法基本相同，但要设法引入一股新鲜风流给风机的电动机通风(如利用大钻孔等方法)，使电动机在新鲜风流中运转。为此，安设电动机的硐室必须与回风流严密隔开。

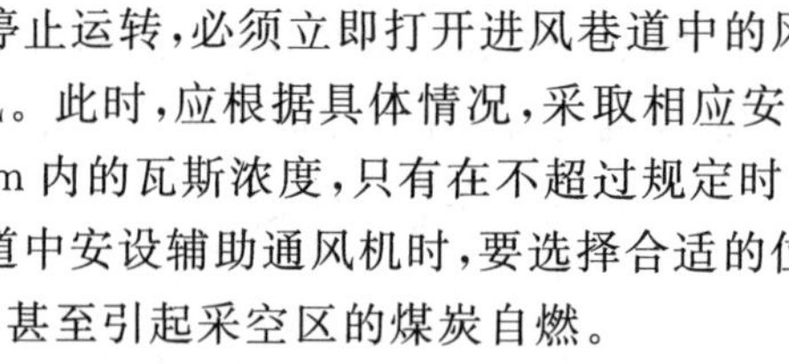

图8-38　辅助通风机的安装

(2) 如果辅助通风机停止运转，必须立即打开进风巷道中的风门，以免发生相邻区域的风流逆转，甚至产生循环风。此时，应根据具体情况，采取相应安全措施。重新启动辅助通风机之前，应检查附近20 m内的瓦斯浓度，只有在不超过规定时，才允许启动风机。

(3) 采空区附近的巷道中安设辅助通风机时，要选择合适的位置。否则，有可能产生通过采空区的循环风或漏风，甚至引起采空区的煤炭自燃。

(4) 严禁在煤(岩)与瓦斯(二氧化碳)突出的矿井中安设辅助通风机。

(四) 各种调节方法的评价

增阻调节法的优点是简便、经济、易行。但由于它增加了矿井总风阻，矿井总风量要减少，因此这种方法只适于服务年限不长、调节区域的总风阻占矿井总风阻的比重不大的采区范围内。对于矿井主要风路，特别是在阻力搭配不均的矿井两翼调风，则尽量避免采用。否则，不但不能达到预期效果，还会使全矿通风恶化。

减阻调节法的优点是减少了矿井总风阻，增加了矿井总风量。但实施工程量较大、费用高。因此，这种方法多用于服务年限长、巷道年久失修造成风网风阻很大而又不能使用辅助通风机调节的区域。

辅助通风机法调节的优点是简便、易行，且提高了矿井总风量。但管理复杂，安全性较差。因此，这种方法可在并联风路阻力相差悬殊、矿井主要通风机能力不能满足较大阻力风路要求时使用。

总之，上述三种风量调节方法各有特点，在运用中要根据具体情况，因地制宜选用。当单独使用一种方法不能满足要求时，可考虑上述方法的综合运用。

二、矿井总风量调节

矿井总风量调节主要是调整主要通风机的工作点。其方法是改变主要通风机的特性曲线，或是改变主要通风机的工作风阻。

（一）改变主要通风机工作风阻调节法

如图 8-39 所示的通风机工况，通风机特性曲线为 n，当矿井风阻特性曲线 R 增大为 R_1 时，通风机的工作点由 a 变到 b，矿井总风量由 Q 减到 Q_1；反之，工作点由 a 变到 b，矿井总风量由 Q 增至 Q_2。

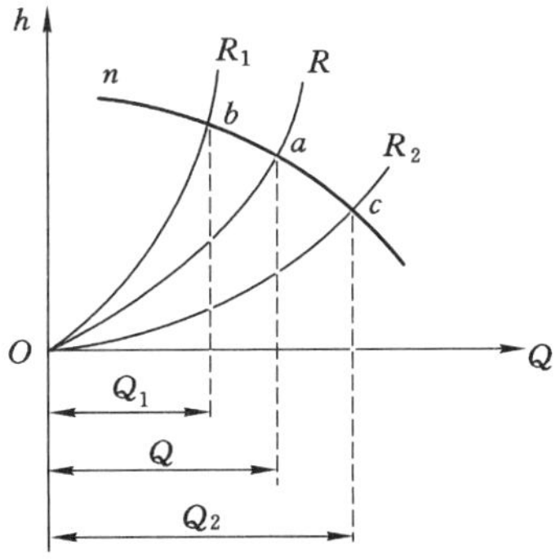

图 8-39　改变主要通风机的工作风阻调节风量

因此，当矿井要求的通风能力超过主要通风机最大潜力又无法采用其他调节法时，就必须降低矿井总风阻，以满足矿井通风要求。

如果主要通风机的风量大于矿井实际需要，可以增加主要通风机的工作风阻，使总风量下降。由于离心式通风机的输入功率随风量的减少而降低，所以对于离心式风机，当所需风量变小时，可利用风硐中的闸门增加风阻，减小风量；对于轴流式风机，通风机的输入功率随风量的减小而增加，故一般不用闸门调节而多采用改变通风机的叶片安装角度，或降低风机转速进行调节；对于有前导器的通风机，当需风量变小时，可用改变前导器叶片角度的方法来调节，但其调节幅度比较小。

（二）改变主要通风机特性调节法

1. 离心式通风机

对于矿井使用中的一台离心式通风机，其实际工作特性曲线主要决定于风机的转数。如图 8-40 所示，一台离心式通风机在转数为 n_1 时，其风压特性曲线为Ⅰ。如果实际产生的风量(Q_1)不能满足矿井需风量(Q_2)时，可用比例定律求出该风机所需新的转数 n_2，即：

$$n_2 = n_1 \frac{Q_2}{Q_1} \tag{8-63}$$

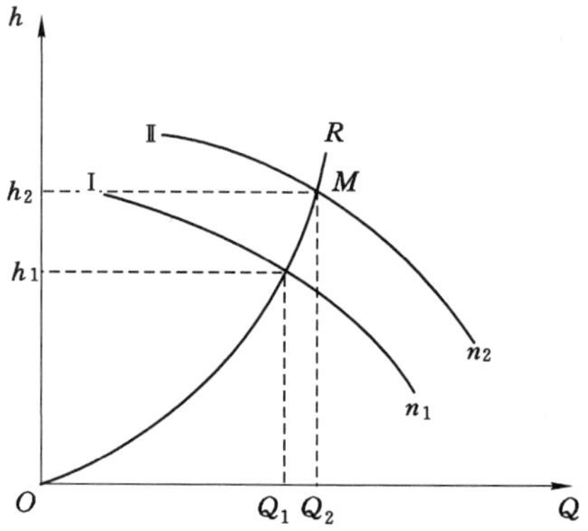

图 8-40　改变通风机的转数调节风量

绘制出新转数 n_2 时的全风压特性曲线Ⅱ，它和矿井总风阻曲线 R 的交点 M 即为通风机新的工作点。同时，根据新转数的效率特性曲线和功率特性曲线，检查新工作点是否在合理的工作范围内，并验算电动机的能力。

改变通风机转速是改变离心式通风机特性曲线的主要方法。其具体做法是：如果通风机和电动机之间是间接传动，可以改变传动比或改变电动机的转数；如果通风机和电动机是直接传动，则可改变电动机的转数或更换电动机。

2. 轴流式通风机

轴流式通风机特性曲线的改变，主要决定于通风机动轮叶片安装角和通风机转数两个因素。在矿井生产中，常采用改变轴流式通风机叶片安装角的方法实施调节。如图 8-41 所示，正常运转时，叶片安装角为 $\theta_1(27.5°)$，运转工况点为特性曲线Ⅰ′上的 a 点；由于生产需要，矿井总阻力增加，为保证原有的风量，主通风机运转工况点移至 b 点，此时，则把叶片安装角调整到 $\theta_2(30°)$，才能使风压特性曲线Ⅰ通过 b 点，从而保证矿井总风量的需要。

轴流式通风机的叶片，是用双螺帽固定于轮毂上，调整时只需将螺帽拧开，调整好角度后再拧紧即可。这种方法的调节范围比较大，一般每次可调 5°(每次最小可调 2.5°)，而且可使通风机在最佳工作区域内工作。采用变频技术控制主要通风机的矿井，在一定范围内，也可通过调整电动机转数，方便地实现总风量的调节。

3. 对旋式通风机

对旋式通风机是近年来开发应用的新型高效轴流式风机。其调节方法和一般轴流式通风机相似，可以调整风机两级动轮上的叶片安装角(可调整其中一级，也可同时调整两级)，也可以改变电动机的转数。由于对旋式通风机的两级动轮分别由各自的电动机驱动，在矿井投产初期甚至可单级运行。

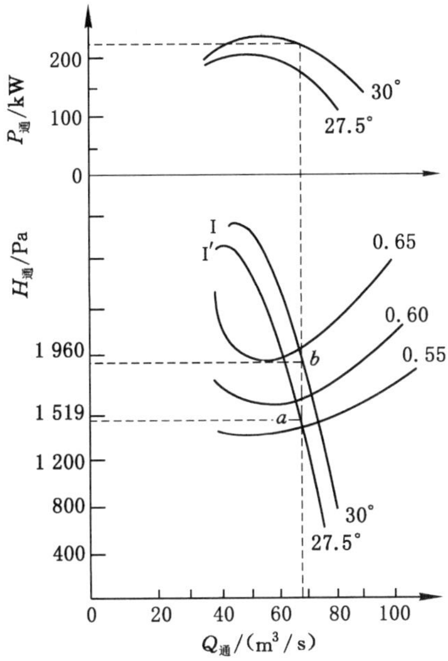

图 8-41　改变轴流式通风机的叶片安装角

习　　题

1. 什么是通风网络？其主要构成元素是什么？
2. 如何绘制通风网络图？对于给定矿井，其形状是否固定不变？
3. 简述风路、回路、生成树、余树等基本概念的含义。
4. 基本关联矩阵、独立回路矩阵有何关系？
5. 矿井通风网络中风流流动的基本规律有哪几个？写出其数学表达式。
6. 比较串联风路与并联风网的特点。
7. 写出角联分支的风向判别式，分析影响角联分支风向的因素。
8. 矿井通风网络解算问题的实质是什么？
9. 比较各种风量调节计算方法的特点。
10. 隔断风流的通风设施有哪些？
11. 引导风流的通风设施有哪些？
12. 矿井风量调节的措施可分为哪几类？比较它们的优缺点。

第九章　矿井通风设计与能力核定

矿井通风设计是整个矿井设计内容的重要组成部分，是保证安全生产的重要环节。因此，必须周密考虑，精心设计，力求建立一个安全可靠、技术先进和经济的矿井通风系统。另外，根据矿井的生产资料和通风状况可以进行矿井通风能力的核定。

第一节　矿井通风系统设计

新建矿井通风设计一般分基建和生产两个时期，并分别进行设计。

矿井基建时期的通风多用局部通风机对独头巷道进行通风。当主要进回风井筒贯通、主要通风机安装完毕后，便可用主要通风机对已开凿的井巷实行全风压通风，从而缩短其余井巷与硐室掘进时局部通风的距离。

矿井生产时期的通风设计，根据矿井生产年限的长短而采用不同的方法。矿井服务年限不长(15～20 年)时，只做一次通风设计。矿井服务年限较长时，考虑到通风机设备选型、矿井所需风量、风压的变化等因素，分为两期进行通风设计。第一期为矿井生产初期(如第一水平)，对该时期内通风容易和通风困难两种情况做详细的设计；第二期为矿井生产后期(如第二水平)，该时期的通风设计只做一般原则规划，但应根据矿井整个生产时期的技术经济因素，做出全面考虑，使确定的通风系统既可适应现时的生产要求，又能照顾长远的生产发展与变化。

矿井通风设计的内容包括：确定矿井通风系统，矿井总风量的计算和分配，矿井通风阻力计算，选择通风设备，概算矿井通风费用。

矿井通风设计的主要依据是：矿区气象资料；井田地质地形；煤层瓦斯风化带垂深、各煤层瓦斯含量、瓦斯压力及梯度等；煤层自然发火倾向，发火周期；煤尘爆炸危险性及爆炸指数；矿井设计生产能力及服务年限；矿井开拓方式及采区巷道布置，开采顺序、开采方法；矿井巷道断面图册；等等。

矿井通风设计应满足以下要求：

(1) 将足够的新鲜空气有效地送到井下工作场所，保证安全生产和创造良好的工作条件。

(2) 通风系统简单、风流稳定、易于管理，具有抗灾能力。

(3) 发生事故时，风流易于控制，人员便于撤出。

(4) 有符合规定的井下安全与环境监测系统或检测措施。

(5) 系统的基建投资省、营运费用低、综合经济效益好。

一、拟定矿井通风系统

拟定矿井通风系统主要是拟定进风井与回风井的布置方式、矿井风流路线、矿井主要通风机的工作方法，这是矿井通风设计的基础。

矿井通风系统应和矿井的开拓、开采设计一起考虑，并通过技术、经济比较之后确定。确定的通风系统应考虑的原则包括：保证井下工作人员享有最大的安全性；通风系统稳定可靠，不因空气的温度变化、辅助通风机的运动或停止等影响而发生变动；通风费用最小；等等。即安全可靠、技术合理、经济。

（一）矿井通风方式

矿井通风方式是指矿井进风井与回风井的布置方式。按进、回风井的位置不同，分为中央式、对角式、区域式和混合式四种。

1. 中央式

中央式是进、回风井均位于井田走向中央。按进、回风井沿倾斜方向相对位置的不同，又可分为中央并列式和中央边界式两种。

(1) 中央并列式

如图 9-1(a)所示。进、回风井均并列布置在井田走向和倾斜方向的中央，两井底可以开掘到第一水平，如图 9-1(a)中①图所示。也可以将回风井只掘至回风水平，如图 9-1(a)中②图所示。后者只适用于较小型矿井。

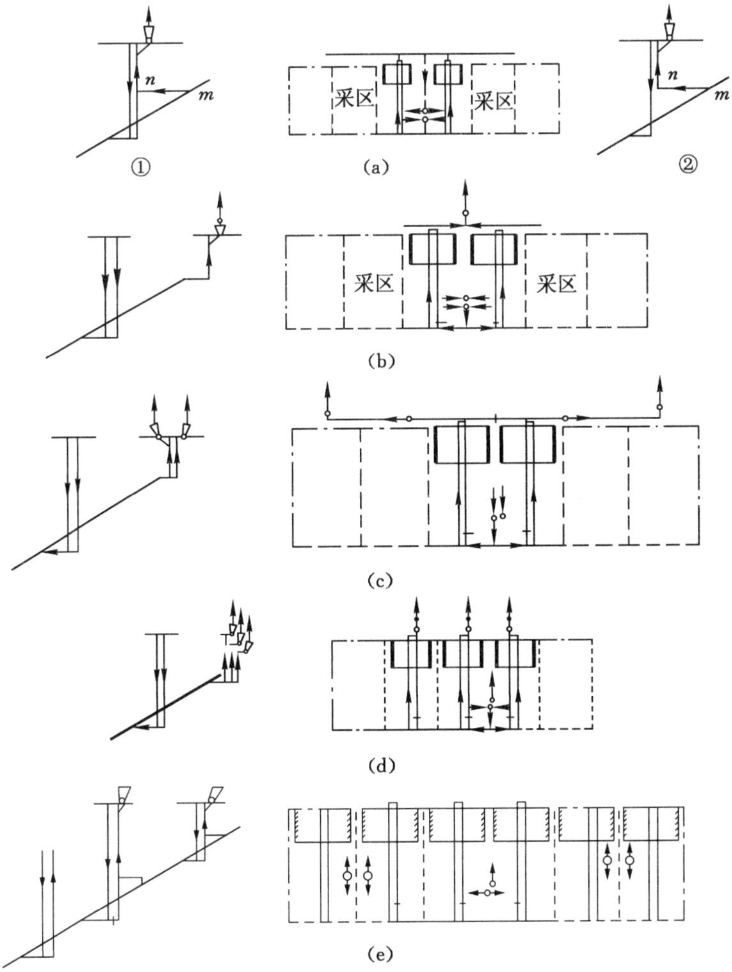

图 9-1　矿井通风方式

(2) 中央边界式(又名中央分列式)

如图 9-1(b)所示。进风井仍布置在井田走向和倾斜方向的中央,回风井大致布置在井田上部边界沿走向的中央,回风井的井底标高高于进风井底标高。

2. 对角式

进风井大致布置于井田的中央,回风井分别布置在井田上部边界沿走向的两翼上。根据回风井沿走向的位置不同,又分为两翼对角式和分区对角式两种。

(1) 两翼对角式

如图 9-1(c)所示,进风井大致位于井田走向中央,在井田上部沿走向的两翼边界附近或两翼边界采区的中央各开掘一个出风井。如果只有一个回风井,且进、回风井分别位于井田的两翼,称为单翼对角式。

(2) 分区对角式

如图 9-1(d)所示。进风井位于井田走向的中央,在每个采区的上部边界各掘进一个回风井,无总回风巷。

3. 区域式

在井田的每一个生产区域开凿进、回风井,分别构成独立的通风系统。如图 9-1(e)所示。

4. 混合式

混合式是中央式和对角式的混合布置,因此混合式的进风井与出风井数目至少有 3 个。混合式可有以下几种:中央并列与两翼对角混合式,中央边界与两翼对角混合式,中央并列与中央边界混合式等。混合式一般是老矿井进行深部开采时所采用的通风方式。

5. 各种通风方式的优缺点及适用条件

(1) 中央并列式

优点:初期开拓工程量小,投资少,投产快;地面建筑集中,便于管理;两个井筒集中,便于开掘和井筒延深;井筒安全煤柱少,易于实现矿井反风。

缺点:矿井通风路线是折返式,风路较长,阻力较大,特别是当井田走向很长时,边远采区与中央采区风阻相差悬殊,边远采区可能因此风量不足;由于进、回风井距离近,井底漏风较大,容易造成风流短路;安全出口少,只有两个;工业广场受主要通风机噪声影响和回风风流的污染。

适用条件:井田走向长度小于 4 km,煤层倾角大,埋藏深,瓦斯与自然发火都不严重的矿井。

(2) 中央边界式

优点:安全性好;通风阻力比中央并列式小,矿井内部漏风小,有利于瓦斯和自然发火的管理;工业广场不受主要通风机噪声的影响和回风流的污染。

缺点:增加一个风井场地,占地和压煤较多;风流在井下的流动路线为折返式,风流路线长,通风阻力大。

适用条件:井田走向长度小于 4 km,煤层倾角较小,埋藏浅,瓦斯与自然发火都比较严重的矿井。

(3) 两翼对角式

优点:风流在井下的流动路线为直向式,风流路线短,通风阻力小;矿井内部漏风小;各采区间的风阻比较均衡，便于按需分风；矿井总风压稳定，主要通风机的负载较稳定；安全出口多，抗灾能力强；工业广场不受回风污染和主要通风机噪声的危害。

缺点：初期投资大，建井期长；管理分散；井筒安全煤柱压煤较多。

适用条件：井田走向长度大于 4 km，需要风量大，煤易自燃，有煤与瓦斯突出的矿井。

（4）分区对角式

优点：各采区之间互不影响，便于风量调节；建井工期短；初期投资少，出煤快；安全出口多，抗灾能力强；进、回风路线短，通风阻力小。

缺点：风井多，占地压煤多；主要通风机分散，管理复杂；风井与主要通风机服务范围小，接替频繁；矿井反风困难。

适用条件：煤层埋藏浅或因煤层风化带和地表高低起伏较大，无法开凿浅部的总回风巷，在开采第一水平时，只能采用分区式。另外，井田走向长，多煤层开采的矿井或井田走向长、产量大、需要风量大、煤易自燃，有煤与瓦斯突出的矿井也可采用这种通风方式。

（5）区域式

优点：既可以改善矿井的通风条件，又能利用风井准备采区，缩短建井工期；风流路线短，通风阻力小；漏风少，网络简单，风流易于控制，便于主要通风机的选择。

缺点：通风设备多，管理分散，管理难度大。

适用条件：井田面积大、储量丰富或瓦斯含量大的大型矿井。

（6）混合式

优点：有利于矿井的分区分期建设，投资省，出煤快，效率高；回风井数目多，通风能力大；布置灵活，适应性强。

缺点：多台风机联合工作，通风网络复杂，管理难度大。

适用条件：井田走向长度长，老矿井的改扩建和深部开采；多煤层、多井筒的矿井；井田面积大、产量大、需要风量大或采用分区开拓的大型矿井。

（二）矿井通风方法

矿井通风方法是指主要通风机对矿井供风的工作方法。按主要通风机的安装位置不同，分为抽出式、压入式及混合式三种。

1. 抽出式通风

如图 9-2(a)所示。抽出式通风是将矿井主通风机安设在出风井一侧的地面上，新风经进风井流到井下各用风地点后，污风再通过风机排出地表的一种矿井通风方法。

抽出式通风的特点是：在矿井主要通风机的作用下，矿内空气处于低于当地大气压力的负压状态，当矿井与地面间存在漏风通道时，漏风从地面漏入井内。抽出式通风矿井在主要进风巷无须安设风门，便于运输、行人和通风管理。在瓦斯矿井采用抽出式通风，若主要通风机因故停止运转，井下风流压力提高，在短时间内可以防止瓦斯从采空区涌出，比较安全。因此，目前我国大部分矿井一般多采用抽出式通风。

2. 压入式通风

如图 9-2(b)所示。压入式通风是将矿井主通风机安设在进风井一侧的地面上，新风经主要通风机加压后送入井下各用风地点，污风再经过回风井排出地表的一种矿井通风方法。

压入式通风的特点是：在矿井主通风机的作用下，矿内空气处于高于当地大气压力的正压状态，当矿井与地面间存在漏风通道时，漏风从井内漏向地面。压入式通风矿井中，由于

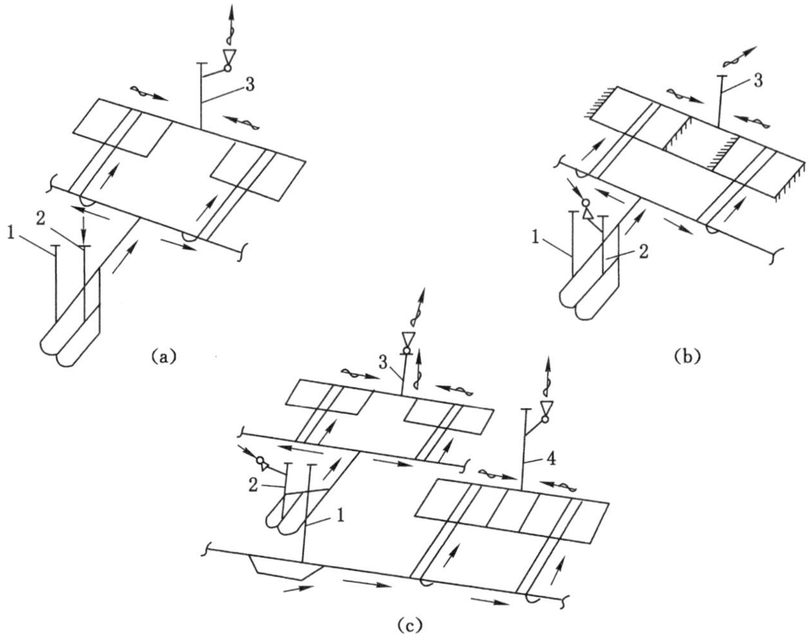

图 9-2 矿井通风方法

要在矿井的主要进风巷中安装风门，使运输、行人不便，漏风较大，通风管理工作较困难。同时当矿井主通风机因故停止运转时，井下风流压力降低，有可能使采空区瓦斯涌出量增加，造成瓦斯积聚，对安全不利。因此，在瓦斯矿井中一般很少采用压入式通风。

矿井浅部开采时，由于地表塌陷出现裂缝与井下沟通，为避免用抽出式通风将塌陷区内的有害气体吸入井下，可在矿井开采第一水平时采用压入式通风，当开采下水平时再改为抽出式通风。此外，当矿井煤炭自然发火比较严重时，为避免将火区内的有毒有害气体抽到巷道中，有时也可采用压入式通风。

3. 混合式通风

混合式通风是在进风井和回风井一侧都安设矿井主要通风机，新风经压入式主要通风机送入井下，污风经抽出式主要通风机排出井外的一种矿井通风方法。

混合式通风的特点是：能产生较大的通风压力，通风系统的进风部分处于正压，回风部分处于负压，工作面大致处于中间状态，其正压或负压均不大，矿井的内部漏风小。但因使用的风机设备多，动力消耗大，通风管理复杂，一般很少采用。

上述三种通风方法，矿井主要通风机均安装在地面。

(三) 拟定矿井通风系统的基本要求

(1) 每个矿井必须至少要有 2 个能行人的通达地面的安全出口，各个出口之间的距离不得少于 30 m。新建和改扩建矿井，如果采用中央式通风时，还要在井田边界附近设置安全出口；当井田一翼走向较长，矿井发生灾害不能保证人员安全撤出时，必须掘出井田边界附近的安全出口。井下每一个水平到上一个水平和每个采区至少都必须有 2 个便于行人的安全出口，并与通达地面的安全出口相连通。通到地面的 2 个安全出口和 2 个水平间的安全出口，都必须有便于行人的设施(台阶和梯子间等)。

(2) 风井位置要在洪水位标高以上(大中型矿井考虑百年一遇、小型矿井考虑50年一遇),进风井口须避免污染空气进入,距有害气体源的地点不得小于500 m。井口工程地质及井筒施工地质条件简单,占地少、压煤少、交通方便、便于施工。

(3) 箕斗提升井一般不应兼作进风井或出风井。如果井上、下装卸载装置和井塔有完善的封闭措施,其漏风不超过15%,并有可靠的防尘措施,箕斗井可以兼作出风井;若井筒中风速不超过6 m/s,有可靠的降尘措施,保证粉尘浓度符合工业卫生标准,箕斗井可以兼作进风井。

胶带输送机斜井一般不得兼作风井。如果胶带输送机斜井中的风速不超过4 m/s,并有可靠的防尘措施和防火措施,可以兼作进风井;如果胶带输送机斜井中的风速不超过6 m/s,并装有甲烷断电仪,可以兼作回风井。

(4) 所有矿井都要采用机械通风,主要通风机必须安装在地面。新建矿井不宜在同一井口选用几台主要通风机联合运转。

(5) 不宜把两个可以独立通风的矿井合并为一个通风系统;若有几个出风井,则自采区到各个出风井的风流需保持独立;各工作面的回风在进入采区回风道之前、各采区的回风在进入回风水平之前都不能任意贯通;下水平的回风流和上水平的进风流必须严格隔开;在条件允许时,要尽量使总进风早分开,总回风晚汇合。

(6) 采用分区式(多台主要通风机)通风时,为了保证联合运转的稳定性,总进风道的断面不宜过小,尽可能减少公共风路的风阻;各分区主要通风机的回风流、中央主要通风机每一翼的回风流都必须严格隔开。

(7) 尽可能降低通风阻力。尽量采用并联通风,并使主要并联风路的风压接近相等,以避免过多的风量调节。尽可能利用旧巷道通风。

(8) 尽可能避免设置大量风桥和风门或采用容易引起大量漏风的通风系统。

(9) 井下爆炸材料库必须有单独的进风流,回风必须引进矿井主要回风道。井下充电硐室必须独立通风,回风风流应引入回风巷。

(四) 确定矿井通风系统的方法

依据矿井通风设计的条件,提出多个技术上可行的方案。首先根据矿井生产实际,选定2~3个技术上可行且符合安全要求的方案(附通风系统图、通风网络图、通风立体示意图)进行经济比较,将最优方案确定为设计方案。矿井通风系统应具有较强的抗灾能力,当井下发生灾害性事故后,所确定的通风系统能将灾害控制在最小范围,并能迅速恢复生产。

二、计算和分配矿井总风量

(一) 矿井需风量的计算原则

矿井需风量应按照“由里往外”的计算原则,先计算确定采掘工作面、硐室和其他用风地点的实际最大需风量总和,再考虑一定的备用风量系数后,计算出矿井总风量。

各用风地点的需风量应考虑至少满足以下两个方面的要求:

(1) 按该用风地点同时工作的最多人数计算,每人每分钟供给风量不得少于4 m^3。

(2) 按该用风地点风流中的瓦斯、二氧化碳和其他有害气体浓度、风速以及温度等都符合《煤矿安全规程》的有关规定分别计算,取其最大值。

(二) 矿井需风量的计算方法

矿井所需风量按以下方法计算,并取其中最大值。

按井下同时工作的最多人数由式(9-1)计算得出：

$$Q_{矿}=4NK \tag{9-1}$$

式中 $Q_{矿}$——矿井总供风量，m^3/min。

N——井下同时工作的最多人数，人。

4——每人每分钟供风标准，m^3/min。

K——矿井通风系数，包括矿井内部漏风和分配不均匀等因素。采用压入式和中央并列式通风时，可取1.20～1.25；采用中央分列式或混合式通风时，可取1.15～1.20；采用对角式或区域式通风时，可取1.10～1.15。上述备用系数在矿井产量 $T\geqslant0.9$ Mt/a时取小值；$T<0.90$ Mt/a时取大值。

按采煤、掘进、硐室等处实际需风量计算：

(1) 采煤工作面需风量的计算

采煤工作面的需风量应按下列因素分别计算，并取其中最大值。

① 按瓦斯(二氧化碳)涌出量由式(9-2)计算得出：

$$Q_{采}=100Q_{CH_4}K_{CH_4} \tag{9-2}$$

式中 $Q_{采}$——采煤工作需风量，m^3/min。

Q_{CH_4}——采煤工作面瓦斯(二氧化碳)绝对涌出量，m^3/min。

K_{CH_4}——采煤工作面因瓦斯(二氧化碳)涌出量不均匀的备用风量系数，即该工作面瓦斯绝对涌出量的最大值与平均值之比。通常，机采工作面可取1.2～1.6；炮采工作面可取1.4～2.0；水采工作面可取2.0～3.0。生产矿井可根据各个工作面正常生产条件时，至少进行5昼夜的观测，得出5个比值，取其最大值。

② 按工作面进风流温度计算：

采煤工作面应有良好的气候条件，其进风流温度可根据风流温度预测方法进行计算。其气温与风速应符合表9-1的要求。

表9-1　采煤工作面空气温度与风速对应表

采煤工作面进风流气温/℃	采煤工作面风速/(m/s)
<15	0.3～0.5
15～18	0.5～0.8
18～20	0.8～1.0
20～23	1.0～1.5
23～26	1.5～1.8

采煤工作面的需风量根据上表确定的适宜风速 $v_{采}$ 按式(9-3)计算：

$$Q_{采}=60v_{采}S_{采}K_{采} \tag{9-3}$$

式中 $v_{采}$——采煤工作面适宜风速，m/s；

$S_{采}$——采煤工作面平均有效断面，按最大和最小控顶有效断面的平均值计算，m^2；

$K_{采}$——采煤工作面长度风量系数，按表9-2选取。

表 9-2　　采煤工作面长度风量系数表

采煤工作面长度/m	工作面长度风量系数
<50	0.8
50～80	0.9
80～120	1.0
120～150	1.1
150～180	1.2
>180	1.30～1.40

③ 按炸药使用量根据式(9-4)计算：

$$Q_{采} = 25A_{采} \tag{9-4}$$

式中　25 ——每使用 1 kg 炸药的供风量，m^3/min；

$A_{采}$——采煤工作面一次爆破使用的最大炸药量，kg。

④ 按工作人员数量根据式(9-5)计算：

$$Q_{采} = 4n_{采} \tag{9-5}$$

式中　4 ——每人每分钟应供给的最低风量，m^3/min；

$n_{采}$——采煤工作面同时工作的最多人数，人。

⑤ 按风速验算：

按最低风速验算各个采煤工作面的最小风量，根据式(9-6)计算：

$$Q_{采} \geqslant 60 \times 0.25 \times S_{采} \tag{9-6}$$

按最高风速验算各个采煤工作面的最大风量，根据式(9-7)计算：

$$Q_{采} \leqslant 60 \times 4 \times S_{采} \tag{9-7}$$

采煤工作面有串联通风时，按其中需风量最大的计算。备用工作面亦按上述要求，并满足瓦斯(二氧化碳)、风流温度和风速等规定计算需风量，且不得低于其回采时需风量的 50%。

(2) 掘进工作面需风量计算

煤巷、半煤岩巷和岩巷掘进工作面的风量，应按下列因素分别计算，取其最大值。

① 按瓦斯(二氧化碳)涌出量，根据式(9-8)计算：

$$Q_{掘} = 100Q_{CH_4} \tag{9-8}$$

式中　$Q_{掘}$——掘进工作面实际需风量，m^3/min；

Q_{CH_4}——掘进工作面平均绝对瓦斯涌出量，m^3/min。

$K_{掘}$——掘进工作面因瓦斯涌出量不均匀的备用风量系数。即掘进工作面最大绝对瓦斯涌出量与平均绝对瓦斯涌出量之比。通常，机掘工作面取 1.5～2.0；炮掘工作面取 1.8～2.0。

② 按炸药使用量，根据式(9-9)计算：

$$Q_{掘} = 25A_{掘} \tag{9-9}$$

式中　25 ——使用 1 kg 炸药的供风量，m^3/min；

$A_{掘}$——掘进工作面一次爆破所用的最大炸药量，kg。

③ 按局部通风机吸风量，根据式(9-10)计算：

$$Q_{掘}=Q_{通}\ IK_{通} \tag{9-10}$$

式中 $Q_{掘}$——掘进工作面局部通风机额定风量，m^3/min；

I——掘进工作面同时运转的局部通风机台数，台；

$K_{通}$——为防止局部通风机吸循环风的风量备用系数，一般取1.2～1.3，进风巷中无瓦斯涌出时取1.2，有瓦斯涌出时取1.3。

④ 按工作人员数量，根据式(9-11)计算：

$$Q_{掘}=4n_{掘} \tag{9-11}$$

式中 $n_{掘}$——掘进工作面同时工作的最多人数，人。

⑤ 按风速验算：

岩巷掘进工作面的风量应满足：

$$60\times 0.15\times S_{掘}\leqslant Q_{掘}\leqslant 60\times 4\times S_{掘}$$

煤巷、半煤岩巷掘进工作面的风量应满足：

$$60\times 0.25\times S_{掘}\leqslant Q_{掘}\leqslant 60\times 4\times S_{掘}$$

式中 $S_{掘}$——掘进工作面巷道过风断面积，m^2。

(3) 硐室需风量

各个独立通风的硐室供风量，应根据不同的硐室分别计算。

① 井下爆炸材料库，按库内空气每小时更换4次计算：

$$Q_{硐}=\frac{40V}{60} \tag{9-12}$$

式中 $Q_{硐}$——爆破材料库供风量，m^3/min；

V——爆破材料库总容积，m^3。

② 充电硐室，按其回风流中氢气浓度小于0.5%计算：

$$Q_{硐}=200q_{H_2} \tag{9-13}$$

式中 q_{H_2}——充电硐室在充电时产生的氢气量，m^3/min。

通常充电硐室的供风量不得小于100 m^3/min。

③ 机电硐室，按硐室中运行的机电设备发热量计算：

$$Q_{硐}=\frac{3\ 600\times\theta\sum W}{60\rho c_p\Delta t} \tag{9-14}$$

式中 $\sum W$——机电硐室中运转的电动机(变压器)总功率(按全年中最大值计算)，kW；

θ——机电硐室发热系数，可依据实测由机电硐室内机械设备运转时的实际发热量转换为相当于电器设备容量作无用功的系数确定，也可按表9-3选取；

ρ——空气密度，一般取 $\rho=1.2\ kg/m^3$；

c_p——空气的定压比热，一般可取 $c_p=1.000\ kJ/(kg\cdot k)$；

Δt——机电硐室进、回风流的温度差，℃；

3 600——热功当量，1 kW·h=3 600 kJ。

表 9-3　　机电硐室发热系数(θ)表

机电硐室名称	发热系数(θ)
空气压缩机房	0.15～0.23
水泵房	0.01～0.04
变电所、绞车房	0.02～0.04

采区小型机电硐室，可按经验值确定风量。一般为 60～80 m^3/min。

(4) 其他巷道需风量计算

井下其他巷道的需风量，应根据巷道的瓦斯(二氧化碳)涌出量和风速分别计算，并取其中的最大值。

① 按瓦斯(二氧化碳)涌出量计算：

$$Q_{他} = 133Q_{他}\ K_{他} \tag{9-15}$$

式中 $Q_{他}$——其他巷道需风量，m^3/min；

$Q_{他}$——用风巷道的绝对瓦斯(二氧化碳)涌出量，m^3/min；

$K_{他}$——其他巷道因瓦斯涌出不均匀的备用风量系数，一般取 $K_{他}=1.1\sim1.3$。

② 按最低风速验算：

$$Q_{他} \geqslant 60 \times 0.15S \tag{9-16}$$

式中 S——井巷净断面积，m^2。

新建矿井，其他用风巷总需风量难以计算时，也可按采煤、掘进、硐室的需风量总和的 3%～5%估算。

(5) 矿井总风量计算

矿井总进风量应按采煤、掘进、独立通风硐室及其他地点实际需风量的总和计算：

$$Q_{矿} = (\sum Q_{采} + \sum Q_{掘} + \sum Q_{硐} + \sum Q_{他}) \cdot K \tag{9-17}$$

式中 $\sum Q_{采}$——采煤工作面、备用工作面需风量之和，m^3/min。

$\sum Q_{掘}$——掘进工作面需风量之和，m^3/min。

$\sum Q_{硐}$——独立通风硐室需风量之和，m^3/min。

$\sum Q_{他}$——其他用风地点需风量之和，m^3/min。

K——矿井通风系数。当采用压入式或中央并列式通风时，$K=1.2\sim1.25$；当采用中央分列式或混合式通风时，$K=1.15\sim1.20$；当采用对角式或区域式通风时，$K=1.10\sim1.15$；矿井年产量 $T\geqslant0.9$ Mt 时，取小值；$T<0.9$ Mt 时，取大值。

(三) 矿井总风量的分配

1. 分配原则

矿井总风量确定后，分配到各用风地点的风量，应不得低于其计算的需风量；所有巷道都应分配一定的风量；分配后的风量，应保证井下各处瓦斯及有害气体浓度、风速等满足《煤矿安全规程》的各项要求。

2. 分配的方法

首先按照采区布置图，对各采掘工作面、独立回风硐室按其需风量配给风量，余下的风量按采区产量、采掘工作面数目、硐室数目等分配到各采区，再按一定比例分配到其他用风地点，用以维护巷道和保证行人安全。风量分配后，应对井下各通风巷道的风速进行验算，使其符合《煤矿安全规程》对风速的要求。

三、计算矿井通风阻力

（一）矿井通风总阻力的计算原则

(1) 如果矿井服务年限不长(10～20 年)，选择达到设计产量后通风容易和困难两个时期分别计算其通风阻力；若矿井服务年限较长(30～50 年)，只计算头 15～25 年通风容易和困难两个时期的通风阻力。为此，必须先绘出这两个时期的通风网络图。

(2) 通风容易和通风困难两个时期总阻力的计算，应沿着这两个时期的最大通风阻力风路，分别计算各段井巷的通风阻力，然后累加起来，作为这两个时期的矿井通风总阻力。最大通风阻力风路可根据风量和巷道参数(断面积、长度等)直接判断确定，不能直接确定时，应选几条可能最大的路线进行计算比较。

(3) 矿井通风总阻力不应超过 2 940 Pa。表土层特厚、开采深度深、总进风量大、通风网络长的矿井，通风后期的负压可适当加大，但后期通风负压不宜超过 3 920 Pa。

(4) 矿井井巷的局部阻力，新建矿井(包括扩建矿井独立通风的扩建区)宜按井巷摩擦阻力的 10%计算；扩建矿井宜按井巷摩擦阻力的 15%计算。

(5) 在满足风量按需分配的前提下，多风机通风系统公共风路的阻力不得超过任何一台通风机风压的 30%。

对于有两台或多台主要通风机工作的矿井，矿井通风阻力按每台主要通风机所服务的系统分别计算。

在主要通风机服务年限内，随着采煤工作面及采区接替的变化，矿井通风系统的总阻力也将随之变化。矿井通风阻力应能满足表 9-4 的要求。

表 9-4　　矿井通风阻力要求

矿井通风系统风量/(m^3/min)	矿井通风阻力/Pa
<3 000	<1 500
3 000～5 000	<2 000
5 000～10 000	<2 500
10 000～20 000	<2 940
>20 000	<3 920

（二）矿井通风总阻力的计算方法

沿矿井通风容易和通风困难两个时期通风阻力最大的风路(入风井口到风硐之前)，分别用式(9-18)计算各段井巷的摩擦阻力：

$$h_{摩} = \frac{\alpha LU}{S^3} \cdot Q^2 \tag{9-18}$$

式中，α 值可以从附录 I 中查得，或选用相似矿井的实测数据。

将各段井巷的摩擦阻力累加后并乘以考虑局部阻力的系数即为两个时期的井巷通风总阻力，即：

$$h_{阻难}=(1.1\sim1.15)\sum h_{摩难} \tag{9-19}$$

$$h_{阻易}=(1.1\sim1.15)\sum h_{摩易} \tag{9-20}$$

式中，$h_{摩难}$ 和 $h_{摩易}$ 分别为设计矿井通风困难和容易时期通风阻力最大线路的摩擦阻力。

两个时期的摩擦阻力可按表 9-5 进行计算。

表 9-5　矿井通风容易(困难)时期井巷摩擦阻力计算表

节点序号	巷道名称	支护形式	α /(N·s²/m⁴)	L /m	U /m	S /m²	S^3 /m⁶	R /(N·s²/m⁸)	Q /(m³/s)	Q^2 /(m⁶/s²)	$h_{摩}$ /Pa	v /(m/s)
①												
②												
…												

用式(9-21)～式(9-24)计算两个时期的矿井总风阻和总等积孔。

$$R_{难}=\frac{h_{阻难}}{Q^2} \tag{9-21}$$

$$R_{易}=\frac{h_{阻易}}{Q^2} \tag{9-22}$$

$$A_{难}=1.19\frac{Q}{\sqrt{h_{阻难}}} \tag{9-23}$$

$$A_{易}=1.19\frac{Q}{\sqrt{h_{阻易}}} \tag{9-24}$$

四、选择矿井通风设备

（一）选择矿井通风设备的基本要求

(1) 矿井每个装备主要通风机的风井，均要在地面装设两套同等能力的通风设备，一套工作，一套备用，交替工作。

(2) 选择的通风设备应能满足第一开采水平各个时期的工况变化，并使通风设备长期高效运行。当通风机工况变化较大时，应根据具体情况分期选择电动机。

(3) 通风机能力应留有一定的余量。轴流式、对旋式通风机在最大设计负压和风量时，叶轮叶片的运转角度应比允许范围小 5°；离心式通风机的选型设计转速不宜大于允许最高转速的 90%。

(4) 进、出风井井口的高差在 150 m 以上或进、出风井口标高相同但井深 400 m 以上时，宜计算矿井的自然风压。

（二）主要通风机的选择

1. 计算通风机的风量 $Q_{通}$

考虑到外部漏风(即井口防爆门及主要通风机附近的反风门等处的漏风)，主要通风机风量可用式(9-25)计算：

$$Q_{通}=k\cdot Q_{矿} \tag{9-25}$$

式中　$Q_{矿}$——矿井总风量，m^3/s。

k——漏风损失系数。风井无提升任务时取 1.1；箕斗井兼作回风井时取 1.15；回风井兼作升降人员时取 1.2。

2. 计算通风机的风压 $H_{通全}$（或 $H_{通静}$）

通风机全压 $H_{全}$和矿井自然风压 $H_{自}$共同作用，克服矿井通风系统的总阻力 $h_{阻}$、风硐阻力 $h_{硐}$以及扩散器出口动能损失 $h_{扩}$。当自然风压与通风机风压同向时取“－”；反之取“＋”。由式(9-26)表示：

$$H_{通全}=h_{阻}+h_{硐}+h_{扩}\pm H_{自} \tag{9-26}$$

风硐阻力一般不超过 100～200 Pa。

通常离心式风机提供的大多是全压曲线，而轴流式、对旋式通风机提供的大多是静压曲线。因此，对抽出式通风矿井：

(1) 离心式通风机：

容易时期：

$$H_{通全易}=h_{阻易}+h_{硐}+h_{扩}-H_{自} \tag{9-27}$$

困难时期：

$$H_{通全难}=h_{阻难}+h_{硐}+h_{扩}+H_{自} \tag{9-28}$$

(2) 轴流式(或对旋式)通风机：

容易时期：

$$H_{通静易}=h_{阻易}+h_{硐}-H_{自} \tag{9-29}$$

困难时期：

$$H_{通静难}=h_{阻难}+h_{硐}+H_{自} \tag{9-30}$$

自然风压在容易时期取负值，困难时期取正值，是为了确保所选的通风机在这两个(极端)时期均有足够能力满足矿井通风要求。

对于压入式通风矿井，式(9-27)及式(9-28)中的 $h_{扩}$应改为出风井的出口动压。

3. 选择通风机

根据计算的矿井通风容易时期通风机的 $Q_{通}$、$H_{通静易}$（或 $H_{通全易}$）和困难时期通风机的 $Q_{通}$、$H_{通静难}$（或 $H_{通全难}$），在通风机的个体特性图上选择合适的主要通风机。判别是否合适，要看上面两组数据所构成的两个时期的工作点，是否都在通风机个体特性曲线的合理工作范围内。

选定以后，即可得出两个时期主要通风机的型号、动轮直径、动轮叶片安装角(指轴流式或对旋式风机)、转速、风压、风量、效率和输入功率等技术系数，并列表整理。

4. 选择电动机

(1) 计算通风机输入功率

按通风容易和困难时期，分别计算通风机输入功率 $P_{通易}$、$P_{通难}$：

$$P_{通易}=\frac{Q_{通}H_{通静易}}{1\,000\eta_{通静}} \tag{9-31}$$

$$P_{通难}=\frac{Q_{通}H_{通静难}}{1\,000\eta_{通静}} \tag{9-32}$$

或

$$P_{通易}=\frac{Q_{通}H_{通全易}}{1\,000\eta_{通全}} \tag{9-33}$$

$$P_{通难}=\frac{Q_{通}\ H_{通全难}}{1\ 000\eta_{通全}} \tag{9-34}$$

式中 $\eta_{通静}$、$\eta_{通全}$——分别为通风机静压效率和全压效率，%；

$P_{通易}$、$P_{通难}$——分别为矿井通风容易时期和困难时期通风机的输入功率，kW。

(2) 选择电动机

当 $P_{通易} \geqslant 0.6P_{通难}$ 时，可选一台电动机，其初期功率为：

$$P_{电}=\frac{P_{通难}\cdot k_{电}}{\eta_{电}\cdot \eta_{传}} \tag{9-35}$$

当 $P_{通易} < 0.6P_{通难}$ 时，选两台电动机，其初期功率为：

$$P_{电小}=\frac{k_{电}\cdot \sqrt{P_{通易}\cdot P_{通难}}}{\eta_{电}\cdot \eta_{传}} \tag{9-36}$$

后期电功率 $P_{电大}$ 按式(9-35)计算。

式中 $k_{电}$——电动机容量备用系数，$k_{电}=1.1\sim1.2$；

$\eta_{电}$——电动机效率，$\eta_{电}=0.92\sim0.94$（大型电动机取较高值）；

$\eta_{传}$——传动效率，电动机与通风机直联时 $\eta_{传}=1$，皮带传动时 $\eta_{传}=0.95$。

电动机功率在 400～500 kW 以上时，宜选用同步电动机。其优点是低负荷运转时，用来改善电网功率因数，使矿井经济用电；缺点是这种电动机的购置和安装费较高。

五、概算矿井通风费用

矿井通风费用是通风设计和管理的重要经济指标，一般用吨煤通风成本即矿井每采一吨煤的通风总费用表示。它包括吨煤通风电费和通风设备折旧费、材料消耗费、工作人员工资、专用通风巷道折旧与维护费、仪表购置与维修费等其他通风费用。

（一）吨煤通风电费

吨煤通风电费为主要通风机年耗电费及井下辅助通风机、局部通风机电费之和除以年产量。可用下式计算：

$$W_{0}=\frac{(E+E_{A})\cdot D}{T} \tag{9-37}$$

通风容易时期和困难时期共选一台电动机时：

$$E=\frac{8\ 760P_{电}}{k_{电}\cdot \eta_{变}\cdot \eta_{缆}}$$

选两台电动机时：

$$E=\frac{4\ 380(P_{电大}+P_{电小})}{k_{电}\cdot \eta_{变}\cdot \eta_{缆}}$$

式中 W_{0}——吨煤通风电费，元/t；

E——主要通风机年耗电量，kW·h/a；

$\eta_{变}$——变压器效率，可取 0.95；

$\eta_{缆}$——电缆输电效率，取决于电缆长度和每米电缆耗损，在 0.90～0.95 内选取。

E_{A}——局部通风机和辅助通风机的年耗电量，kW·h/a；

D——电价，元/(kW·h)；

T——矿井年产量，t。

（二）其他吨煤通风费用

1. 设备折旧费

通风设备折旧费与设备数量、成本及服务年限有关，可用表 9-6 计算。

表 9-6　　通风成本计算表

序号	设备名称	计算单位	数量	单位成本	总成本			服务年限	每年的折旧费		备注
					设备费	运转及安装费	总计		基本投资折旧费 (G_1)	大修理折旧费 (G_2)	

其中，吨煤通风设备折旧费 W_1 用式(9-38)计算：

$$W_1 = \frac{G_1 + G_2}{T} \tag{9-38}$$

2. 材料消耗费

吨煤通风材料消耗费 W_2 按式(9-39)计算：

$$W_2 = \frac{C}{T} \tag{9-39}$$

式中　C ——通风材料消耗总费用(包括各种通风构筑物的材料费、通风机和电动机润滑油料费等)，元/a。

3. 通风工作人员工资费

吨煤通风工作人员工资费用 W_3 按式(9-40)计算：

$$W_3 = \frac{A}{T} \tag{9-40}$$

式中　A ——矿井通风工作人员每年工资总额，元/a。

4. 专为通风服务的井巷工程折旧费和维护费

折算至吨煤的费用为 W_4(元/t)。

5. 通风仪表购置费和维修费

吨煤通风仪表购置费和维修费为 W_5(元/t)。

吨煤通风成本(W)按式(9-41)计算：

$$W = W_0 + W_1 + W_2 + W_3 + W_4 + W_5 \tag{9-41}$$

第二节　矿井通风能力核定

一、通风能力核定的重要性

我国煤矿发生的重大瓦斯爆炸事故中，有相当一部分与通风能力不足造成瓦斯超限、积聚有着直接的关系。如有些矿井进入深部开采后，煤层瓦斯含量和在开采中的瓦斯涌出量加大；也有一些矿井推广应用了综采、综放开采方法，产量大幅度提高，瓦斯涌出量也随之增大。而这些矿井的通风系统没有及时同步进行调整或改造，矿井重生产、轻安全造成生产过程中矿井风量不足，导致瓦斯隐患乃至重大事故的发生。2015 年，国务院第 81 次常务会议提出了“以风定产”等煤矿瓦斯治理措施。

《煤矿安全规程》规定：矿井每年安排采掘作业计划时必须核定矿井生产和通风能力，必须按实际供风量核定矿井产量，严禁超通风能力生产。

国家安全生产监督管理总局、国家煤矿安全监察局及国家发展和改革委员会共同制定了《煤矿通风能力核定办法》，以指导全国煤矿进行通风能力核定工作。

二、生产矿井通风能力核定

矿井通风能力核定是一项非常细致和专业性较强的工作，需要的人员和仪器较多，需要做好充分的准备，以确保通风能力核定工作顺利进行。

（一）准备工作

1. 人员的安排

矿井通风能力核定应由煤矿企业技术负责人组织实施，涉及通风、机电、地测和采掘等部门，需要团结合作、密切配合。并且需要对参加的技术人员进行培训，有关人员必须能够熟练应用测定所用仪器，掌握专业知识并且能够领会矿井通风能力核定的重要性。

2. 测定仪器的准备

通风能力核定基础工作开展前，需要对检测仪器进行检定和标校，必须经过国家计量授权的法定计量单位检定。所有的仪器、仪表在能力核定期间必须使用可靠、测量准确。

3. 矿井通风状态测定前的准备

测定前必须确保矿井风流的畅通，井下巷道内无堆积物、无不合理的串联通风、巷道无片帮等不符合《煤矿安全规程》的现象。矿井主要通风机运转正常。

现场测定（包括矿井通风阻力测定、通风机性能测定、有效风量测定）是矿井通风能力核定的重要组成部分，是能力核定的基础内容。为做好测定，必须做好准备工作，以保证现场测定工作的顺利进行。

（二）核定程序和内容

矿井通风能力核定是确定矿井生产能力中非常重要的一项。

(1) 国家煤矿安全监察局会同国家发展和改革委员会、国家能源局负责全国煤矿生产能力监管的指导工作，并直接负责中央企业所属煤矿生产能力的监管工作。省级人民政府煤炭行业管理部门负责本行政区域内中央企业所属煤矿以外的煤矿生产能力的监管工作。

(2) 煤矿生产能力核定工作程序包括以下三个阶段：

① 煤矿委托生产能力核定单位组织现场核定。

② 主管部门（单位）审查。

③ 负责煤矿生产能力核定工作的部门审查确认。

(3) 煤矿应当在生产能力发生变化后 90 日内，委托生产能力核定单位进行核定。生产能力核定单位接受委托后，应当在 45 个工作日内完成生产能力核定，向煤矿提交生产能力核定报告书。核定结果审查确认之前，煤矿应当按原生产能力组织生产。

(4) 核定通风系统生产能力必备条件有：

① 必须有完整独立的通风、防尘、防灭火及安全监控系统，通风系统合理，通风设施完好可靠。

② 必须采用机械通风，运转主要通风机和备用主要通风机必须具备同等能力，矿井主要通风机经具备资质的检测检验机构测试合格。

③ 安全检测仪器、仪表齐全，性能可靠。

④ 局部通风机的安装和使用符合规定。

⑤ 矿井瓦斯管理必须符合有关规定。

(5) 通风系统生产能力核定的内容

① 核查采煤工作面、掘进工作面及井下独立用风地点的基本状况。

② 核查矿井主要通风机的运转状况。

③ 实行瓦斯抽排的矿井，必须核查矿井抽放瓦斯系统的稳定运行情况。

④ 矿井有两个及以上并联主要通风机通风系统时，应按照每一个主要通风机通风系统分别进行通风系统生产能力核定，矿井的通风系统生产能力为每一通风系统生产能力之和；矿井必须按照每一通风系统生产能力合理组织生产。

(三) 矿井通风能力核定办法

1. 生产矿井需要风量核定计算

生产矿井需要风量按各采掘工作面、硐室及其他巷道等用风地点分别进行计算，包括按规定配备的备用工作面。现有通风系统必须保证各用风地点稳定可靠供风。

$$Q_{矿} \geqslant (\sum Q_{采} + \sum Q_{掘} + \sum Q_{硐} + \sum Q_{备} + \sum Q_{其他}) K_{矿通} \tag{9-42}$$

式中 $Q_{矿}$——矿井需风量，m^3/min；

$\sum Q_{采}$——采煤工作面实际需要风量的总和，m^3/min；

$\sum Q_{掘}$——掘进工作面实际需要风量的总和，m^3/min；

$\sum Q_{硐}$——硐室实际需要风量的总和，m^3/min；

$\sum Q_{备}$——备用工作面实际需要风量的总和，m^3/min；

$\sum Q_{其他}$——采煤工作面实际需要风量的总和，m^3/min；

$K_{矿通}$——矿井通风系数，抽出式 $K_{矿通}$ 取 1.15～1.2，压入式 $K_{矿通}$ 取 1.25～1.3。

2. 采煤工作面及其备用工作面需要风量的核定计算

(1) 低瓦斯矿井的采煤工作面按气象条件或瓦斯涌出量(用瓦斯涌出量计算，采用高瓦斯计算公式)确定需要风量，其计算公式为：

$$Q_{采} = Q_{基本} \times K_{采高} \times K_{采面长} \times K_{温} \tag{9-43}$$

式中 $Q_{采}$——采煤工作面需要风量，m^3/min；

$Q_{基本}$——不同采煤方式工作面所需的基本风量(m^3/min)，其中，$Q_{基本}$ = 工作面控顶距×工作面实际采高×70%适宜风速(不小于 1 m/s)；

$K_{采高}$——采煤工作面采高调整系数(表 9-7)；

$K_{采面长}$——采煤工作面长度调整系数(表 9-8)；

$K_{温}$——采煤工作面温度调整系数(表 9-9)。

表 9-7　采煤工作面采高调整系数

采高/m	<2.0	2.0～2.5	2.5～5.0 及放顶煤工作面
系数($K_{采高}$)	1.0	1.1	1.5

表 9-8 采煤工作面长度调整系数

采煤工作面长度/m	80～150	150～200	＞200
系数($K_{采面长}$)	1.0	1.0～1.3	1.5

表 9-9 采煤工作面温度与对应风速调整系数

采煤工作面空气温度/℃	采煤工作面风速/(m/s)	配风调整系数($K_{温}$)
＜18	0.3～0.8	0.90
18～20	0.8～1.0	1.00
20～23	1.0～1.5	1.00～1.10
23～26	1.5～1.8	1.10～1.25
26～28	1.8～2.5	1.25～1.40

(2) 高瓦斯矿井按照瓦斯(或二氧化碳)涌出量计算：

根据《煤矿安全规程》规定，按采煤工作面回风流中瓦斯(或二氧化碳)的浓度不超过1%的要求计算：

$$Q_{采} = 100q_{采} \times K_{CH_4} \tag{9-44}$$

式中 $Q_{采}$——采煤工作面实际需要风量，m^3/min；

$q_{采}$——采煤工作面回风巷中瓦斯(或二氧化碳)的平均绝对涌出量，m^3/min；

K_{CH_4}——采面瓦斯涌出不均衡通风系数(正常生产条件下，连续观测 1 个月，日最大绝对瓦斯涌出量与月平均日瓦斯绝对涌出量的比值)。

(3) 工作面布置有专用排瓦斯巷(俗称尾巷)的采煤工作面风量计算：

$$Q_{采} = Q_{采回} + Q_{采尾} \tag{9-45}$$

$$Q_{采回} = 100q_{采} \cdot K_{CH4} \tag{9-46}$$

$$Q_{采尾} = q_{CH_4尾} K_{CH_4} / 2.5\% \tag{9-47}$$

式中 $Q_{采回}$——采煤工作面回风巷需要风量，m^3/min；

$Q_{采尾}$——采煤工作面专用排瓦斯巷需要风量，m^3/min；

$q_{CH_4尾}$——采煤工作面尾巷的风排瓦斯量，m^3/min。

(4) 按采煤工作面温度选择适宜的风速进行计算(见表 9-1)

$$Q_{采} = 60v_{采} S_{采} \tag{9-48}$$

式中 $v_{采}$——采煤工作面风速，m/s；

$S_{采}$——采煤工作面平均断面积，m^2。

(5) 按采煤工作面同时作业人数和炸药量计算需要风量：

每人供风不少于 4 m^3/min：

$$Q_{采} \geqslant 4N \tag{9-49}$$

每千克炸药供风不少于 25 m^3/min：

$$Q_{采} \geqslant 25A \tag{9-50}$$

式中 N——工作面最多人数，人；

A——一次爆破炸药最大用量，kg。

(6) 按风速进行验算:

$$15S < Q_{采} < 240S \tag{9-51}$$

式中　S——工作面平均断面积,m^2。

备用工作面亦应满足瓦斯、二氧化碳、气温等规定计算风量,且最少不得低于采煤工作面实际需要风量的50%。

$$Q_{备} \geqslant 0.5Q \tag{9-52}$$

3. 掘进工作面的需要风量的核定计算

掘进工作面的需要风量和采煤工作面所需要风量的计算方法基本相同。

4. 井下硐室需要风量的核定计算

应按矿井可个独立通风硐室实际需要风量的总和来计算。

5. 其他井巷实际需要风量的核定计算

应按矿井各个其他巷道用风量的总和计算。

(四) 矿井通风能力计算

矿井通风系统生产能力核定采用由里向外核算法计算。按照矿井总进风量与矿井各用风地点的需风量(有效风量)计算出采掘工作面个数(按合理采掘比 m_1、m_2),取当年度每个采掘工作面的计划产量计算矿井通风能力。

$$A_{通} = \sum_{i=1}^{m_1} A_{采i} + \sum_{j=1}^{m_2} A_{掘j} \tag{9-53}$$

式中　$A_{通}$——矿井通风能力,万 t/a;

$A_{采i}$——第 i 个采煤工作面正常生产条件下的年产量,万 t/a;

$A_{掘j}$——第 j 个掘进工作面正常生产条件下的年进尺换算成煤的产量,万 t/a;

m_1——采煤工作面的数量,个;

m_2——掘进工作面的数量,个。

三、矿井通风能力验证

《矿井通风能力核定标准》规定:矿井通风能力要进行验证。矿井通风能力要从矿井主要通风机性能、通风网络能力、用风地点的有效风量和矿井稀释瓦斯的能力等方面进行验证。

1. 矿井主要通风机性能的验证

按照矿井主要通风机的实际特性曲线对通风能力进行验证,主要通风机实际运行工况点应处于安全、稳定、可靠、合理的范围内。应对矿井主要通风机进行现场性能测定。

2. 通风网络能力验证

通风网络解算时,要对矿井所有巷道进行通风阻力测定,利用矿井通风阻力测定的结果对矿井通风网络进行解算,验证通风阻力与矿井主要通风机性能是否匹配,能否满足安全生产实际需要。

3. 用风地点有效风量验证

采用矿井内采区有效风量验证用风地点的供风能力,核查矿井内各用风地点的有效风量是否满足风量需要,井巷中的风流速度、温度应符合《煤矿安全规程》的规定。

4. 稀释瓦斯能力验证

利用瓦斯鉴定结果以及矿井瓦斯安全监测仪器仪表检测的结果,验证矿井通风稀释排放瓦斯的能力，各地点瓦斯浓度应符合《煤矿安全规程》的有关规定。

四、矿井通风能力核定结果计算

按照如前所述方法所计算的通风能力为矿井初步通风能力，凡不符合《煤矿安全规程》有关规定以及有下列情况的，应从矿井通风能力中扣除相应部分的通风能力。扣减后的通风能力为最终矿井核定通风能力。

（1）高瓦斯矿井、突出矿井没有专用回风巷的采区，没有形成全风压通风系统、没有独立完整通风系统的采区的通风能力；采掘工作面通风系统不完善、不合理的，没有形成全风压通风系统的采煤工作面和没有独立完整通风系统的掘进工作面的通风能力，应从矿井通风能力中扣减。

（2）存在不符合有关规定的串联通风、扩散通风、采区通风的用风地点的通风能力，应从矿井通风能力中扣减。

习　题

1. 矿井通风方式包括哪些？分析它们的优缺点。
2. 分析压入式通风方法的优缺点及其适用条件？
3. 如何选择矿井通风系统？
4. 试比较运输机上山和轨道上山进风的优缺点和适用条件。
5. 何谓下行风？试从防止瓦斯积聚、防尘及降温角度分析上行风与下行风的优缺点。
6. 矿井风量计算的依据是什么？
7. 矿井风量分配的原则是什么？
8. 矿井通风总阻力计算的原则是什么？
9. 简述矿井通风设备选择的要求。
10. 分析矿井通风能力核定的重要性。
11. 简述生产矿井通风能力核定的步骤。

第十章　矿井空气调节

矿井空气调节是改善矿内气候条件的主要技术措施之一，其主要内容包括两方面：一是对冬季寒冷地区，当井筒入风温度低于 2 ℃时，对井口空气进行预热；二是对高温矿井用风地点进行风温调节，以达到《煤矿安全规程》规定的标准。

本章将重点讨论高温矿井的空气调节技术，同时对冬季寒冷矿区的井口空气加热问题也做一简单介绍。

第一节　井口空气加热

本节主要介绍井口空气加热设计的一般方法及步骤。

一、井口空气加热方式

井口一般采用空气加热器对冷空气进行加热，其加热方式有两种。

1. 井口房不密闭的加热方式

当井口房不宜密闭时，被加热的空气需设置专用的通风机送入井筒或井口房。这种方式按冷、热风混合的地点不同，又分以下三种情况：

(1) 冷、热风在井筒内混合

这种布置方式是将被加热的空气通过专用通风机和热风道送入井口以下 2 m 处，在井筒内进行热风和冷风的混合，如图 10-1 所示。

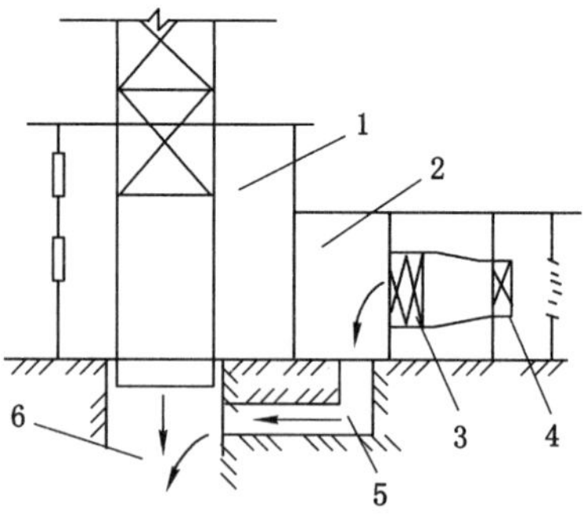

图 10-1　冷、热风在井筒内混合空气加热系统示意图

1——井口房；2——空气加热室；3——空气加热器；4——通风机；5——热风道；6——井筒

(2) 冷、热风在井口房内混合

这种布置方式是将热风直接送入井口房内进行混合，使混合后的空气温度达到 2 ℃以上后再进入井筒，如图 10-2 所示。

(3) 冷、热风在井口房和井筒内同时混合这种布置方式是前两种方式的结合，它将大部分热风送入井筒内混合，而将小部分热风送入井口房内混合，其布置方式如图 10-3 所示。

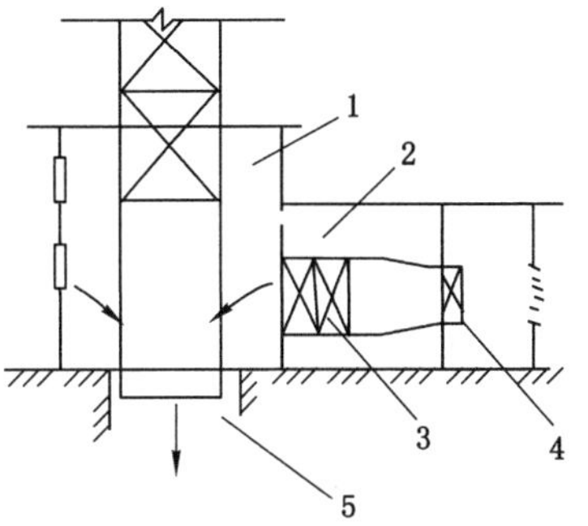

图 10-2 冷、热风在井口房混合空气加热系统示意图

1——井口房；2——空气加热室；3——空气加热器；4——通风机；5——井筒

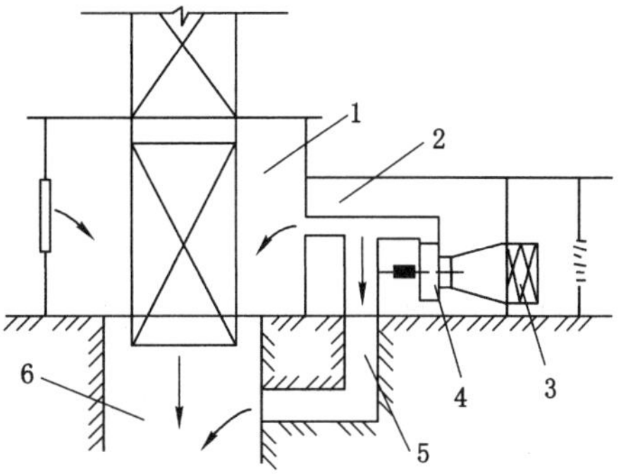

图 10-3 冷、热风在井口房和井筒内同时混合空气加热系统示意图

1——井口房；2——空气加热室；3——空气加热器；4——通风机；5——热风道；6——井筒

以上三种方式相比较，第一种方式冷、热风混合效果较好，通风机噪声对井口房的影响相对较小，但井口房风速大、风温低，井口作业人员的工作条件差，而且井筒热风口对面井壁、上部罐座和罐顶保险装置有冻冰危险；第二种方式井口房工作条件有所改善，上部罐座和罐顶保险装置冻冰危险减少，但冷、热风的混合效果不如前者，而且井口房内风速较大，尤其是通风机的噪声对井口的通信信号影响较大；第三种方式综合了前两种的优点，而避免了其缺点，但管理较为复杂。

2. 井口房密闭的加热方式

当井口房有条件密闭时，热风可依靠矿井主要通风机的负压作用而进入井口房和井筒，而不需设置专用的通风机送风。采用这种方式，大多是在井口房内直接设置空气加热器，让冷、热风在井口房内进行混合。

对于大型矿井，当井筒进风量较大时，为了使井口房风速不超限，可在井口房外建立冷风塔和冷风道，让一部分冷风先经过冷风道直接进入井筒，使冷、热风既在井口房混合，又在井筒内混合。采用这种方式时，应注意防止冷风道与井筒连接处结冰。

井口房不密闭与井口房密闭这两种井口空气加热方式相比，其优缺点见表 10-1。

表 10-1 井口空气加热方式的优缺点比较

井口空气加热方式	优点	缺点
井口房不密闭时	① 井口房不要求密闭； ② 可建立独立的空气加热室，布置较为灵活； ③ 在相同风量下，所需空气加热器的片数最少	① 井口房风速大、风温低，井口作业人员工作条件差； ② 通风机运行噪声对井口房通信有影响； ③ 设备投资大，管理复杂
井口房密闭时	① 井口房工作条件好； ② 不需设置专用通风机，设备投资少	① 井口房密闭增加矿井通风阻力； ② 井口房漏风管理较为麻烦

二、空气加热量的计算

1. 计算参数的确定

(1) 室外冷风计算温度的确定

井口空气防冻加热的室外冷风计算温度，通常按下述原则确定：立井和斜井采用历年极端最低温度的平均值；平硐采用历年极端最低温度平均值与采暖室外计算温度二者的平均值。

(2) 空气加热器出口热风温度的确定

通过空气加热器后的热风温度，根据井口空气加热方式按表10-2确定。

表10-2　空气加热器出口热风温度的确定

送风地点	热风温度/℃	送风地点	热风温度/℃
立井井筒	60～70	正压进入井口房	20～30
斜井或平硐	40～50	负压进入井口房	10～20

2. 空气加热量的计算

井口空气加热量包括基本加热量和附加热损失两部分，其中附加热损失包括热风道、通风机壳及井口房外围护结构的热损失等。基本加热量即为加热冷风所需的热量。在设计中，一般附加热损失可不单独计算，总加热量可按基本加热量乘以一个系数求得，即总加热量 Q，可按式(10-1)计算：

$$Q=\alpha Mc_p(t_h-t_1) \tag{10-1}$$

式中　M——井筒进风量，kg/s；

α——热量损失系数，井口房不密闭时，$\alpha=1.05\sim1.10$，密闭时 $\alpha=1.10\sim1.15$；

t_h——冷、热风混合后空气温度，可取 2 ℃；

t_1——室外冷风计算温度，℃；

c_p——空气定压比热，$c_p=1.01$ kJ/(kg·K)。

三、空气加热器的选择计算

1. 基本计算公式

(1) 通过空气加热器的风量

$$M_1=\alpha M\frac{t_h-t_1}{t_{h0}-t_1} \tag{10-2}$$

式中　M_1——通过空气加热器的风量，kg/s；

t_{h0}——加热后加热器出口热风温度(℃)，按表10-2选取；

其余符号意义同前。

(2) 空气加热器能够供给的热量

$$Q'=kS\Delta t_p \tag{10-3}$$

式中　Q'——空气加热器能够供给的热量，kW；

k——空气加热器的传热系数，kW/(m²·K)；

S——空气加热器的散热面积，m²；

Δt_p——热媒与空气间的平均温差，℃。

当热媒为蒸汽时：

$$\Delta t_p = t_v - (t_1 + t_{h0}) \quad (10\text{-}4)$$

当热媒为热水时：

$$\Delta t_p = (t_{w1} + t_{w2})/2 - (t_1 + t_{h0})/2 \quad (10\text{-}5)$$

式中 t_v——饱和蒸汽温度，℃；

t_{w1}、t_{w2}——热水供水和回水温度，℃；

其余符号意义同前。

空气加热器常用的在不同压力下的饱和蒸汽温度见表 10-3。

表 10-3　不同压力下的饱和蒸汽温度

蒸汽压力/kPa	≤30	98	196	245	294	343	392
饱和蒸汽温度/℃	100	119.6	132.8	138.2	142.9	147.2	151

2. 选择计算步骤

空气加热器的选择计算可按下述方法和步骤进行：

(1) 初选加热器的型号：

初选加热器的型号首先应假定通过空气加热器的质量流速 $(v\rho)'$，一般井口房不密闭时 $(v\rho)'$ 可选 4～8 kg/(m² · s)，井口房密闭时 $(v\rho)'$ 可选 2～4 kg/(m² · s)。然后按下式求出加热器所需的有效通风截面积 S'：

$$S' = M_1/(v\rho)' \quad (10\text{-}6)$$

在加热器的型号初步选定之后，即可根据加热器实际的有效通风截面积，算出实际的 $(v\rho)$ 值。

(2) 计算加热器的传热系数：

表 10-4 中列举了部分国产空气加热器传热系数的实验公式，供学习时参考，更详细的资料请查阅有关手册。如果有的产品在整理传热系数实验公式时，用的不是质量流速 $(v\rho)$，而是迎面风速 v_y，则应根据加热器有效截面积与迎风面积之比 α 值（α 称为有效截面系数），使用关系式 $v_y = \dfrac{\alpha(v\rho)}{\rho}$，由 $v\rho$ 求出 v_y 后，再计算传热系数。

表 10-4　部分国产空气加热器的传热系数和阻力计算公式表

加热器型号	热媒	传热系数 k /[kW/(m²/K)]	空气阻力 ΔH/Pa	热水阻力 Δh/kPa
5、6、10D	蒸汽	$14.6(v\rho)^{0.49}$	$1.76(v\rho)^{1.998}$	D 型：$15.2v_w^{1.96}$ Z、X 型：$15.2v_w^{1.96}$
5、6、10Z		$14.6(v\rho)^{0.49}$	$1.47(v\rho)^{1.98}$	
SRZ 型 5、6、10X		$14.5(v\rho)^{0.532}$	$0.88(v\rho)^{2.12}$	
7D		$14.3(v\rho)^{0.51}$	$2.06(v\rho)^{1.17}$	
7Z		$14.6(v\rho)^{0.49}$	$2.94(v\rho)^{1.52}$	
7X		$15.1(v\rho)^{0.571}$	$1.37(v\rho)^{1.917}$	

续表 10-4

加热器型号	热媒	传热系数 k /[kW/(m²/K)]	空气阻力 ΔH/Pa	热水阻力 Δh/kPa
B×A/2	蒸汽	$15.2(v\rho)^{0.50}$	$1.71(v\rho)^{1.67}$	
SRL 型 B×A/3		$15.1(v\rho)^{0.43}$	$3.03(v\rho)^{1.62}$	
B×A/2	热水	$16.5(v\rho)^{0.24}$	$1.5(v\rho)^{1.58}$	
B×A/3		$14.5(v\rho)^{0.29}$	$2.9(v\rho)^{1.58}$	

注：$v\rho$——空气质量流速，kg/(m²·s)；v_w——水流速，m/s。

如果热媒为热水，则在传热系数的计算公式中还要用到管内水流速 v_w。加热器管内水流速可按下式计算：

$$v_w=\frac{M_1 c_p(t_{h0}-t_1)}{S_w c(t_{w1}-t_{w2})\times 10^5} \tag{10-7}$$

式中 v_w——加热器管内水的实际流速，m/s；

S_w——空气加热器热媒通过的截面积，m²；

c——水的比热，$c=4.186\ 8$ kJ/(kg·K)。

其余符号意义同前。

(3) 计算所需的空气加热器面积和加热器台数：

空气加热器所需的加热面积可按下式计算：

$$S_1=\frac{Q}{k\cdot\Delta t_p} \tag{10-8}$$

式中 符号意义同前。

计算出所需加热面积后，可根据每台加热器的实际加热面积确定所需加热器的排数和台数。

(4) 检查空气加热器的富余系数，一般取 1.15～1.25。

(5) 计算空气加热器的空气阻力 ΔH，计算公式见表 10-4。

(6) 计算空气加热器管内水阻力 Δh，计算公式也见表 10-4。

第二节 矿井空气降温

要进行矿井空调设计，首先必须了解引起矿井高温热害的主要影响因素。能引起矿井气温值升高的环境因素统称为矿井热源。本节将重点讨论这些矿井主要热源及其散热量的计算方法。

一、矿井主要热源及其散热量

(一) 井巷围岩传热

1. 围岩原始温度的测算

围岩原始温度是指井巷周围未被通风冷却的原始岩层温度。在许多深矿井中，围岩原始温度高，往往是造成矿井高温的主要原因。

由于在地表大气和大地热流场的共同作用下，岩层原始温度沿垂直方向上大致可划分为三个层带。在地表浅部由于受地表大气的影响，岩层原始温度随地表大气温度的变化而呈周期性的变化，这一层带称为变温带。随着深度的增加，岩层原始温度受地表大气的影响逐渐减弱，而受大地热流场的影响逐渐增强，当到达某一深处时，二者趋于平衡，岩温常年基本保持不变，这一层带称为恒温带，恒温带的温度约比当地年平均气温高 1～2 ℃。在恒温带以下，由于受大地热流场的影响，在一定的区域范围内，岩层原始温度随深度的增加而增加，大致呈线性变化规律，这一层带称为增温带。在增温带内，岩层原始温度随深度的变化规律可用地温率或地温梯度来表示。地温率是指恒温带以下岩层温度每增加 1 ℃，所增加的垂直深度，即：

$$g_r = \frac{z - z_0}{t_r - t_{r0}} \tag{10-9}$$

地温梯度是指恒温带以下，垂直深度每增加 100 m 时，原始岩温的升高值，它与地温率之间的关系为：

$$G_r = 100/g_r \tag{10-10}$$

式中 g_r——地温率，m/℃；

G_r——地温梯度，℃/100 m；

z_0、z——恒温带深度和岩层温度测算处的深度，m；

t_{r0}、t_r——恒温带温度和岩层原始温度，℃。

若已知 g_r 或 G_r 及 z_0、t_{r0}，则对式(10-9)、式(10-10)进行变形后，即可计算出深度为 z_m 处的原岩温 t_r。表 10-5 列出的我国部分矿区恒温带参数和地温率数值，仅供参考。

表 10-5　　我国部分矿区恒温带参数

矿区名称	恒温带深度 z_0/m	恒温带温度 t_{r0}/℃	地温率 g_r/(m/℃)
辽宁抚顺	25～30	10.5	30
山东枣庄	40	17.0	45
平顶山矿区	25	17.2	31～21
罗河铁矿区	25	18.9	59～25
安徽淮南潘集	25	16.8	33.7
辽宁北票台吉	27	10.6	40～37
广西合山	20	23.1	40
浙江长广	31	18.9	44
湖北黄石	31	18.8	43.3～39.8

2. 围岩与风流间传热量

井巷围岩与风流间的传热是一个复杂的不稳定传热过程。井巷开掘后，随着时间的推移，井巷围岩被冷却的范围逐渐扩大，其所向风流传递的热量逐渐减少，而且在传热过程中由于井巷表面水分的蒸发或凝结，还伴随着传质过程的发生。为简化研究，目前常将这些复杂的影响因素都归结到传热系数中去讨论。因此，井巷围岩与风流间的传热量可按下式来计算：

$$Q_r = K_\tau UL(t_{rm} - t_a) \tag{10-11}$$

式中 Q_r——井巷围岩传热量,kW;

K_τ——围岩与风流间的不稳定换热系数,kW/(m^2·℃);

U——井巷周长,m;

L——井巷长度,m;

t_{rm}——平均原始岩温,℃;

t_a——井巷中平均风温,℃。

围岩与风流间的不稳定传热系数 K_τ,是指井巷围岩深部未被冷却的岩体与空气间温差为1 ℃时,单位时间内从每平方米巷道壁面上向空气放出(或吸收)的热量。它是围岩的热物理性质、井巷形状尺寸、通风强度及通风时间等的函数。由于不稳定传热系数的解析解相当复杂,在矿井空调设计中大多采用简化公式或统计公式计算,限于教材篇幅,此处不再赘述。应用时,请参阅有关专著或手册。

(二)机电设备放热

在现代化矿井中,由于机械化水平不断提高,尤其是采掘工作面的装机容量急剧增大,机电设备放热已成为这些矿井中不容忽视的主要热源。

1. 采掘设备放热

采掘设备运转所消耗的电能最终都将转化为热能,其中大部分将被采掘工作面风流所吸收。风流所吸收的热能中只有小部分能引起风流的温升,其中大部分转化成汽化潜热引起风流焓增。因此,采掘设备运转放热一般可按下式计算:

$$Q_c = \psi P \tag{10-12}$$

式中 Q_c——风流所吸收的热量,kW;

ψ——采掘设备运转放热中风流的吸热比例系数,ψ 值可通过实测统计来确定;

P——采掘设备实耗功率,kW。

2. 其他电动设备放热

电动设备放热量一般可按下式计算:

$$Q_e = (1 - \eta_t)\eta_m P \tag{10-13}$$

式中 Q_e——电动设备放热量,kW;

P——电动机的额定功率,kW;

η_t——提升设备的机械效率,非提升设备或下放物料 $\eta_t=0$;

η_m——电动机的综合效率,包括负荷率、每日运转时间和电动机效率等因素。

(三)运输中煤炭及矸石的放热

在以运输机巷作为进风巷的采区通风系统中,运输中煤炭及矸石的放热是一种比较重要的热源。运输中煤炭及矸石的放热量一般可用下式近似计算:

$$Q_k = m c_m \Delta t \tag{10-14}$$

式中 Q_k——运输中煤炭或矸石的放热量,kW;

m——煤炭或矸石的运输量,kg/s;

c_m——煤炭或矸石的比热,kJ/(kg·℃);

Δt——运输中煤炭或矸石被冷却的温度(℃),可由实测确定,也可用下式估算:

$$\Delta t = 0.002\,4 L^{0.8}(t_r - t_{wn}) \tag{10-15}$$

式中 L——运输距离,m;

t_r——运输中煤炭或矸石的平均温度，一般较采煤工作面的原始岩温度低 4～8 ℃；

t_{wn}——运输巷道中风流的平均湿球温度，℃。

（四）矿物及其他有机物的氧化放热

井下矿物及其他有机物的氧化放热是一个十分复杂的过程，很难将它与其他热源分离开来单独计算，现一般采用下式估算：

$$Q_0 = q_0 v^{0.8} UL \tag{10-16}$$

式中 Q_0——氧化放热量，kW；

v——巷道中平均风速，m/s；

q_0——$v=1$ m/s 时单位面积氧化放热量（kW/m^2），在无实测资料时可取（3～4.6）×10^{-3} kW/m^2。

其余符号意义同前。

（五）人员放热

在人员比较集中的采掘工作面，人员放热对工作面的气候条件也有一定的影响。人员放热与劳动强度和个人体质有关，现一般按下式进行计算：

$$Q_{w0} = nq \tag{10-17}$$

式中 Q_{w0}——人员放热量，kW；

n——工作面总人数；

q——人均发热量，一般参考以下数据取值：静止状态时取 0.09～0.12 kW，轻度体力劳动时取 0.2 kW，中等体力劳动时取 0.275 kW，繁重体力劳动时取 0.47 kW。

（六）热水放热

井下热水放热主要取决于水温、水量和排水方式。当采用有盖水沟或管道排水时，其传热量可按下式计算：

$$Q_w = K_w S(t_w - t_a) \tag{10-18}$$

式中 Q_w——热水传热量，kW。

K_w——水沟盖板或管道的传热系数，kW/(m² · ℃)。

S——水与空气间的传热面积。水沟排水时 $S=B_w L$，m²；管道排水时 $S=\pi D_2 L$，m²。其中，B_w 为水沟宽度，m；D_2 为管道外径，m；L 为水沟长度，m。

t_w——水沟或管道中水的平均温度，℃。

t_a——巷道中风流的平均温度，℃。

水沟盖板的传热系数可按下式确定：

$$K_w = 1/\left(\frac{1}{a_2} + \frac{\delta}{\lambda} + \frac{1}{a_2}\right) \tag{10-19}$$

管道传热系数可按下式确定：

$$K_w = 1/\left(\frac{D_2}{a_1 D_1} + \frac{D_2}{2\lambda}\ln\frac{D_2}{D_1} + \frac{1}{a_2}\right) \tag{10-20}$$

式中 a_1——水与水沟盖板或管道内壁的对流换热系数，kW/(m² · ℃)；

a_2——水沟盖板或管道外壁与巷道空气的对流换热系数，kW/(m² · ℃)；

δ——盖板厚度，m；

λ——盖板或管壁材料的导热系数，kW/(m · ℃)；

D_1——管道内径，m；

D_2——管道外径，m。

二、矿井降温的一般技术措施

当矿井气候值超过标准而出现热害时，就必须采取降温措施加以改善。矿井降温的一般技术措施是指除了矿井空调技术外，其他各种用于调节和改善矿井气候条件的措施。它主要包括通风降温、隔热疏导、个体防护等，本节仅介绍其中几种主要措施。

（一）通风降温

加强通风是矿井降温的主要技术途径。通风降温的主要措施就是加大矿井风量和选择合理的矿井通风系统。

1. 加大风量

实践证明，在一定的条件下（如原风量较小），增加风量是高温矿井最经济的降温手段之一。加大风量不仅可以排出热量、降低风温，而且还可以有效地改善人体的散热条件，增加人体舒适感。所以在高温矿井采用通风降温是矿井降温的基本措施之一。

但增风降温并不总是有效的。当风量增加到一定程度时，增风降温的效果就会减弱。同时增风降温还受到井巷断面和通风机能力等各种因素的制约，有一定的应用范围。

2. 选择合理的矿井通风系统

从降温角度出发，确定矿井通风系统时，一般应考虑下列原则：

（1）尽可能减少进风路线的长度

在井巷热环境条件和风量不变的情况下，井巷风流的温升是随其流程的加长而增大的，风路越长，风流沿途吸热量越大，温升也越大。所以，对高温矿井应尽量缩短进风路线的长度。同时在进行开拓系统设计时，要注意与通风系统相结合，避免将进风巷布置在高温岩层中和不必要地加长进风路线的长度，以使温升加大。

（2）尽量避免煤流与风流反向运行

在选择采区通风系统时，尽量采用轨道上山进风方案，避免因煤流与风流方向相反，将煤炭在运输过程中的放热和设备放热带进工作面。根据德国的经验采用轨道上山（平巷）进风与运输上山（平巷）进风相比，采煤工作面进风流的同感温度可降低 4～5 ℃。

（3）采煤工作面采用下行风

在条件许可时，采煤工作面可采用下行风。因为采煤工作面采用下行风时，风流是从路程较短的上部巷道进入工作面，且减少了煤炭放热的影响，故可降低工作面的进风温度。

（二）隔热疏导

所谓隔热疏导，就是采取各种有效措施将矿井热源与风流隔离开来，或将热源直接引入矿井回风流中，避免矿井热源对风流的直接加热，从而达到矿井降温的目的。隔热疏导的措施主要有：

1. 巷道隔热

巷道隔热主要用于矿井局部地温异常的区段。目前较为可行的方法是，在高温岩壁与巷道支架之间充填隔热材料，如高炉或锅炉炉渣等。近年来，我国煤矿还尝试用聚氨酯泡沫塑料喷涂岩壁，喷涂厚度为 10 mm 时，就能产生较好的隔热效果；国外有些国家也曾采用聚乙烯泡沫塑料、硬质氨基甲酸泡沫、膨胀珍珠岩等隔热材料喷涂岩壁，也取得较好效果。但因巷道隔热费用较高，而且隔热层的时效性较差，随着时间的推移，隔热层的作用将变小，同时还必须注意防火、防毒等安全问题。由于这些原因限制了这种方法的应用。今后应当重视开发和研究高效、无毒、时效性长且廉价的巷道隔热材料。

2. 管道和水沟隔热

对高温矿井，温度高的压气管道和排热水管应尽量设在回风流中，如果必须设在进风流中时应采取隔热措施。尤其是对热水型高温矿井，更应防止热水对风流的增温增湿作用。

对热水涌出量大的矿井可超前将热水疏干，将水位降低到开采深度以下。对局部地点涌出的高温热水，可在出水点附近打排水钻孔，将热水用隔热管道直接排至地面。

3. 井下发热量大的大型机电硐室应独立回风

现代矿井井下大型机电硐室的发热量很大，如果这些设备的放热直接进入进风流，将引起矿井风流较大的温升。所以对高温矿井，井下大型机电硐室（如中央变电所、泵房和绞车房等）应建立独立的回风系统。

（三）个体防护

对个别气候条件恶劣的地点，由于技术或经济上的原因，如不能采取其他降温措施时，对矿工进行个体防护也是一种有效的方法。矿工个体防护的主要措施就是让矿工穿戴轻便的冷却背心或冷却帽，以防止环境热对流和热辐射对人体的侵害，同时使人体自身的产热量传给冷却服或冷却帽中的冷媒。国外一些国家已研制出了许多种适合井下使用的矿工冷却服和冷却帽，例如南非加尔德来特公司研制生产的一种干冰冷却背心，干冰用量为 4 kg，冷却功率为 80～106 W，冷却时间可达 6～8 h。再如由德国米塔尔公司生产的一种冰水冷却背心，其用冰量为 5 kg，没有冷媒循环系统和运动部件，在冷却功率为 220 W 的条件下，持续工作时间可达 2.5 h 以上。近年来国内一些科研单位也研制出了同类产品，在煤矿井下试用也取得较好效果。

除了上述措施之外，还有其他一些措施诸如煤层注水预冷煤体、在进风巷道内放置冰块、利用调热圈巷道进风等都可起到一定的降温作用。

由于矿井的高温原因各不相同，热害程度也轻重不一。因此，在做矿井降温设计时，应对具体问题做具体分析，要因地制宜、有针对性地采取降温措施，才能收到良好效果。

习　题

1. 井口空气有哪几种加热方式？简述它们各自的优缺点。

2. 某矿井总进风量为 130 kg/s，冬季井口空气计算温度为－28 ℃，采用井口房不密闭的加热方式，冷热风在井口房混合，混合前的热风温度为 30 ℃，混合后的温度为 2 ℃，热媒为压力 343 kPa 的饱和蒸汽，试选择合适的空气加热器。

3. 矿井的主要热源有哪些？

4. 矿井降温的措施有哪些？

附　　录

附录Ⅰ　井巷摩擦阻力系数 α 值

一、水平巷道

（1）不支护巷道 $\alpha\times10^4$ 值见附表Ⅰ-1。

附表Ⅰ-1　　不支护巷道的 $\alpha\times10^4$ 值

巷道壁的特征	$\alpha\times10^4/(N\cdot s^2/m^4)$
顺走向在煤层里开掘的巷道	58.8
交叉走向在岩层里开掘的巷道	68.6～78.4
巷壁与底板粗糙度相同的巷道	58.8～78.4
巷壁与底板粗糙度相同的巷道(在底板阻塞情况下)	98～147

（2）混凝土、混凝土砖及砖石砌碹的平巷 $\alpha\times10^4$ 值见附表Ⅰ-2。

附表Ⅰ-2　　砌碹平巷的 $\alpha\times10^4$ 值

类别	$\alpha\times10^4/(N\cdot s^2/m^4)$
混凝土砌碹、外抹灰浆	29.4～39.2
混凝土砌碹、不抹灰浆	49～68.6
砖砌碹、外面抹灰浆	24.5～29.4
砖砌碹、不抹灰浆	29.4～30.2
料石砌碹	39.2～49

注：巷道断面小者取大值。

（3）圆木棚子支护的巷道 $\alpha\times10^4$ 值见附表Ⅰ-3。

附表Ⅰ-3　　圆木棚子支护的巷道 $\alpha\times10^4$ 值

木柱直径 d_0/cm	支架纵口径 $\Delta=L/d_0$ 时的 $\alpha\times10^4/(N\cdot s^2/m^4)$							按断面校正	
	1	2	3	4	5	6	7	断面/m^2	校正系数
15	88.2	115.2	137.2	155.8	174.4	164.6	158.8	1	1.2
16	90.16	118.6	141.1	161.7	180.3	167.6	159.7	2	1.1

续附表Ⅰ-3

木柱直径 d_0/cm	支架纵口径 $\Delta=L/d_0$ 时的 $\alpha\times10^4/(N\cdot s^2/m^4)$							按断面校正	
	1	2	3	4	5	6	7	断面/m^2	校正系数
17	92.12	121.5	141.1	165.6	185.2	169.5	162.7	3	1.0
18	94.03	123.5	148	169.5	190.1	171.5	164.6	4	0.93
20	96.04	127.4	154.8	177.4	198.9	175.4	168.6	5	0.89
22	99	133.3	156.8	185.2	208.7	178.4	171.5	6	0.8
24	102.9	138.2	167.6	193.1	217.6	192	174.4	8	0.82
26	104.9	143.1	174.4	199.9	225.4	198	180.3	10	0.78

注：表中 $\alpha\times10^4$ 值适合于支架后净断面 $S=3\ m^2$ 的巷道，对于其他断面的巷道应乘以校正系数。

(4) 金属支架的巷道 $\alpha\times10^4$ 值如下：

① 工字梁拱形和梯形支架巷道的 $\alpha\times10^4$ 值见附表Ⅰ-4。

附表Ⅰ-4　　**工字梁拱形和梯形支架的巷道 $\alpha\times10^4$ 值**

金属梁尺寸 d_0/cm	支架纵口径 $\Delta=L/d_0$ 时的 $\alpha\times10^4$ 值/$(N\cdot s^2/m^4)$					按断面校正	
	2	3	4	5	8	断面/m^2	校正系数
10	107.8	147	176.4	205.4	245	3	1.08
12	127.4	166.6	205.8	245	294	4	1.00
14	137.2	186.2	225.4	284.2	333.2	6	0.91
16	147	205.8	254.8	313.6	392	8	0.88
18	156.8	225.4	294	382.2	431.2	10	0.84

注：d_0 为金属梁截面的高度。

② 金属横梁和帮柱混合支护的平巷 $\alpha\times10^4$ 值见附表Ⅰ-5。

附表Ⅰ-5　　**金属梁、柱支护的平巷 $\alpha\times10^4$ 值**

边柱厚度 d_0/cm	支架纵口径 $\Delta=L/d_0$ 时的 $\alpha\times10^4/(N\cdot s^2/m^4)$					按断面校正	
	2	3	4	5	6	断面/m^2	校正系数
40	156.8	176.4	205.8	215.6	235.2	3	1.08
						4	1.00
						6	0.91
						8	0.88
50	166.6	196.0	215.6	245.0	264.6	10	0.84

注：1. “帮柱”是混凝土或砌碹的柱子，呈方形。

2. 顶梁是由工字钢或16号槽钢加工的。

(5) 钢筋混凝土预制支架的巷道 $\alpha\times10^4$ 值为 88.2～186.2 $N\cdot s^2/m^4$(纵口径大，取值也大)。

(6) 锚杆或喷浆的巷道 $\alpha\times10^4$ 值为 78.4～117.6 $N\cdot s^2/m^4$。

对于装有带式运输机的巷道，$\alpha\times10^4$ 值可增加 147～196 $N\cdot s^2/m^4$。

二、井筒、暗井及溜道

(1) 无任何装备的清洁的混凝土和钢筋混凝土井筒 $\alpha\times10^4$ 值见附表Ⅰ-6。

附表Ⅰ-6　　无装备混凝土井筒 $\alpha\times10^4$ 值

井筒直径/m	井筒断面/m^2	$\alpha\times10^4/(N\cdot s^2/m^4)$	
		平滑的混凝土	不平滑的混凝土
4	12.6	33.3	39.2
5	19.6	31.4	37.2
6	28.3	31.4	37.2
7	38.5	29.4	35.3
8	50.3	29.4	35.3

(2) 砖和混凝土砖砌的无任何装备的井筒，其 $\alpha\times10^4$ 值按附表Ⅰ-6 增大一倍。

(3) 有装备的井筒，井壁用混凝土、钢筋混凝土、混凝土砖及砖、砌碹的平巷 $\alpha\times10^4$ 值为 343～490 $N\cdot s^2/m^4$，选取时应考虑罐道梁的间距、装备物纵口径以及有无梯子间和梯子间规格等。

(4) 木支护的暗井和溜道 $\alpha\times10^4$ 值见附表Ⅰ-7。

附表Ⅰ-7　　木支护的暗井和溜道 $\alpha\times10^4$ 值

井筒特征	断面/m^2	$\alpha\times10^4/(N\cdot s^2/m^4)$
人行格间有平台的溜道	9	460.6
有人行格间的溜道	0.95	196
下放煤的溜道	1.8	156.8

三、矿井巷道 $\alpha\times10^4$ 值的实际资料(据沈阳煤矿设计研究院所编 α 值表)

沈阳煤矿设计研究院根据在抚顺、徐州、新汶、阳泉、大同、梅田、鹤岗 7 个矿区 14 个矿井的实测资料，编制的供通风设计参考的 $\alpha\times10^4$ 值见附表Ⅰ-8。

附表Ⅰ-8　　井巷摩擦阻力系数 α 值

序号	巷道支护形式	巷道类别	巷道壁面特征	$\alpha\times10^4$ /(N·s^2/m^4)	选取参考
1	锚喷支护	轨道平巷	光面爆破，凸凹度<150	50～77	断面大，巷道整洁凸凹度<50，近似砌碹的取小值；新开采区巷道，断面较小的取大值。断面大而成型差，凸凹度大的取大值
			普通爆破，凸凹度>150	83～103	巷道整洁，底板喷水泥抹面的取小值，无道砟和锚杆外露的取大值
		轨道斜巷（设有人行台阶）	光面爆破，凸凹度<150	81～89	兼流水巷和无轨道的取小值
			普通爆破，凸凹度>150	93～121	兼流水巷和无轨道的取小值；巷道成型不规整，底板不平的取大值
		通风行人巷（无轨道、台阶）	光面爆破，凸凹度<150	68～75	底板不平，浮矸多的取大值；自然顶板层面光滑和底板积水的取小值
			普通爆破，凸凹度>150	75～97	巷道平直，底板淤泥积水的取小值；四壁积尘，不整洁的老巷有少量杂物堆积取大值
		通风行人巷（无轨道、有台阶）	光面爆破，凸凹度<150	72～84	兼流水巷的取小值
			普通爆破，凸凹度>150	84～110	流水冲沟使底板严重不平的 α 值偏大
		带式运输机巷（铺轨）	光面爆破，凸凹度<150	85～120	断面较大，全部喷混凝土固定道床的 α 值为85。其余的一般均应取偏大值。吊挂带式输送机宽为800～1 000 mm
			普通爆破，凸凹度>150	119～174	巷道底平，整洁的巷道取小值；底板不平，铺轨无道砟，带式输送机卧底，积煤泥的取大值。落地式胶带宽为1.2 m
2	喷砂浆支护	轨道平巷	普通爆破，凸凹度>150	78～81	喷砂浆支护与喷混凝土支护巷道的摩擦阻力系数相近，同种类别巷道可按锚喷的选
3	锚杆支护	轨道平巷	锚杆外露100～200 mm，锚间距600～1 000 mm	94～149	铺笆规整，自然顶板平整光滑的取小值；壁面波状凸凹度>150，近似不规整的裸体状取大值；沿煤平巷，底板为松散浮煤，一般取中间值
		带式输送机巷(铺轨)	锚杆外露150～200 mm，锚间距600～800 mm	127～153	落地式带式输送机宽为800～1 000 mm。断面小，铺笆不规整的取大值；断面大，自然顶板平整光滑取小值
4	料石砌碹支护	轨道平巷	壁面粗糙	49～61	断面大的取小值；断面小的取大值。巷道洒水清扫的取小值
		轨道平巷	壁面平滑	38～44	断面大的取小值；断面小的取大值。巷道洒水清扫的取小值
		带式输送机斜巷（铺有台阶）	壁面粗糙	100～158	钢丝绳胶带输送机宽为1 000 mm，下限值为推测值，供选取参考

续附表Ⅰ-8

序号	巷道支护形式	巷道类别	巷道壁面特征	$\alpha\times10^4$ /($N\cdot s^2/m^4$)	选取参考
5	毛石碹	轨道平巷	壁面粗糙	60～80	
6	混凝土棚支护	轨道平巷	断面 5～9 m^2，纵口径 4～5	100～190	依纵口径、断面选取 α 值。巷道整洁的完全棚，纵口径小的取小值
7	U形钢支护	轨道平巷	断面 5～8 m^2，纵口径 4～8	135～181	按纵口径、断面选取，纵口径大的、完全棚支护的取小值。不完全棚的 α 值大于完全棚的 α 值
		带式输送机巷(铺轨)	断面 9～10 m^2，纵口径 4～8	209～226	落地式带式输送机宽为 800～1 000 mm，包括工字钢梁、U形钢腿的支架
8	工字钢、钢轨支护	轨道平巷	断面 4～6 m^2，纵口径 7～9	123～134	包括工字钢与钢轨的混合支架。不完全棚支护的 α 值大于完全棚的 α 值，纵口径＝9 取小值
		带式输送机巷(铺轨)	断面 9～10 m^2，纵口径 4～8	209～226	工字钢与U形钢的混合支架与第7项带式输送机巷近似，单一种支护与混合支护 α 近似
9	综采工作面	掩护式支架	采高＜2 m，德国 WS1.7 双柱式	300～330	系数值包括采煤机在工作面内的附加阻力(以下同)
			采高 2～3 m，德国 WS1.7 双柱式，德国贝考瑞特，国产 OKⅡ型	260～310	分层开采铺金属网和工作面片帮严重、堆积浮煤多的取大值
			采高＞3 m，德国 WS1.7 双柱式	220～250	支架架设不整齐，有露顶的取大值
		支撑掩护式支架	采高 2～3 m，国产 ZY-3、ZY-4 型柱式	320～350	采高局部有变化，支架不齐，则取大值
		支撑式支架	采高 2～3 m，英国 DT 型、4 柱式	330～420	支架架设不整齐取大值
10	普采工作面	单体液压支柱	采高＜2 m	420～500	
		金属摩擦支柱，铰接顶梁	采高＜2 m，DY-100 型采煤机	450～550	支架排列较整齐，工作面内有少量金属支柱等堆积物可取小值
		木支柱	采高＜1.2 m，木支架较乱	600～650	
11	炮采工作面	金属摩擦支柱，铰接顶梁	采高＜1.8 m，支架整齐	270～350	工作面每隔 10 m 用木垛支撑的实测 $\alpha\times10^{-4}$ 值 954～1 050 $N\cdot s^2/m^4$
		木支柱	采高＜1.2 m，支架整齐	300～350	
			采高＜1.2 m，木支架较乱	400～450	

附录Ⅱ　井巷局部阻力系数ξ值

附表Ⅱ-1　　各种巷道突然扩大或缩小的ξ值(光滑管道)

S_1/S_2	1	0.9	0.8	0.7	0.6	0.5	0.4	0.3	0.2	0.1	0.01	0
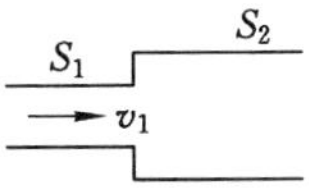	0	0.01	0.04	0.09	0.16	0.25	0.36	0.49	0.64	0.81	0.98	1.0
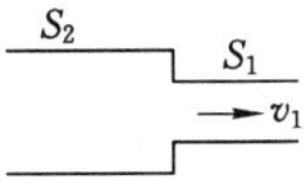	0	0.05	0.10	0.15	0.20	0.25	0.30	0.35	0.40	0.45	0.50	

附表Ⅱ-2　　其他几种局部助力的ξ值(光滑管道)

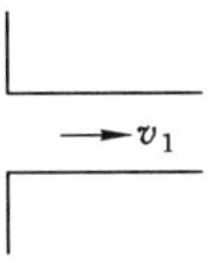	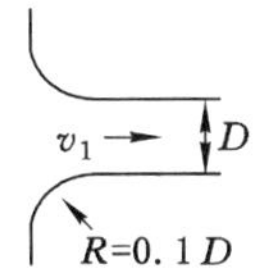	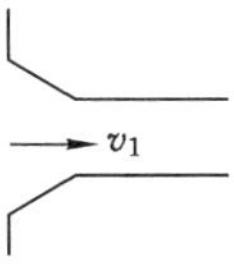	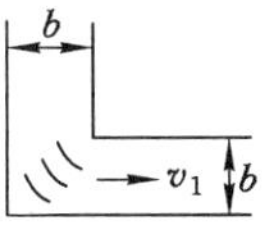	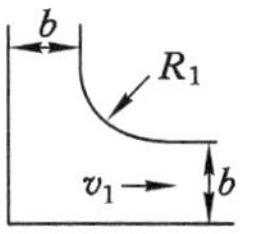	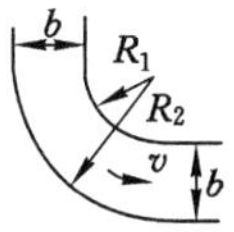
0.6	0.1	0.2	有导风板 0.2, 无导风板 1.4	$R_1=\frac{1}{3}b$,0.75; $R_1=\frac{2}{3}b$,0.52	$R_1=\frac{1}{3}b$, $R_2=\frac{2}{3}b$,0.6; $R_1=\frac{2}{3}b$, $R_2=\frac{17}{10}b$,0.3
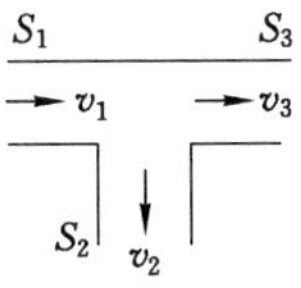	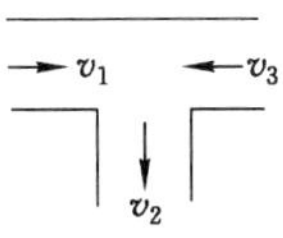	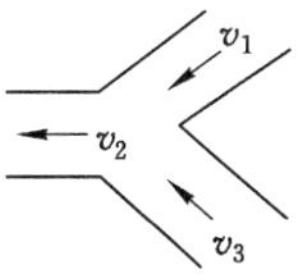	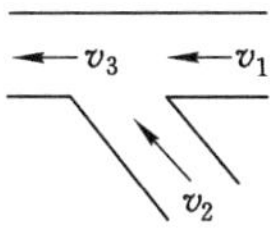	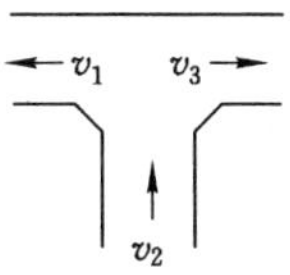	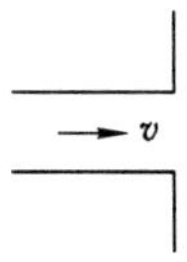
3.6 当 $S_2=S_3$, $v_2=v_3$ 时	2.0 当风速为 v_2 时	1.0 当 $v_1=v_3$ 时	1.5 当风速为 v_2 时	1.5 当风速为 v_2 时	1.0 当风速为 v 时

附录Ⅲ 离心式通风机特性曲线

一、K4-73-01 型矿井离心式风机性能曲线

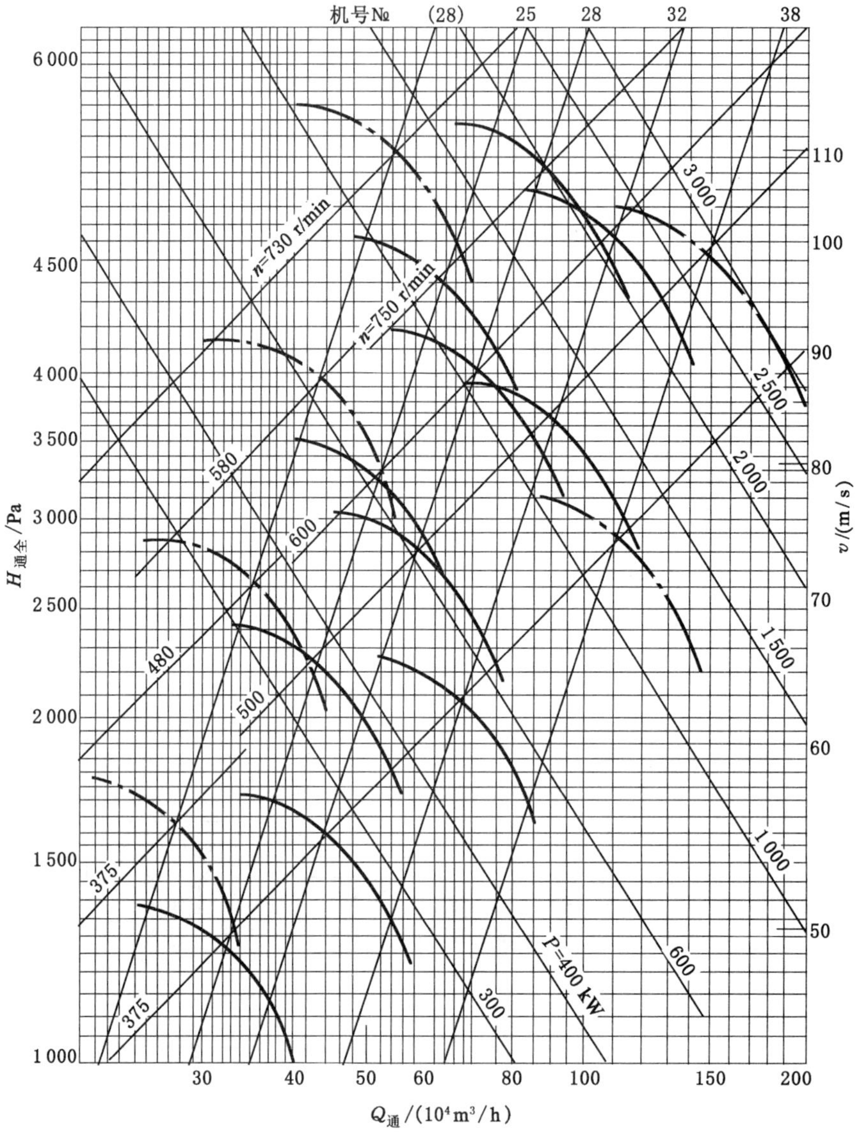

注：括号内机号为 T4-73-12№28 型。

二、G4-73-11 型离心式通风机特性曲线

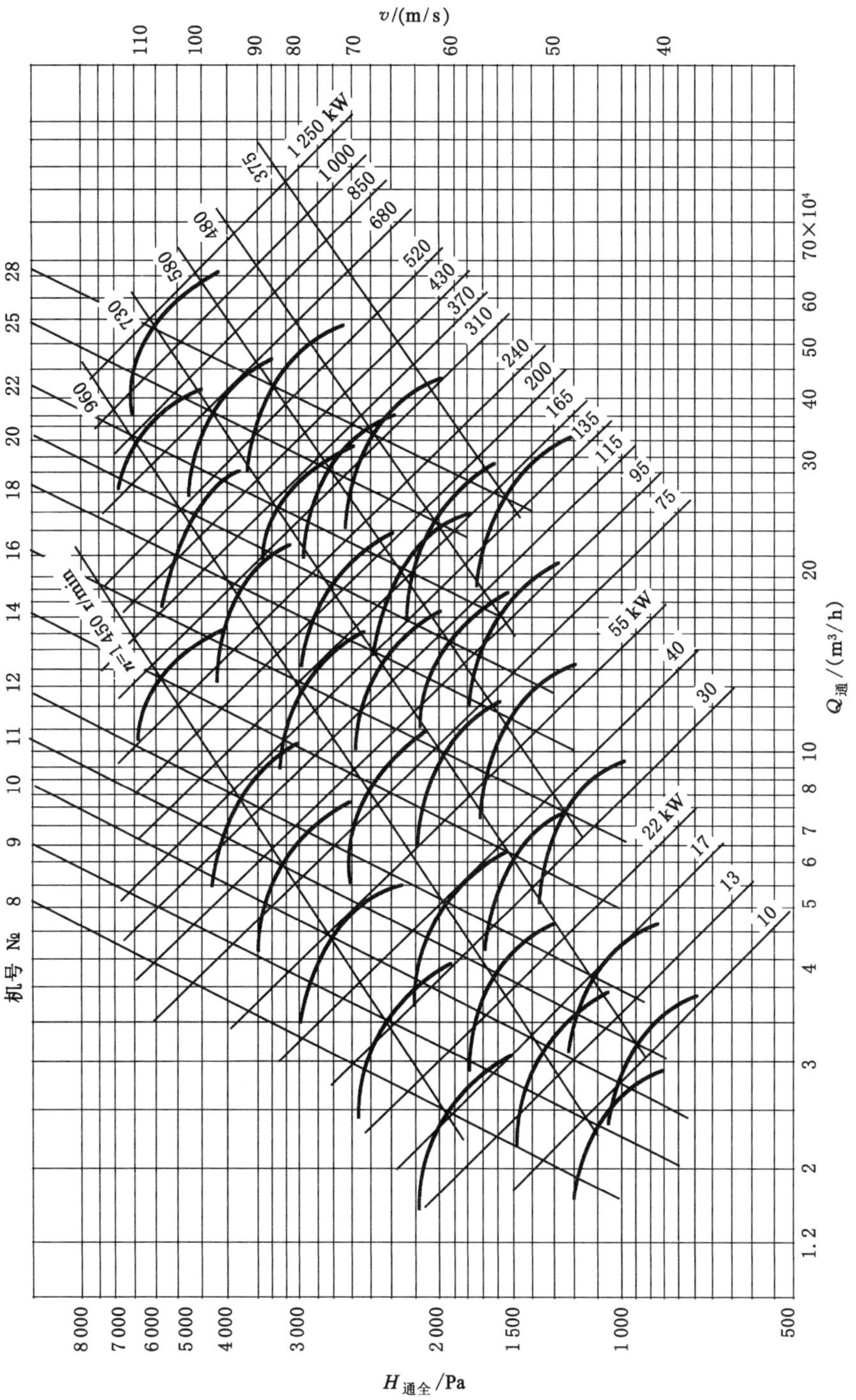

附录Ⅳ 轴流式通风机特性曲线

一、2K60型轴流式通风机个体和类型特性曲线

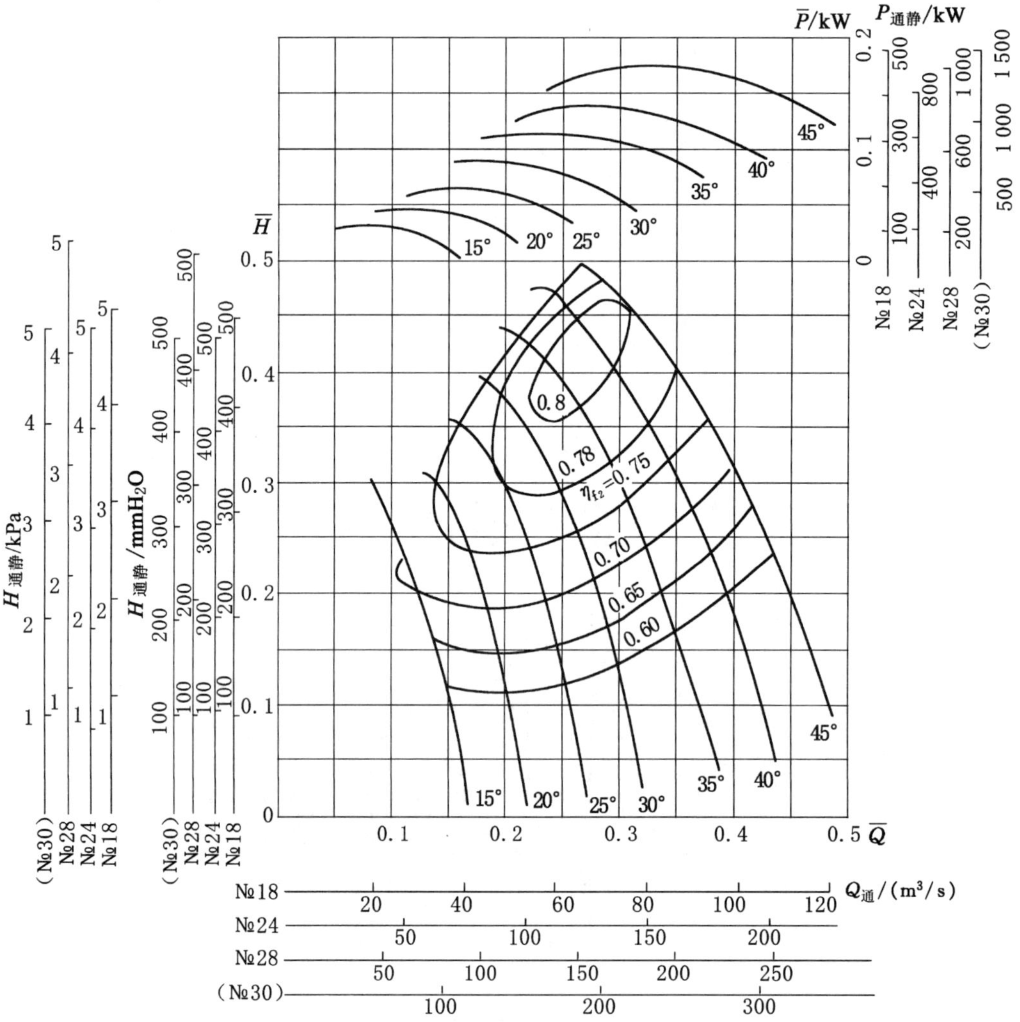

2K60型轴流式通风机特性曲线

($z_1=14, z_2=14$)

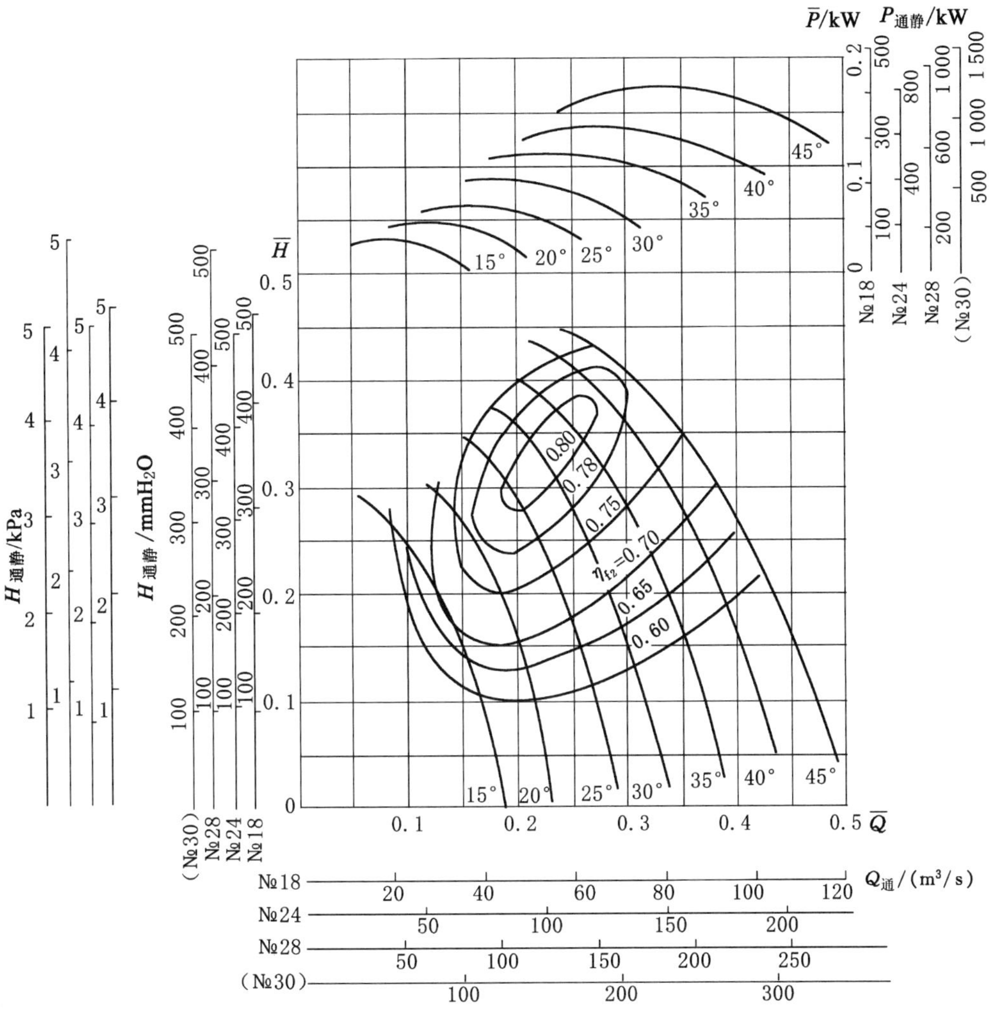

2K60 型轴流式通风机特性曲线

($z_1=14, z_2=7$)

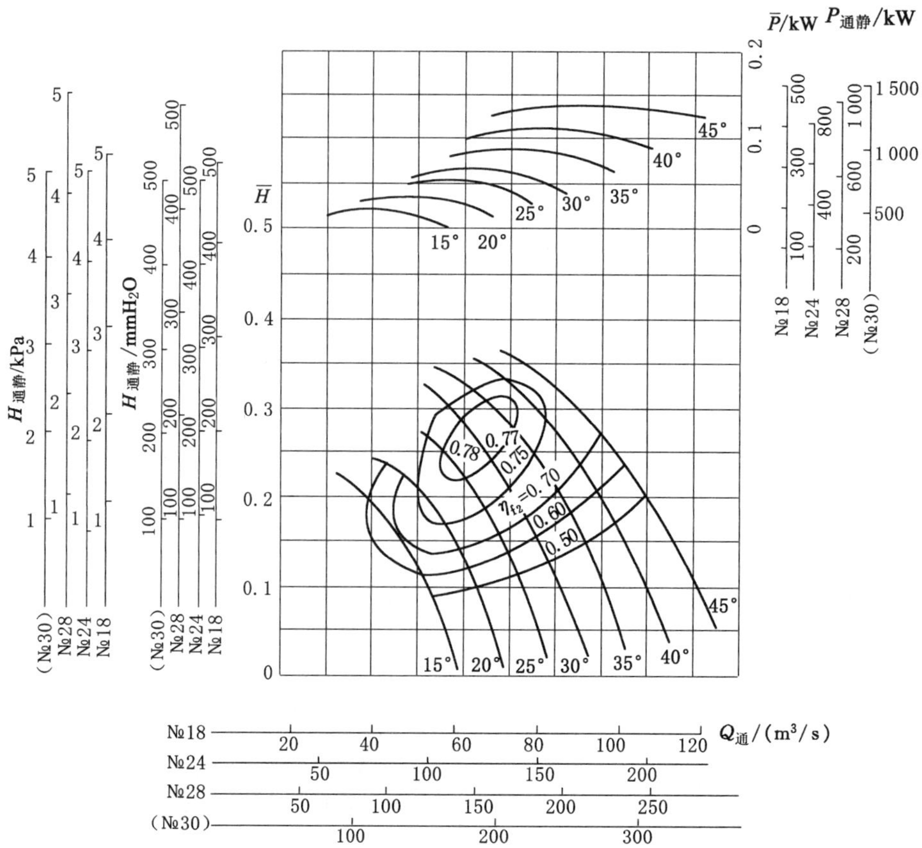

2K60 型轴流式通风机特性曲线

($z_1=7, z_2=7$)

二、GAF 型轴流式通风机类型特性曲线

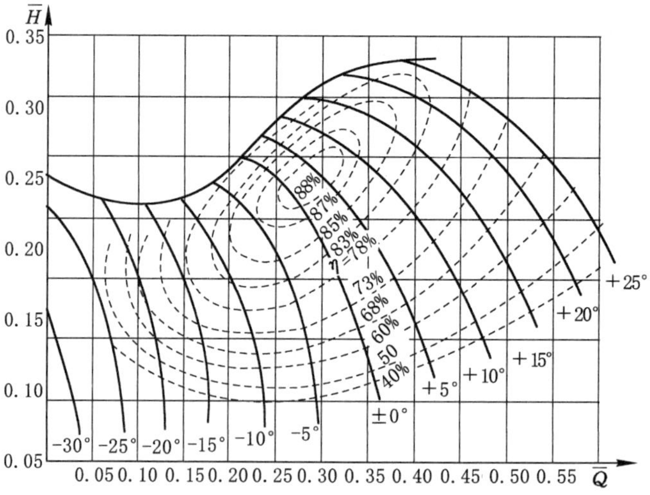

三、62A14-11 型轴流式通风机特性曲线

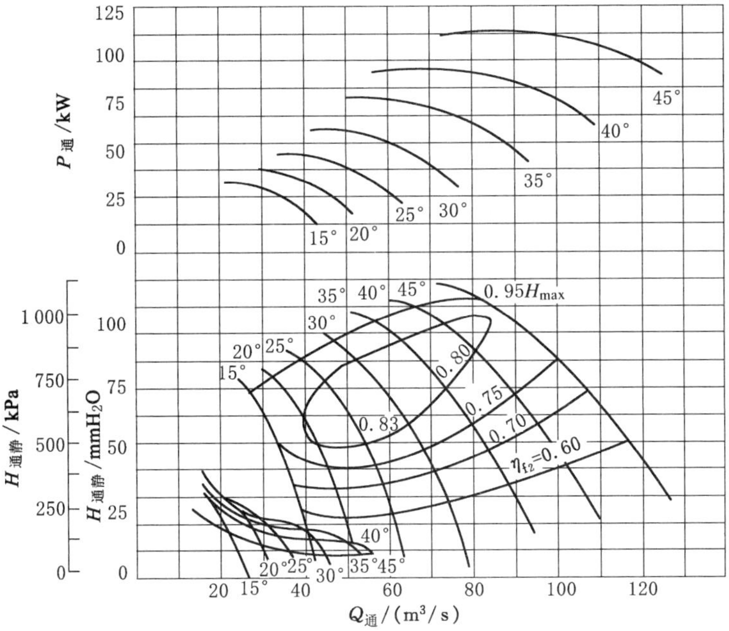

62A14-11№24 型轴流式通风机特性曲线

(n=500 r/min,叶片数 z=16)

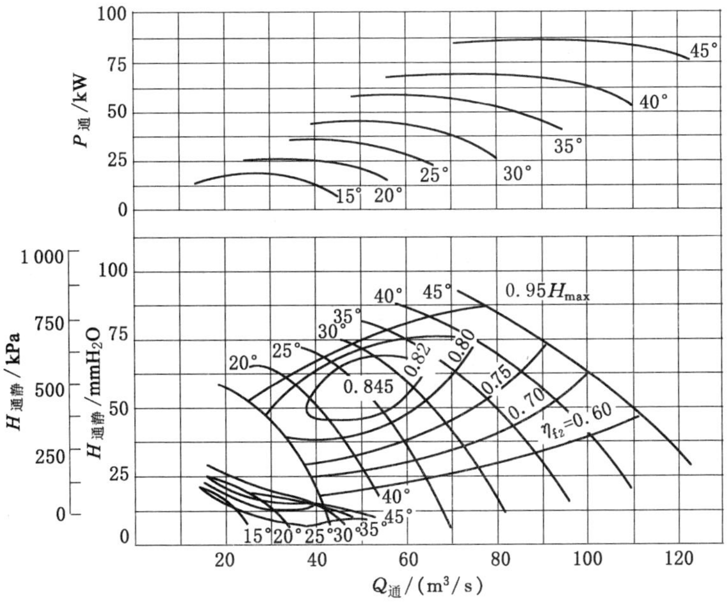

62A14-11№24 型轴流式通风机特性曲线

(n=500 r/min,叶片数 z=8)

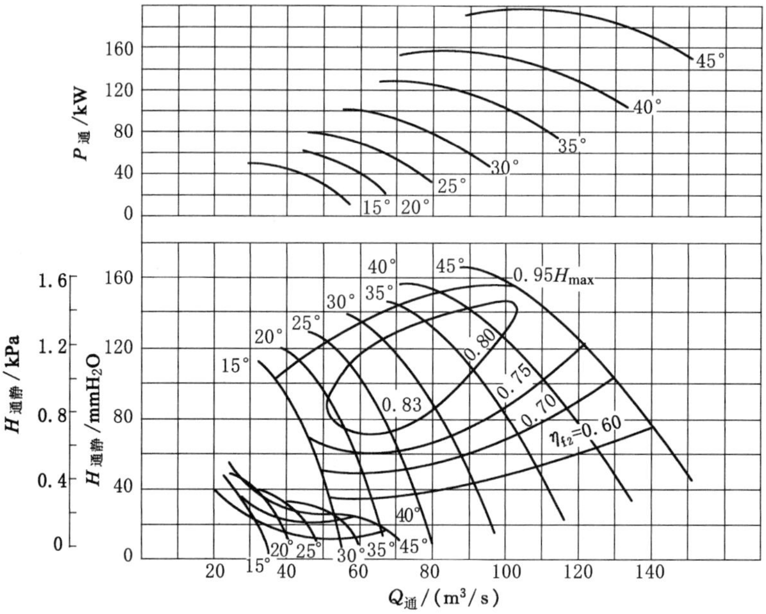

62A14-11№24 型轴流式通风机特性曲线

（n=600 r/min,叶片数 z=16）

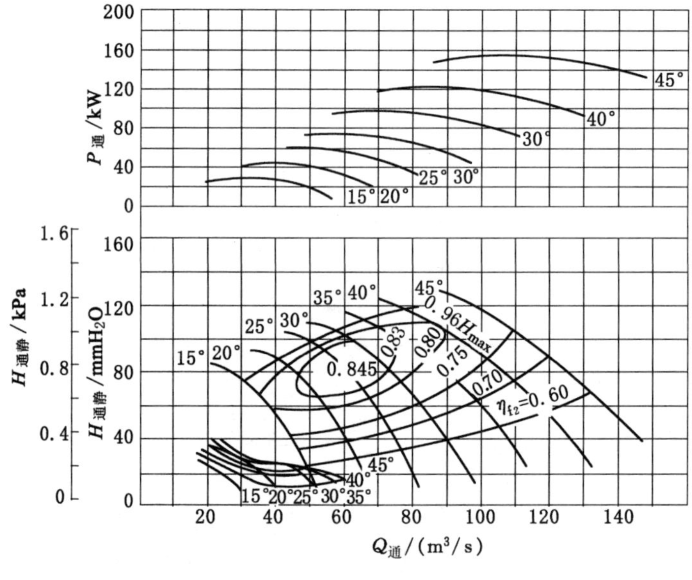

62A14-11№24 型轴流式通风机特性曲线

（n=600 r/min,叶片数 z=8）

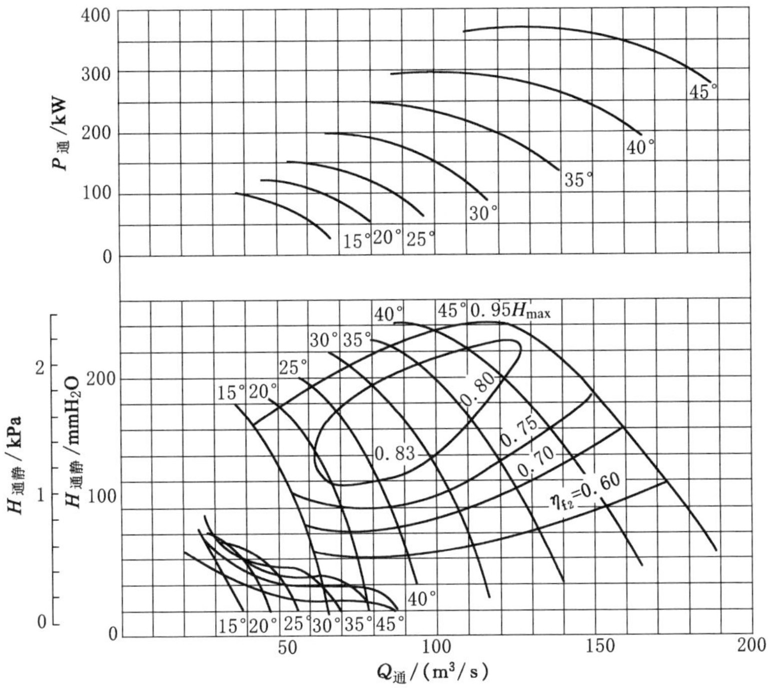

62A14-11№24 型轴流式通风机特性曲线

（n=750 r/min，叶片数 z=16）

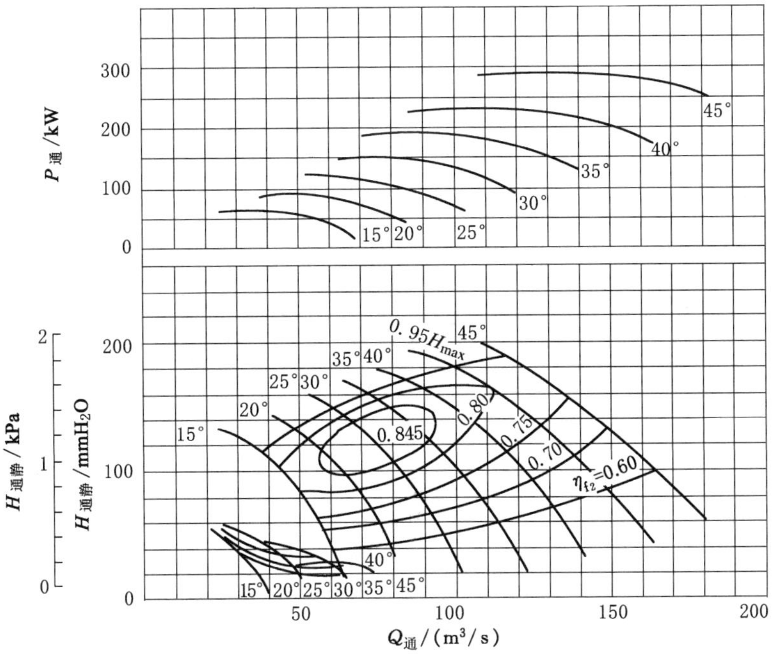

62A14-11№24 型轴流式通风机特性曲线

（n=750 r/min，叶片数 z=8）

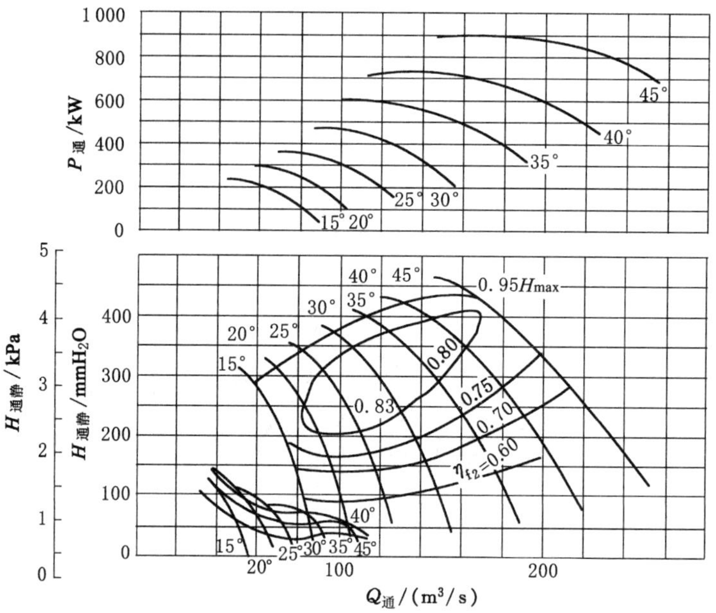

62A14-11№24 型轴流式通风机特性曲线

(n=1 000 r/min,叶片数 z=16)

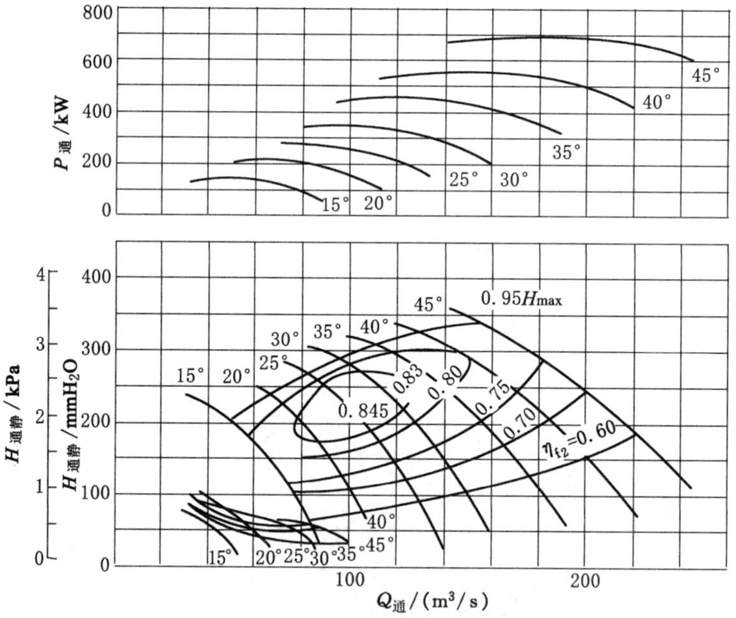

62A14-11№24 型轴流式通风机特性曲线

(n=1 000 r/min,叶片数 z=8)

附录Ⅴ　BD系列通风机特性曲线

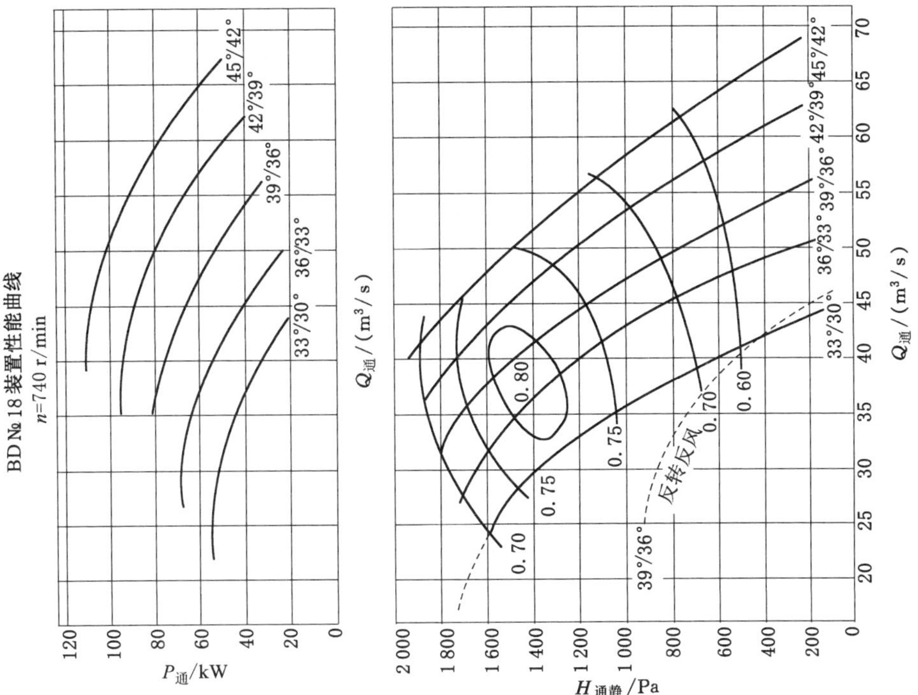

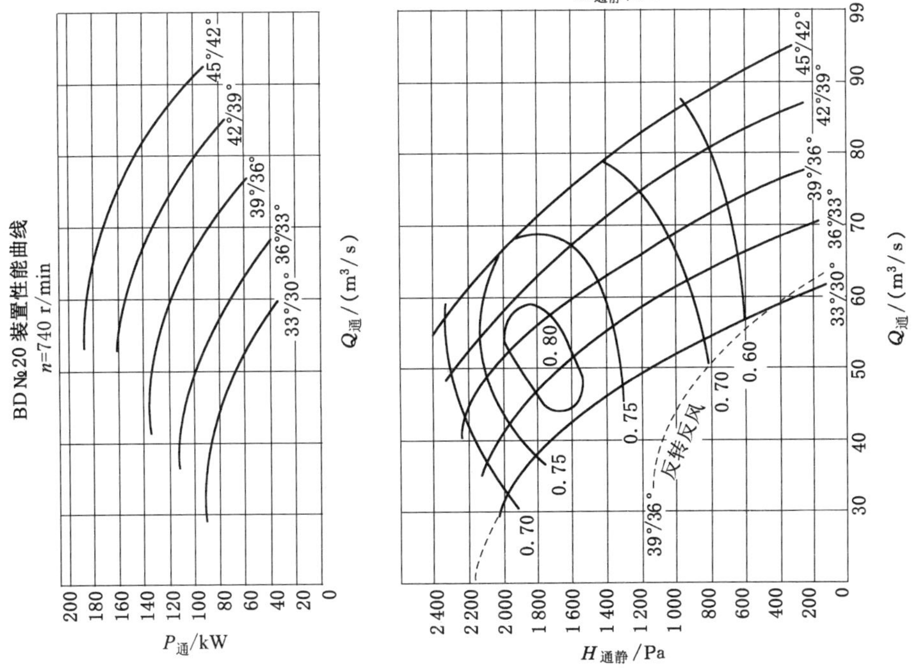

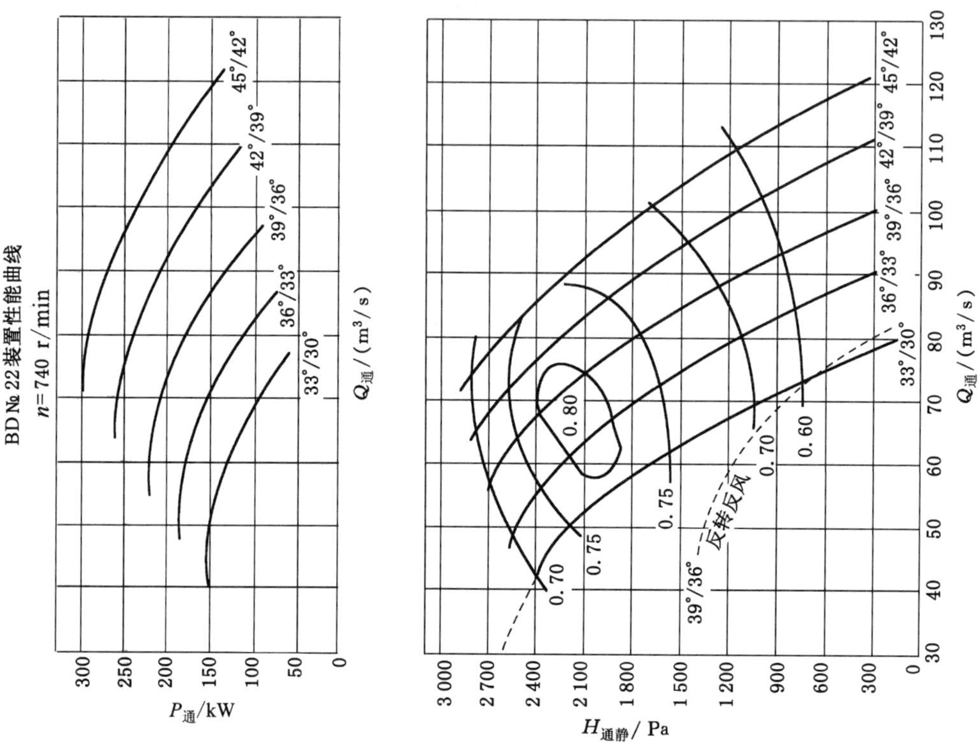
BD№22装置性能曲线
n=740 r/min
P通/kW
H通静/Pa
Q通/(m³/s)
45°/42°
42°/39°
39°/36°
36°/33°
33°/30°
0.80
0.75
0.70
0.60
反转反风

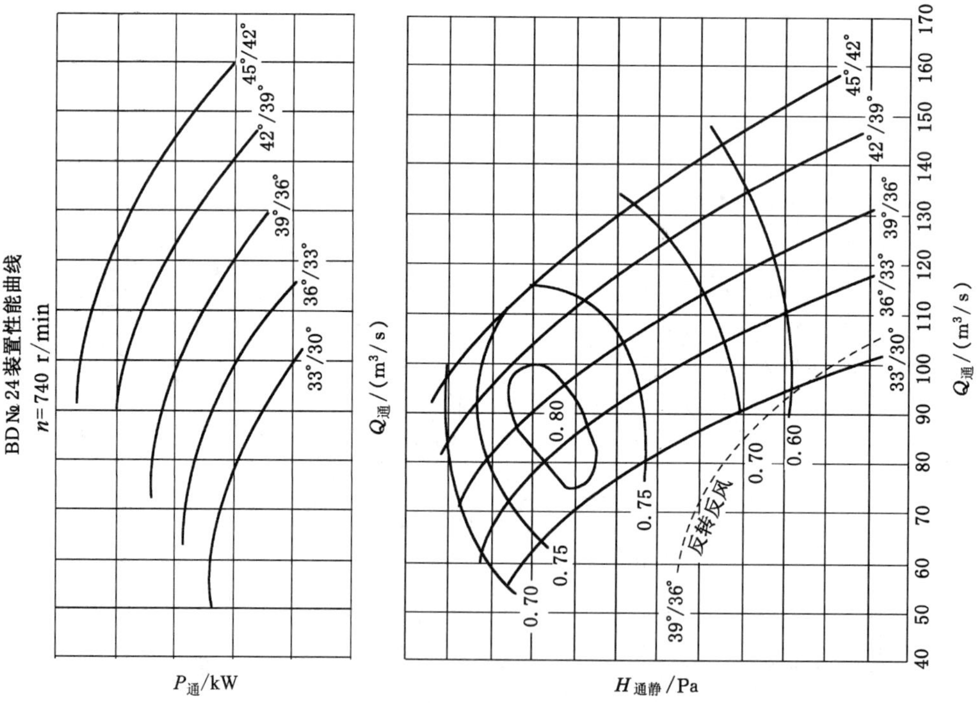
BD№24装置性能曲线
n=740 r/min
P通/kW
H通静/Pa
Q通/(m³/s)
45°/42°
42°/39°
39°/36°
36°/33°
33°/30°
0.80
0.75
0.70
0.60
反转反风

BDN№26装置性能曲线
$n=740$ r/min

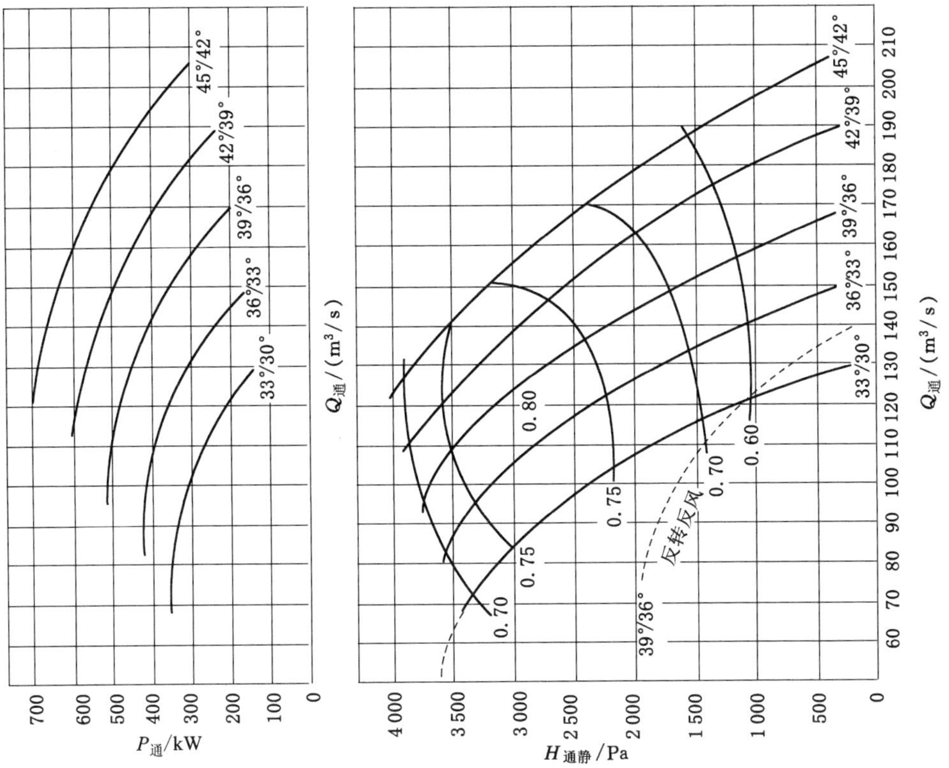

BDN№24装置性能曲线
$n=580$ r/min

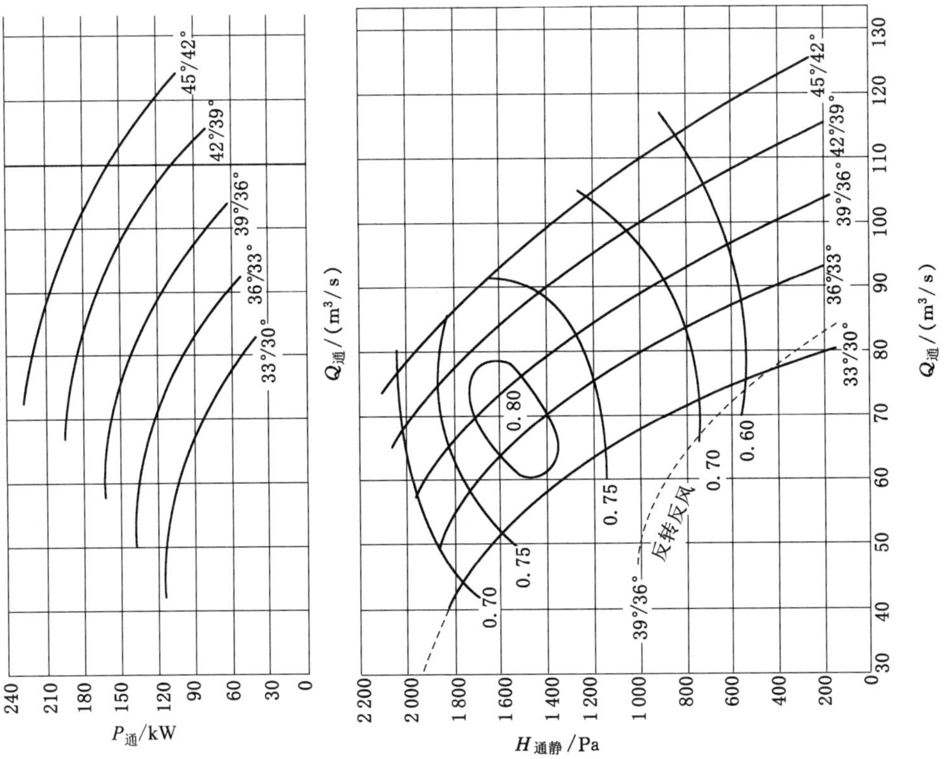

BD№26装置性能曲线
n=580 r/min

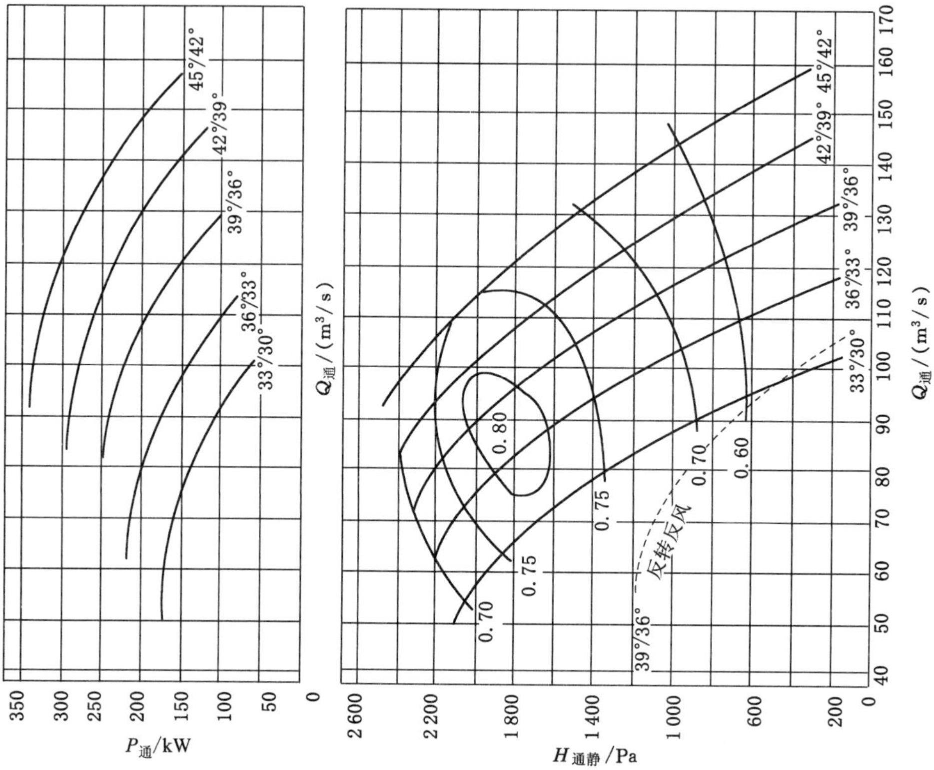

BD№28装置性能曲线
n=580 r/min

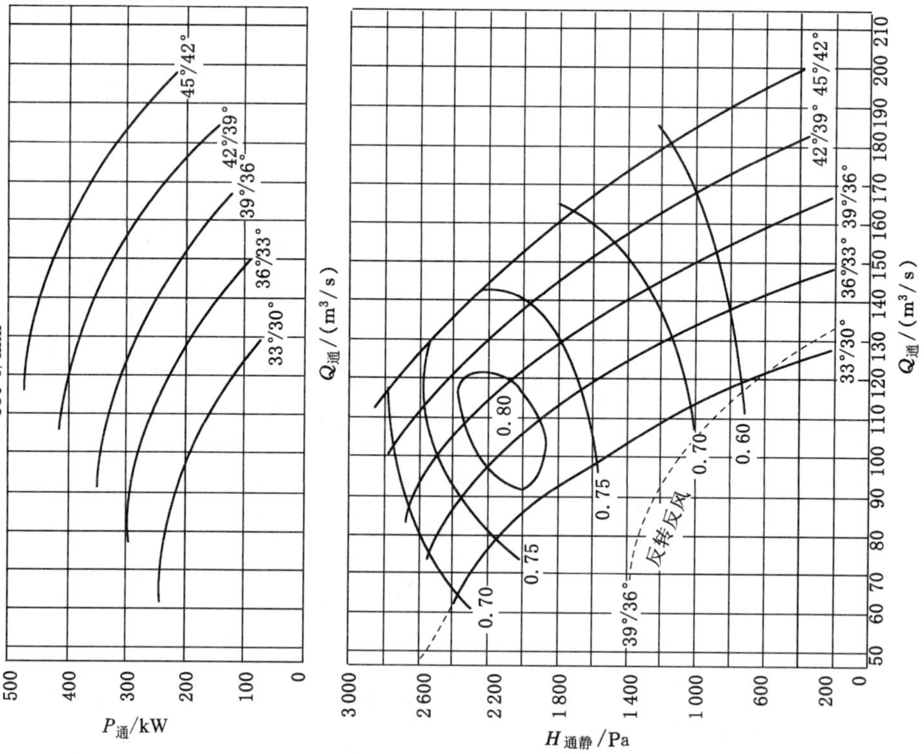

BD№30装置性能曲线

n=580 r/min

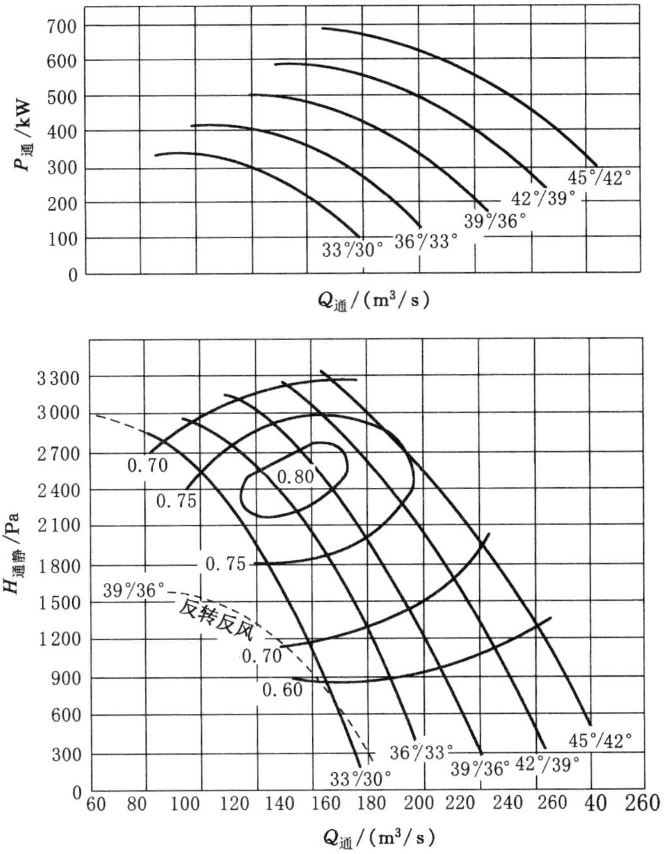

参考文献

[1] 国家安全生产监督管理局,国家煤矿安全监察局.煤矿安全规程[M].北京:煤炭工业出版社,2016.

[2] 黄元平.矿井通风[M].徐州:中国矿业大学出版社,1986.

[3] 李学诚,王省身.中国煤矿通风安全工程图集[M].徐州:中国矿业大学出版社,1995.

[4] 屈扬,严建华.矿井通风技术[M].2 版.北京:煤炭工业出版社,2014.

[5] 任洞天.矿井通风与安全[M].北京:煤炭工业出版社,1984.

[6] 王惠宾,胡卫民,李湖生.矿井通风网络理论与算法[M].徐州:中国矿业大学出版社,1996.

[7] 王永安,李永怀.矿井通风[M].北京:煤炭工业出版社,2010.

[8] 吴中立.矿井通风与安全[M].徐州:中国矿业大学出版社,1989.

[9] 张国枢.通风安全学[M].徐州:中国矿业大学出版社,2000.

[10] 赵以蕙.矿井通风与空气调节[M].徐州:中国矿业大学出版社,1990.